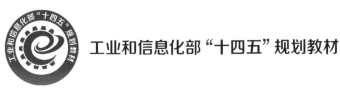

工业和信息化部"十四五"规划教材

高效焊接方法

第 2 版

林三宝　范成磊　杨春利　主编

机械工业出版社

本书作为"电弧焊基础"等焊接方法类课程的拓展和延伸，对近年来国内外新开发或广泛应用的优质高效焊接方法进行了系统的介绍，包括高效非熔化极气体保护焊（如 A-TIG 焊、热丝 TIG 焊、VPPAW、K-TIG 焊和 UFP-TIG 焊等）、高效熔化极气体保护焊（如双丝 GMAW、STT 技术、CMT 焊接、交流脉冲 MIG 焊和 Tri-Arc 焊等）、高效埋弧焊（如多丝埋弧焊、带极埋弧堆焊、粉末埋弧焊等）、窄间隙焊（如 NG-TIG 焊、NG-GMAW 和 NG-SAW）、复合及多热源焊接（如激光-电弧复合焊、等离子弧-MIG/MAG 复合焊和旁路耦合电弧 GMAW 等）、搅拌摩擦焊、电渣焊和气电立焊。重点介绍了这些高效焊接方法的原理、特点、设备及应用。

本书既可作为高等院校焊接专业或材料成形与控制专业的教材，也可作为机械及船舶制造等专业的师生和工程技术人员的参考用书。

图书在版编目（CIP）数据

高效焊接方法/林三宝，范成磊，杨春利主编. —2 版. —北京：机械工业出版社，2022.4
ISBN 978-7-111-70267-2

Ⅰ.①高… Ⅱ.①林… ②范… ③杨… Ⅲ.①焊接工艺 Ⅳ.①TG44

中国版本图书馆 CIP 数据核字（2022）第 032685 号

机械工业出版社（北京市百万庄大街 22 号　邮政编码 100037）
策划编辑：吕德齐　　　　　　责任编辑：吕德齐　李含杨
责任校对：樊钟英　李　婷　　封面设计：马若濛
责任印制：李　昂
唐山三艺印务有限公司印刷
2022 年 9 月第 2 版第 1 次印刷
184mm×260mm·18.5 印张·457 千字
标准书号：ISBN 978-7-111-70267-2
定价：69.00 元

电话服务　　　　　　　　　　网络服务
客服电话：010-88361066　　机　工　官　网：www.cmpbook.com
　　　　　010-88379833　　机　工　官　博：weibo.com/cmp1952
　　　　　010-68326294　　金　书　网：www.golden-book.com
封底无防伪标均为盗版　　机工教育服务网：www.cmpedu.com

前　　言

传统的电弧焊技术自 20 世纪初陆续被发明以来在焊接生产中的应用占比已超过 70%。随着新材料及超薄和大、厚结构的不断应用，以及对焊接效率和质量的更高追求，普通焊接方法越来越难以满足现代制造业的需求。自 20 世纪 90 年代以来陆续涌现出了许多新型焊接技术，如双丝 GMAW、复合热源焊接和搅拌摩擦焊等，引起了业内的重视，并得到了广泛的应用。

目前我国焊接专业（包括材料成形与控制专业的焊接方向）的教学体系中，仍然局限于 TIG 焊/PAW、MIG 焊/MAG 焊、SAW 等传统电弧焊方法。从教学上看，仅能满足基本知识点的要求，不能满足学生掌握现代科技和学术前沿、拓展学术视野的需求，也不能满足素质教育的需求。基于上述认识，哈尔滨工业大学焊接专业于 2005 年率先开展了"高效焊接方法"课程的讲授。开课至今，从已经毕业的学生反馈来看，内容与当前的生产应用结合紧密，学生毕业后明显感到见识广、上手快。

自 2013 年《高效焊接方法》出版以来，书中提及的一些高效焊接方法在生产实际中得到了应用和普及。近几年又出现了一些新的高效电弧焊方法，包括 UFP-TIG 焊、旁路耦合电弧焊、Tri-Arc 焊等。为此，本次修订将这些技术纳入本书中，同时也根据技术的发展更新了搅拌摩擦焊部分，争取做到与时俱进。

作为《电弧焊基础》等教材在内容上的有效拓展和延伸，本书主要介绍了常用高效电弧焊技术的原理、特点、设备及应用，包括高效非熔化极气体保护焊（如 A-TIG 焊、热丝 TIG 焊、VPPAW、K-TIG 焊和 UFP-TIG 焊等）、高效熔化极气体保护焊（如双丝 GMAW、STT 技术、CMT 焊接、交流 MIG 焊和 Tri-Arc 焊等）、高效埋弧焊（如多丝埋弧焊、带极埋弧堆焊、粉末埋弧焊等）、窄间隙焊（如 NG-TIG 焊、NG-GMAW 和 NG-SAW）、复合及多热源焊接（如激光-电弧复合焊、等离子弧-MIG/MAG 复合焊和旁路耦合电弧 GMAW 等）、搅拌摩擦焊、电渣焊和气电立焊。编写过程中注重这些方法在实际应用方面的知识，这也是本书的一个特点。

本书既可作为焊接专业或材料成形与控制专业的教材，也可作为机械及船舶制造等专业的师生和工程技术人员的参考用书。

本书由哈尔滨工业大学林三宝、范成磊和杨春利任主编。全书共 7 章，其中第 1.7 节由北京航空航天大学从保强编写，第 2.9 节由哈尔滨工业大学蔡笑宇编写，第 3 章由沈阳航空大学姬书得编写，第 5.1 和 5.3 节由哈尔滨工业大学李福泉编写，第 5.2 和 5.4 节由哈尔滨工业大学李海超编写，第 5.6 节由兰州理工大学朱明编写，第 6 章由北京石油化工学院张华编写，其余章节由林三宝、范成磊编写，全书由杨春利审定校稿。

　　本书编写过程中，参阅了哈尔滨工业大学和兄弟院校同行专家的许多著作和研究成果，一些焊接公司也为本书提供了珍贵的资料，部分学生参与了本书插图的绘制，不一一列出，在此一并致谢。

　　焊接技术发展日新月异，受篇幅限制，还有一些新型高效焊接技术尚未列入本书。由于编者的知识水平有限，差错和不足在所难免，恳请广大读者批评指正。

编　者

目　　录

第1章 高效非熔化极气体保护焊

非熔化极气体保护焊（TIG焊）是典型的热传导型焊接方法，焊接过程平稳，焊缝质量良好，得到了广泛的应用。但众所周知，TIG焊也有一个非常突出的不足，即焊缝熔深较浅、生产率低，这主要受限于传统TIG焊钨极的载流能力。例如，在焊枪冷却良好的前提下，常用的直径为2.0mm的钨极最高持续焊接电流一般不超过200A，直径为3.2mm的钨极最高持续焊接电流一般不超过300A。如果强行提高焊接电流，可能会导致钨极烧损，甚至熔化过渡到焊缝中去，引起焊缝夹钨，严重时会导致焊枪烧毁漏水，甚至酿成事故。正是由于这个原因，TIG焊一般只用来焊接薄壁构件，或者用于厚大构件的打底焊。

提高TIG焊的生产率一直以来都是焊接工作者追求的一个目标，于是陆续出现了如A-TIG焊、热丝TIG焊、匙孔TIG焊、TOPTIG焊等方法，本章将对这些高效非熔化极焊接方法的原理、特点、应用进行详细阐述。

1.1 A-TIG焊

1.1.1 A-TIG焊概述

A-TIG焊（activating flux TIG welding）即"活性化TIG焊"。活性化焊接是把某种物质成分的活性剂涂敷在母材焊接区，正常规范下使焊接熔深大幅度提高。

用传统TIG进行钢、钛、铝等材料的焊接时，由于电弧热量分散和电弧力数值低等原因，在正常的焊接参数下，通常单层焊接只能获得较小的熔深。对于厚度较大的板材或管材，当需要背面完全熔透时，就需要进行坡口加工，并采用多层焊接。为推动TIG焊的应用，20世纪60年代中期，苏联巴顿焊接研究所（PWI）提出了"活性化TIG焊"的概念，20世纪80年代初期，在钢、钛合金的焊接中取得了良好结果。

巴顿焊接研究所以实用技术研究为主，其研究人员认为活性剂的影响机理是电弧收缩的作用。美国及欧洲对此项技术的研究开展得较晚。20世纪80年代初期，随着表面张力影响学说的提出，人们对活性化焊接机理有了新的认识，随后多年的研究重点也转移到焊接表面张力的研究上。进入20世纪90年代，人们重新认识了活性化焊接的应用前景。之后，国外科研机构和产业部门对A-TIG焊方法有加速研究的趋势，并形成了A-TIG焊的概念和技术，相关工作受到广泛重视。

活性化焊接的突出特点是增加熔深。例如，当焊接不锈钢时，其单层熔深可以增加一倍以上，厚度为6mm的试板不开坡口即可一次焊透，这使A-TIG焊的发展应用具有很大的优势。活性化焊接所形成的焊缝在深度方向的熔宽差别较小，在减少构件焊接变形方面也有良好效果，这是焊接中的一项重要成果。由于活性剂在电弧高温下的分解作用，对焊缝金属中的非纯净物有净化作用，能够提高焊接接头的性能。

1.1.2　A-TIG焊的优点

A-TIG焊对提高钨极氩弧焊的焊接效率具有重要意义。

图1-1所示为在相同焊接规范下，厚度为6mm的不锈钢板材采用传统TIG焊和A-TIG焊的熔深对比。活性剂微量涂敷对焊接熔深的增加有明显的效果，同时焊缝上下表面较宽，而焊缝中部较窄，其树枝晶方向几乎与双面焊效果相同。相同现象也表现在等离子弧焊中。试验结果表明，A-TIG焊对于厚板可以显著减少焊道层数，焊接效率提高1倍以上。图1-2所示为采用传统TIG焊、A-TIG焊、等离子弧焊焊接1m长焊缝所需焊接时间及焊道层数的比较。

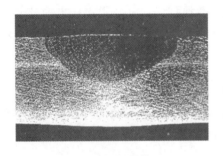 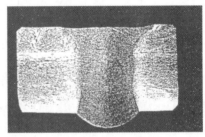

a) 传统TIG焊　　　　　　　　　　　　b) A-TIG焊

图1-1　传统TIG焊和A-TIG焊的熔深对比（厚度为6mm的不锈钢板材）

A-TIG焊的优点如下。

1）由于增加了焊缝熔深，使焊接生产率得到了提高。传统TIG焊能够一次焊透3mm厚的不锈钢板材，而A-TIG焊则能够一次焊透12mm厚的不锈钢板材。焊接时间的缩短或焊道层数的减少，使焊接效率大幅提高。

2）减少焊接变形。与传统的开坡口多层多道TIG焊相比，A-TIG焊采用不开坡口对接，焊道收缩量很小，减小了焊后变形。对于薄板而言，A-TIG焊由于减少了热输入，也相应地减小了焊接变形。

3）消除了各炉次钢板由于微量元素差异而造成的焊缝熔深差异。例如，当采用传统TIG焊焊接低硫（质量分数<0.002%）不锈钢时，熔深通常比焊接非

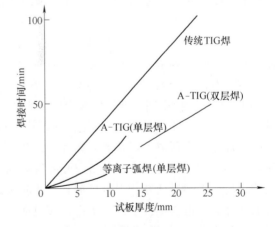

图1-2　焊接1m长焊缝所需焊接
时间及焊道层数比较

低硫不锈钢时浅，而采用 A-TIG 焊，则可以获得熔深较深的焊缝。即元素的微量波动不会影响 A-TIG 焊的熔深。

4）A-TIG 焊得到的焊缝，其正反面熔化宽度比例更趋合理，熔宽均匀稳定，由于焊件散热条件变化，或者夹具（内胀环）压紧程度不一致所导致的背面出现蛇形焊道及不均匀熔透（或非对称焊缝）的程度降低，对保证焊缝质量有利。

1.1.3 A-TIG 焊的研究与应用

A-TIG 焊可以用于碳素钢、钛合金、不锈钢、镍基合金、铜镍合金的焊接，PWI 还开发了相关的药芯焊丝用于熔化极惰性气体保护电弧焊（MIG 焊）。活性剂的成分和配方是 A-TIG 焊的关键技术。虽然活性剂在国外已有比较成熟的应用，但由于这种技术的重要性，公开出版物上关于活性剂配方的报道很少。常用的活性剂成分主要有氧化物、氯化物和氟化物。对于不同的母材金属，其适用的活性剂成分也不同。

对于不锈钢，一些金属和非金属氧化物，如 SiO_2、TiO_2、Fe_2O_3 和 Cr_2O_3，都能有效地增加熔深。而对于钛合金，一些卤化物，如 CaF_2、NaF、$CaCl_2$ 和 AlF_3，能起到相同的作用。氧化物和氟化物的混合物能增加碳锰钢的熔深，其活性剂的配方（质量分数）大致为 SiO_2（57.3%）、NaF（6.4%）、TiO_2（13.6%）、Ti 粉（13.6%）、Cr_2O_3（9.1%）。

国外从事 A-TIG 焊商业化应用的厂商主要有 PWI 和美国爱迪生焊接研究所（EWI）。PWI 提供的活性剂以喷雾器形式分装，或者为膏状（活性剂粉末同丙酮的混合溶液），后者可以通过刷子涂敷到焊缝的表面。EWI 的活性剂是以粉末形式提供，在使用前用异丙醇稀释，然后涂敷到焊缝表面，异丙醇挥发后留下活性剂黏附在焊缝表面。EWI 同样也研制了类似于记号笔的装置，直接将活性剂涂敷到焊缝表面。表 1-1 列出了上述机构开发的商业化活性剂及适用的母材金属。

表 1-1 商业化活性剂及适用的母材金属

活性剂	适用的母材金属
PATIG-S-A	碳锰钢、低合金钢、Cr-Mo 钢、不锈钢
PATIG-N-A	镍基合金
FASTIG SS-7	不锈钢
CS-325	碳锰钢、低合金钢、铬钼钢
Fi-600	镍基合金

英国焊接研究所（TWI）于 2006 年也开发出了用于不锈钢的活性剂，它摒弃了丙酮或异丙醇溶剂，采用水溶性溶剂，降低了活性剂的应用成本。

我国的高校，如哈尔滨工业大学、兰州理工大学等也于 1999 年开始进行了 A-TIG 焊活性剂的研究与开发工作，主要针对的母材金属包括不锈钢、低碳钢、钛合金、镁合金、铝合金和镍基合金。西北工业大学在激光及激光电弧复合焊中也采用了活性剂，取得了一定的效果。

下面针对一些典型的母材金属，介绍国内外 A-TIG 焊的开发与应用。

1. 不锈钢和碳锰钢 A-TIG 焊

从已经公布的专利及文献上看，不锈钢 A-TIG 焊的活性剂主要成分为氧化物。美国专利

5804792 给出了参考成分（质量分数）为 TiO 或 TiO_2（50%）、Cr_2O_3（40%）和 SiO_2（10%）。PWI 和我国的一些机构在其中也添加了氟化物以增加作用效果。其中，PWI 的 FS-71 活性剂参考成分（质量分数）为 SiO_2（57.3%）、NaF（6.4%）、TiO_2（13.6%）、Ti 粉（13.6%）和 Cr_2O_3（9.1%）。

图 1-3 所示为 SUS304（日本牌号，相当于我国 06Cr19Ni10）不锈钢用各种单一成分活性剂 A-TIG 焊的焊缝截面比较。从中可以看出，氧化物和氟化物均能增加焊缝的熔深，但熔深的增加程度不同，而氧化物的作用效果更加明显。

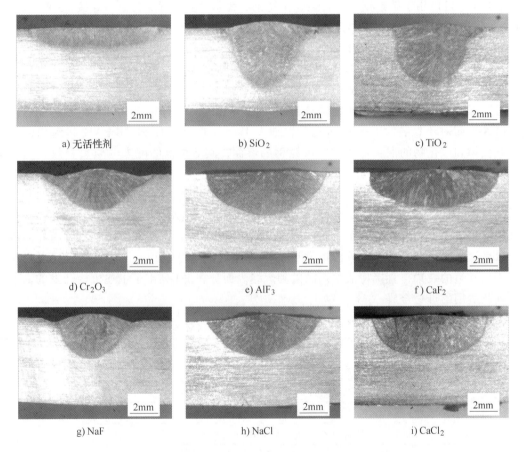

a) 无活性剂 b) SiO_2 c) TiO_2

d) Cr_2O_3 e) AlF_3 f) CaF_2

g) NaF h) NaCl i) $CaCl_2$

图 1-3 SUS304 不锈钢在各种单一成分活性剂下 A-TIG 焊焊缝截面比较

注：$I = 200A$、$v = 200mm/min$、$L_a = 3mm$、$q = 10L/min$，保护气体为 Ar。

根据上述单一成分活性剂的试验结果，综合考虑熔深、焊缝成形、焊缝性能等因素，通过正交试验或均匀试验方法，即可配制出多组元活性剂配方。

针对板材结构，A-TIG 焊既可用于手工焊，也可用于自动焊，也适用于各种焊接位置。因为自动焊能够控制电弧高度，如果需要一次焊透更厚的板材，应首先考虑采用自动焊。例如，在平焊（PA）位置 A-TIG 焊接碳锰钢对接焊缝时，自动焊可以单道一次焊透 12mm 厚的板材。需要注意，如果焊接板材厚度大于 6mm，需要在焊缝背面用垫板支撑，以防止熔池下陷。

对于厚度大于 12mm 的板材，推荐采用双面两道焊接。如果实际结构不允许双面焊，可用 A-TIG 焊增加根部熔透深度，减少后续的填充焊道数量。例如，在焊接 20mm 厚的板材时，可以采用 7mm 钝边的坡口，与传统 TIG 焊的 3mm 钝边相比，可减少 30% 的填充金属量，如图 1-4 所示。

如果焊接位置为非平焊位置，或者使用手工焊，在单面焊双面成形的情况下，A-TIG 焊最大可焊厚度小于 6mm。

对于管道环缝焊接，A-TIG 焊同样可用于手工焊和自动焊，以及各种焊接位置。当焊接位置为平焊（PA，1G）且单面焊双面成形时，单道最大厚度不宜超过 6mm。

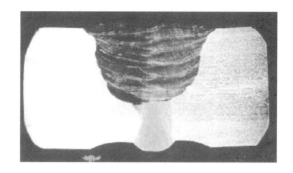

图 1-4　20mm 厚 SUS304 不锈钢的 A-TIG 焊

如果有背面垫板支撑，单道厚度可增加到 9mm。当焊接位置为全位置（PC，5G）时，可采用传统的 TIG 全位置焊管设备进行 A-TIG 焊，如图 1-5 所示。在全位置焊接情况下，为了避免焊缝背面上凹，单道可焊最大厚度应减小到 5mm。当采用全位置 A-TIG 焊焊接管道时，应采用脉冲焊接。图 1-6 所示为全位置 A-TIG 焊焊接直径为 70mm、壁厚为 5mm 的 316（美国牌号，相当于我国的 06Cr17Ni12Mo2）不锈钢管的焊缝。焊接过程采用不填丝自熔焊，单道一次焊透。

与传统 TIG 焊相比，A-TIG 焊的效率优势明显。例如，当采用传统 TIG 焊焊接直径为 60mm、壁厚为 5.7mm 的不锈钢管时，需要开如图 1-7a 所示的坡口，不摆动时需要焊接 8 道（见图 1-7b），摆动时需要焊接 4 道（见图 1-7c）。

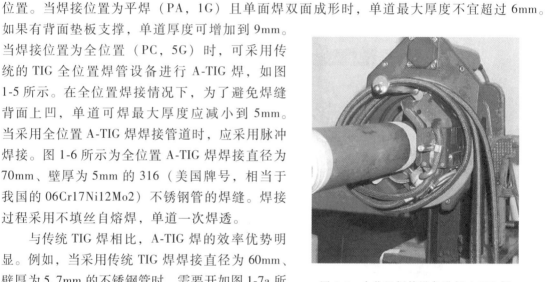

图 1-5　全位置焊管设备进行 A-TIG 焊
注：图中活性剂已经涂敷到焊道。

a) 管子的焊缝成形

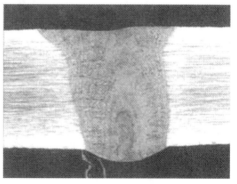

b) 焊缝的横截面

图 1-6　全位置 A-TIG 焊焊接直径为 70mm、壁厚为 5mm 的 316 不锈钢管的焊缝
注：$I_p = 150A$、$I_b = 130A$、$T_p = 300ms$、$T_b = 300ms$、$v = 60mm/min$。

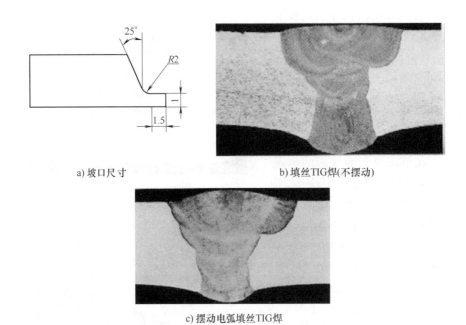

a) 坡口尺寸　　　　　　b) 填丝TIG焊(不摆动)

c) 摆动电弧填丝TIG焊

图 1-7　壁厚为 5.7mm 不锈钢管的 TIG 焊

焊角焊缝时，由于 A-TIG 焊的电弧收缩、挺度增加，可以改善传统 TIG 焊的电弧偏熔现象，如图 1-8 所示。

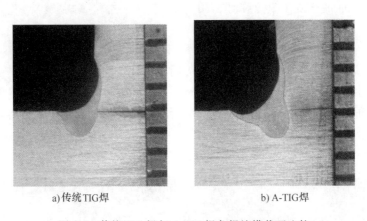

a) 传统 TIG 焊　　　　　　b) A-TIG 焊

图 1-8　传统 TIG 焊与 A-TIG 焊角焊缝横截面比较

注：$I = 90A$、$v = 160mm/min$、$U_a = 8V$，保护气体为 Ar。

哈尔滨工业大学采用自行研制的不锈钢活性剂焊接了 5mm 厚的 SUS304 不锈钢试板，并将此应用到了航天产品的焊接中。图 1-9 所示为 5mm 厚 SUS304 不锈钢试板的 A-TIG 焊与 TIG 焊。采用填丝 TIG 焊，在试板左侧涂敷活性剂，右侧不涂敷，采用相同焊接参数单道焊接。从图 1-9 中可以看出，没有涂敷活性剂的部位背面没有焊透，正面熔宽比 A-TIG 焊熔宽大。

目前，大多数研究都集中在用 A-TIG 焊焊接奥氏体不锈钢上，EWI 对 A-TIG 焊焊接双相不锈钢进行了研究，图 1-10 所示为用 A-TIG 焊焊接 2.41mm 厚 SAF2507（美国牌号，相

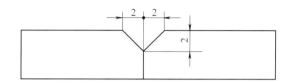

a) 5mm不锈钢的坡口尺寸

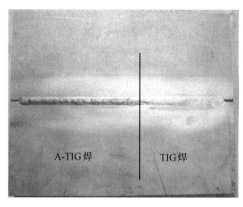

b) 焊缝正面成形

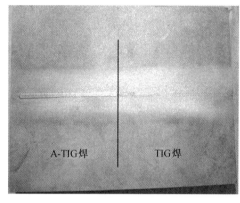

c) 焊缝背面成形

图 1-9　5mm 厚 SUS304 不锈钢试板的 A-TIG 焊与 TIG 焊

注：$I = 245A$、$v = 175mm/min$、$v_f = 530mm/min$、$L_a = 2.5mm$、$q = 10L/min$。

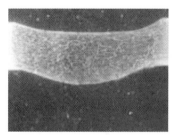

a) 无活性剂(热输入为0.49J/mm)

b) 无活性剂(热输入为0.24J/mm)

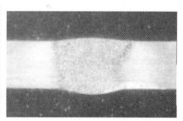

c) 有活性剂(热输入为0.24J/mm)

图 1-10　用 A-TIG 焊焊接 2.41mm 厚 SAF2507 的效果

当于我国的 022Cr25Ni7Mo4N）的效果，试验结果表明，采用活性剂后，铁素体的体积分数仍然保持在 45%~55%，由于热输入减少，变形量得到控制。

　　印度的 G. Srinivasan 等人采用活性剂焊接了 5mm 厚的 304L 不锈钢模拟燃料组件（dummy fuel），如图 1-11 所示。

2. 钛合金 A-TIG 焊

　　由于钛合金高温下对氧元素比较敏感，因此钛合金活性剂的主要成分由卤化物组成。

　　图 1-12 所示为厚度为 3mm 的 TC4 钛合金在各种单一成分活性剂下 A-TIG 焊的焊缝截面比较。与不锈钢活性剂类似，不同成分的活性剂对熔深增加程度不同。

　　从增加熔深、改善焊缝成形和提高力学性能等方面考虑，选取主要成分和辅助成分，通过正交试验或均匀试验法可以获得焊接钛合金活性剂的配比。

a) 焊接中　　　　　　　　　　　　　　　　b) 形成的焊缝

图 1-11　A-TIG 焊焊接 5mm 厚 304L 不锈钢的效果

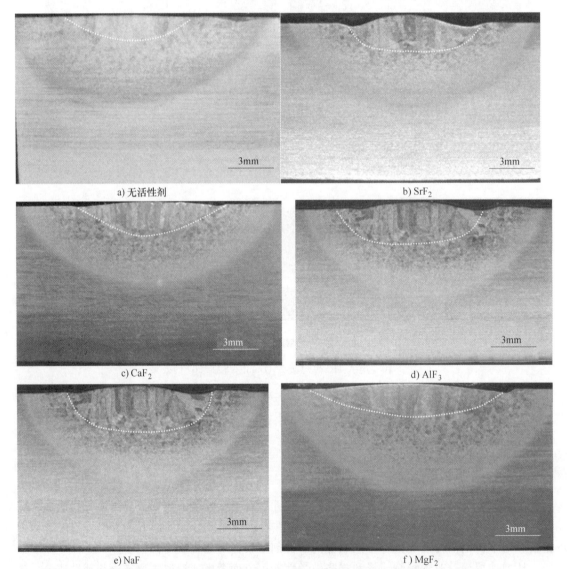

a) 无活性剂　　　　　　　　　　　　　　　　b) SrF$_2$

c) CaF$_2$　　　　　　　　　　　　　　　　d) AlF$_3$

e) NaF　　　　　　　　　　　　　　　　f) MgF$_2$

图 1-12　TC4 钛合金在各种单一成分活性剂下 A-TIG 焊焊缝截面比较

注：I = 180A、v = 250mm/min、L_a = 2.5mm、q = 10L/min。

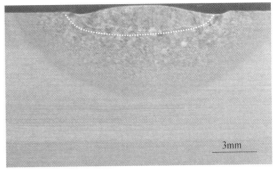

g) KCl   h) BaF₂

图 1-12 TC4 钛合金在各种单一成分活性剂下 A-TIG 焊焊缝截面比较（续）

注：$I = 180A$、$v = 250mm/min$、$L_a = 2.5mm$、$q = 10L/min$。

哈尔滨工业大学利用自行研制的钛合金活性剂焊接了 5mm 厚的 Ti31 钛合金管，如图 1-13 所示。图 1-14 所示为 2mm 厚 TC4 钛合金板 A-TIG 焊与传统 TIG 焊的效果对比，从中可以看出，施加活性剂后熔深增加，熔宽变窄。

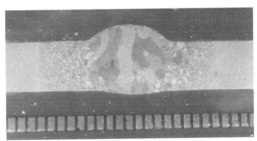

a) 焊缝成形   b) 焊缝横截面

图 1-13 5mm 厚 Ti31 钛合金管 A-TIG 焊

a) 正面   b) 反面

图 1-14 2mm 厚 TC4 钛合金板 A-TIG 焊与传统 TIG 焊的效果对比

除此之外，钛合金 A-TIG 焊还能够消除传统 TIG 焊出现的氢气孔，也可以净化焊缝（降低焊缝中的氧含量）。对于表面清理不当、保护出现问题或潮湿气候下的焊接，钛合金传统 TIG 焊焊缝中容易出现气孔，而采取 A-TIG 焊后，没有出现气孔。图 1-15 所示为 1.2mm 厚钛合金板对接时产生气孔的情况。在未涂敷活性剂区域，焊缝中产生了较多的气孔，而涂敷活性剂区域没有产生焊接气孔。

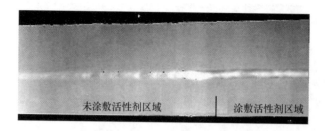

图 1-15　1.2mm 厚钛合金板对接时产生气孔的情况（X 射线照片）

3. 镍基合金 A-TIG 焊

镍基合金 A-TIG 焊活性剂的主要成分为氧化物，也有的活性剂采用卤化物。

EWI 在 2000 年前后开发了用于镍基合金 A-TIG 焊的活性剂，并在工业企业中进行了试用。其研制的活性剂主要针对镍基合金 600，也针对镍基合金 625 和 718 进行了试验。试验结果表明，在不同电流条件下，应用活性剂后熔深均增加 100% 以上。工业企业使用后表明，传统 TIG 焊需要 4 道焊完（用时为 23min），使用 A-TIG 焊只需 1 道（3min）或 2 道（12min）即可焊完。在费用节省的同时，变形量也大大减小。图 1-16 所示为 7.6mm 厚 Alloy 625 板的 TIG 焊与 A-TIG 焊的效果对比。图 1-17 所示为镍基合金 A-TIG 焊的装置。

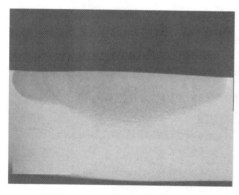

a) TIG焊(I=200A)

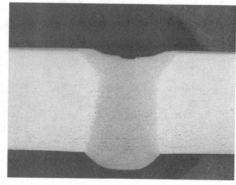

b) A-TIG焊(I=180A)

图 1-16　7.6mm 厚镍基合金 625 板的 TIG 焊与 A-TIG 焊的效果对比

注：$U_a = 9.8V$、$v = 76.2mm/min$、$q = 14L/min$。

哈尔滨工业大学于 2007 年也开发了镍基合金 A-TIG 焊活性剂，图 1-18 所示为 5mm 厚 GH4263 板的 TIG 焊与 A-TIG 焊的效果对比。

4. 其他金属的 A-TIG 焊及其他活性焊接方法

自从 A-TIG 焊在碳锰钢、不锈钢、钛合金等母材金属上相继应用成功之后，国内外学者尝试将 A-TIG 焊拓展到其他金属，如铝合金和镁合金等；还有学者尝试将活性剂应用到其他焊接方法中，如等离子弧焊、电子束焊、激光焊及激光-电弧复合焊中，以改善焊缝性能。

2002 年，美国的 M. Marya 等人率先开展了镁合金 A-TIG 焊活性剂的研究，他们考察了 5 种卤化物对焊缝熔深、电弧电压、电弧温度的影响。2004 年，哈尔滨工业大学和大连理工大学也分别进行了类似的研究。但由于卤化物焊接后焊缝表面熔渣难以除去，应用上还有待进一步的开发。图 1-19 所示为 3mm 厚 AZ31 镁合金 TIG 焊与在单一成分活性剂下 A-TIG 焊的熔深对比。

　　法国学者 Sire 等开发了焊剂边界 TIG（FB-TIG）焊方法。该方法将活性剂涂敷于待焊焊道两侧，中间留出一定间隙，然后进行传统 TIG 焊。电弧在间隙中裸露的金属上燃烧，使得电弧弧根收缩、熔深增加。兰州理工大学的樊丁等人针对铝合金提出了分区活性 TIG（FZ-TIG）焊。焊前在待焊焊道表面中心区域涂敷低熔点、低沸点和低电阻率的活性剂，在两侧区域分别涂敷高熔点、高沸点和高电阻率的活性剂，然后进行正常焊接，可同时保证焊接熔深显著增加和焊缝表面成形良好。图 1-20 所示为 8mm 厚 3003 铝合金板的交流 FZ-TIG 焊效果。

图 1-17　镍基合金 A-TIG 焊的装置
注：图中活性剂已经涂敷在焊缝上。

a) TIG 焊

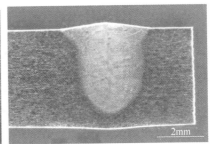

b) A-TIG 焊

图 1-18　5mm 厚 GH4263 板的 TIG 焊与 A-TIG 焊的效果对比
注：$I = 180A$、$v = 200mm/min$、$L_a = 2.5mm$、$q = 10L/min$。

a) TIG 焊

b) A-TIG 焊（$CdCl_2$）

图 1-19　3mm 厚 AZ31 镁合金 TIG 焊与在单一成分活性剂下 A-TIG 焊的熔深对比（8×）
注：$I = 60A$、$v = 270mm/min$、$L_a = 1.5mm$、$q = 10L/min$。

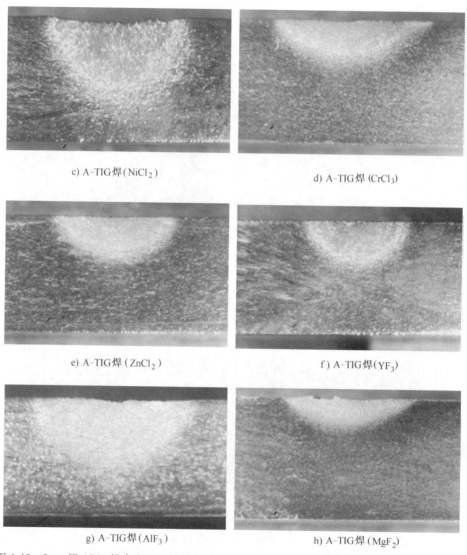

c) A-TIG 焊（NiCl$_2$） d) A-TIG 焊 (CrCl$_3$)

e) A-TIG 焊（ZnCl$_2$） f) A-TIG 焊（YF$_3$）

g) A-TIG 焊（AlF$_3$） h) A-TIG 焊（MgF$_2$）

图 1-19 3mm 厚 AZ31 镁合金 TIG 焊与在单一成分活性剂下 A-TIG 焊的熔深对比（8×）（续）

注：$I = 60A$、$v = 270mm/min$、$L_a = 1.5mm$、$q = 10L/min$。

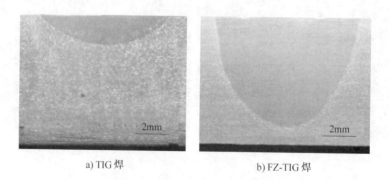

a) TIG 焊 b) FZ-TIG 焊

图 1-20 8mm 厚 3003 铝合金板的交流 FZ-TIG 焊效果

注：$I = 150A$、$v = 125mm/min$、$L_a = 3mm$、$q = 15L/min$。

TWI 在 1998 年将活性剂用于 CO_2 激光焊中，研究在没有电弧电流的情况下活性剂对熔池的作用，如图 1-21 所示。结果表明，熔深也有一定程度的增加。R. Kaul 等人的研究发现，在激光深熔焊时活性剂对熔深增加不显著，但会使熔宽有一定程度的减小。

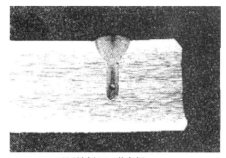 

a) 无活性剂 CO_2 激光焊　　　　　　　　b) 有活性剂的 CO_2 激光焊

图 1-21　CO_2 激光焊中活性剂的作用效果

TWI 尝试将活性剂加入到电子束焊接过程中，观察活性剂是否有增加熔深的效果。如图 1-22 所示，电子束焊时活性剂增加熔深的效果并不明显。而 S. W. Pierce 等人研究活性元素对电子束焊的影响时发现，在一定条件下，活性元素对电子束焊的熔深影响很大。两者结论相反，产生了矛盾。张瑞华等人通过试验证实，活性电子束焊可使焊接熔深增加，不仅因为活性剂改变了熔池金属的表面张力梯度，使熔池金属的流动方向发生了改变，而且因为高熔点涂层物质的存在减小了电子束熔化母材的区域而使熔宽减小。

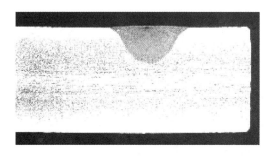 

a) 无活性剂的电子束焊　　　　　　　　b) 有活性剂的电子束焊

图 1-22　电子束焊中活性剂的作用效果

1.1.4　A-TIG 焊的使用方法

大部分商业化活性剂均以粉末形式提供。施焊前，首先用溶剂将活性剂粉末调成糊状，然后将其均匀地涂敷在焊缝上。涂敷时，可以用刷子刷涂，也可以喷涂。丙酮挥发性很强，能在几分钟内挥发干净，只剩下活性剂粉末附着在焊件表面，如图 1-23 所示。目前常用的溶剂有丙酮、异丙醇和水。

a) 涂敷过程　　　　　　　　　　　b) 涂敷后的焊缝表面

图 1-23　活性剂的手工涂敷方式

PWI 也提供了气雾罐式喷涂方式，如图 1-24 所示。

哈尔滨工业大学研制了机械式气雾喷涂装置，并研究了喷涂参数对喷涂质量的影响。在相同的液体浓度下，喷涂厚度随着速度的加快而减小，随着压力的增加而增加。在相同的速度和压力下，喷涂厚度随活性剂粉末含量的增加而增大。根据喷涂厚度的要求，选用粉末质量分数为 10% 的溶液，当喷涂压力为 0.15～0.3MPa、喷涂速度为 0.8～1.5m/min 时，可以获得满足要求的喷涂厚度。图 1-25 所示为机械气雾式喷涂装置及喷涂后的效果。

图 1-24　气雾罐式喷涂方式

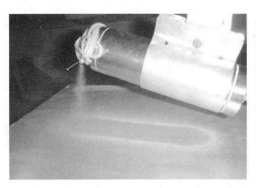

图 1-25　机械气雾式喷涂装置及喷涂后的效果

1.1.5　A-TIG 焊的熔深增加机理

A-TIG 焊的焊缝熔深增加的原因有以下几个方面。

1. 电弧收缩

针对 A-TIG 焊明显的电弧收缩现象，人们从电弧方面进行了较多的研究，并认为电弧收缩对熔深增加有很大的影响。研究电弧收缩的机理对进一步获得正确的配方和改善电弧特性很有帮助。

电弧收缩中的负离子理论认为，活性剂在电弧高温下蒸发后以原子态包围在电弧周边区域，由于电弧周边区域温度较低，活性剂蒸发原子捕捉该区域中的电子形成负离子并散失到周围空间。负离子虽然带的电量和电子相同，但因为它的质量比电子大得多，不能有效担负传递电荷的任务，导致电场强度 E 减小，根据最小电压原理，电弧有自动使 E 增加到最小限度的倾向，结果造成电弧自动收缩（见图 1-26），电弧电压增加，热量集中，用于熔化母材的热量也增多，从而使焊接熔深增加。有无活性剂的电弧形态如图 1-27 所示。

图 1-26 负离子理论模型

虽然负离子的出现对于电弧收缩来说是一个很好的解释，但由于负离子本身的特性和试验手段的缺乏，尚缺乏有效的试验验证。

验证电弧收缩的一个有效途径是测试电弧电压。采用图 1-28a 所示的不锈钢焊接试件，在试件右半区域涂敷活性剂 SiO_2，在相同的电弧参数下从左向右焊接，测得的电弧电压变化如图 1-28b 所示。可以看出，电弧从无活性剂区域进入有活性剂区域后，电弧电压有明显增大的现象。

a) 传统TIG焊电弧

b) A-TIG焊电弧

图 1-27 有无活性剂的电弧形态

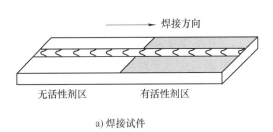

a) 焊接试件

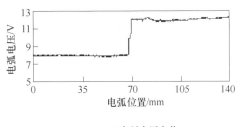

b) 电弧电压变化

图 1-28 活性剂对电弧电压的影响

注：$I = 120A$、$v = 200mm/min$、弧长为 3mm、铈钨极直径为 3.2mm、钨极角度为 60°、氩气通气量为 10L/min。

2. 阳极斑点收缩

阳极斑点理论认为，在熔池中添加硫化物、氯化物、氧化物后，熔池上的电弧阳极斑点出现明显的收缩，同时产生较大的熔深，如图1-29所示。

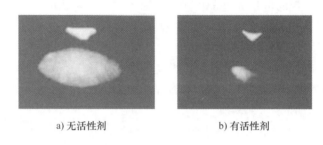

a) 无活性剂　　　　　　　　b) 有活性剂

图1-29　熔池上电弧阳极斑点变化情况

添加活性剂后，熔池产生的金属蒸气受到抑制，由于金属粒子更容易被电离，在金属蒸气减少的情况下，只能形成较小范围的阳极斑点，电弧导电通道紧缩，在激活了熔池内部电磁对流的同时，熔池表面的等离子弧对流受到减弱，从而形成较大的熔深。这种解释对非金属化合物型的活性剂较有说服力，但对金属化合物型的活性剂却不适用。

3. 表面张力变化的影响

如图1-30所示，当在熔池中含有活性元素时，熔池金属的表面张力从负的温度系数转变为正的温度系数，熔池表面形成从外围周边区域向熔池中心区域的表面张力流，熔池中心处形成向深度方向的质点流动，使电极正下方温度较高的液态金属直接流动到熔池底部，增加深度上的熔化效果，从而使焊接熔深增加。

不同的活性剂对电弧及熔池可能有不同的作用，氟化物、氯化物影响电弧的可能性较大，非金属氧化物影响阳极区的可能性较大，而金属氧化物影响熔池表面张力的可能性较大。

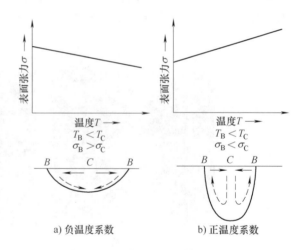

a) 负温度系数　　　　　　b) 正温度系数

图1-30　表面张力温度系数与熔化形态

4. 活性剂增加熔深机理的试验研究及数值模拟

通常对电弧收缩现象的观察只是直接观察电弧形态和熔池中阳极斑点的运动，并未考虑电弧中负离子存在的问题及其他可能存在的机制。哈尔滨工业大学的杨春利等人与日本大阪大学合作，用电弧电压对变动焊接电流的瞬时变化量反映电弧收缩情况，证实了电弧收缩与熔深变化存在一定关联。此外，他们利用熔池振荡及熔池谐振信号的检测，以熔池自身固有振荡频率与熔池尺寸的内在关系测定熔池金属的表面张力，研究了SUS304不锈钢薄板TIG焊不同熔池尺寸的表面张力变化，以及活性剂对熔池表面张力的影响，这也是试验方法在焊接熔池表面张力测定中的最早应用。

刘凤尧通过对有无活性剂的 TIG 焊电弧的整体和局部光谱分析，综合了电弧电压测量结果后认为，引入活性剂后，TIG 焊电弧整体发生了膨胀，弧柱电场强度、电弧电压和电弧中心温度有所提高。

熔池表面和内部流体流动情况复杂，直接用试验的方法来观察测量很困难。尤其是涂敷活性剂后，熔池中存在多个涡流，流体流动变得异常复杂，研究起来更加困难，只能通过试验间接地验证活性剂对熔池中流体流动的影响。

哈尔滨工业大学的杨春利等人在不锈钢板上涂敷含有 Bi 的活性剂，用薄钨板挡住熔池的流动，通过对钨板两侧 Bi 颗粒分布的测量，分析出涂敷 SiO_2 和 TiO_2 后熔池流动方向的变化。结果表明，活性剂改变了熔池中流体的流动方向。熔池中流体流动试验原理如图 1-31 所示。

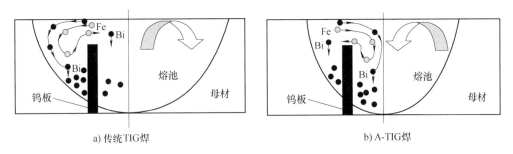

a) 传统TIG焊　　　　　　　　　　　　b) A-TIG焊

图 1-31　熔池中流体流动试验原理

一些学者通过数值分析来模拟 A-TIG 焊过程中熔池的流体流动行为和温度场的变化，以阐述活性剂增加熔深的机理。兰州理工大学利用 Phoenics 软件同时模拟了活性剂氧元素含量、电弧收缩效应对熔池速度场和温度场的影响。结果表明，温度场和速度场几乎没有变化，熔深和熔宽也未发生改变，这说明洛伦兹力对流体流动的影响很小。哈尔滨工业大学的徐艳丽模拟了 Nimonic263 的 A-TIG 焊熔池速度场和温度场在不同焊接电流下熔池内流体的流动情况，随着焊接电流的增加，熔池内的流体流速加快，导致熔深明显增大。

1.2　热丝 TIG 焊

1.2.1　热丝 TIG 焊的原理及优点

1. 原理

热丝指填充金属丝在被送入熔池之前，通过加热使之达到一定温度，也就是对焊丝进行预热。

在传统 TIG 焊中，电弧热的 30% 用于熔化焊丝，熔敷速度的提高受制于加热和熔化焊丝所需的时间。而在传统 TIG 焊的基础上对焊丝进行预热，通过增加热输入以提高焊丝的熔化速度，从而可以提高焊接速度。热丝 TIG 焊的原理如图 1-32 所示。焊丝通过导电嘴送进熔池中，在导电嘴和焊件之间施加一个恒压交流电源，焊丝接触到母材表面时便产生电流，实现对焊丝的加热。焊丝与钨极呈 40°～60° 角，在钨极电弧的后面直接送入熔池金属中。

要用交流电源加热焊丝，而且送丝角度比冷丝 TIG 焊要大，其目的在于避免电弧偏吹，如图 1-33 所示。为了进一步防止磁偏吹带来的危害，热丝 TIG 焊经常采用脉冲焊，焊丝的加热电源也可以采用脉冲方式。热丝电流波形如图 1-34 所示。

当电弧电流 I_a 处于峰值（I_{ap}）时，焊丝电流 I_w 为零，此时不会产生磁偏吹；当焊丝通电时（I_{wp}），电弧基值电流（I_{ab}）很小，仅能维持电弧燃烧。由于焊丝电流的作用，电弧被拉向焊丝一侧，但电弧的基值电流要比峰值电流低得多，母材熔化等电弧的主要作用是在峰值电流通过时产生的，基值电流期间不管是否产生磁偏吹，也不会起任何作用。

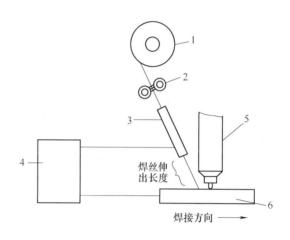

图 1-32　热丝 TIG 焊的原理

1—焊丝　2—送丝轮　3—导电嘴　4—交流电源
5—焊枪　6—焊件

图 1-33　热丝 TIG 焊

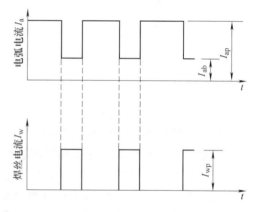

图 1-34　热丝电流波形

电弧电流和焊丝电流的交互通电，可以保证 TIG 焊具有良好的工艺性能。在热丝 TIG 焊中，除了电弧电流、焊丝电流有影响外，焊丝插入位置、方向及电弧长度等都会影响磁偏吹的情况，故施焊时要考虑这些方面的影响。

2. 优点

热丝 TIG 焊的优点如下：

1）保留了电弧稳定、焊缝性能优良、无飞溅等 TIG 焊的所有优点。

2）提高了熔敷速度和焊接效率。热丝 TIG 焊时，焊丝在被送入熔池前加热到 300～500℃，从电弧获取的能量减少，从而使熔敷速度比冷丝焊提高 3～5 倍，焊接效率大大提高，与 MIG 焊相仿。焊丝熔化速度增加达 20～50g/min。在相同的电流情况下，焊接速度可提高一倍以上，达到 100～300mm/min。图 1-35 所示为不同电弧焊方法熔敷效率的比较，图 1-36 所示为冷丝 TIG 焊和热丝 TIG 焊的熔敷速度对比。

3）减少焊接变形。热丝焊是熔化预热后的填充金属，总的热输入减少，有利于限制焊接变形。

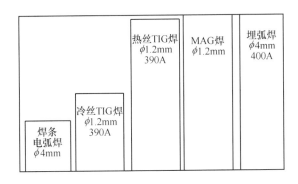

图 1-35 不同电弧焊方法熔敷效率的比较

4）降低焊接缺陷。焊缝成形美观、均匀，无气孔、未焊透等缺陷。冷丝焊焊接高性能材料时常因焊丝表面沾染水或污物而产生气孔，热丝焊时焊丝温度较高，其表面水分及污物被去除，使产生气孔的可能性大大减少。

热丝 TIG 焊的送丝电源独立于焊接电源，因此送丝速度不受焊接电流的影响，也就能够更好地控制焊缝成形。对于开坡口的焊缝，其侧壁熔合性比 MIG 焊好得多。

5）熔池过热度低，合金元素烧损少。

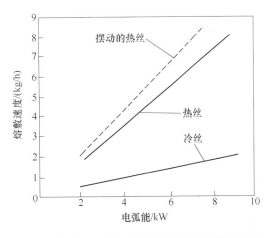

图 1-36 冷丝 TIG 焊和热丝 TIG 焊的熔敷速度对比

传统的热丝 TIG 焊枪及导丝装置一般安装于焊接机器人或专机上。2010 年，德国 EWM 推出了手工热丝 TIG 焊枪，该焊枪将热丝导丝软管及导丝嘴安装在焊枪上，使其灵活性大大提高，如图 1-37 所示。

1.2.2 焊丝加热方法

1. 电阻加热

电阻加热是热丝 TIG 焊最常用的方式，用于加热低碳钢、合金钢、不锈钢等材料的焊丝。电阻加热不适用于加热铝和铜焊丝，因它们的电阻率低，加热焊丝需要很大的电流，电流过大会导致电弧偏吹。

电阻加热时，在焊件和焊丝之间

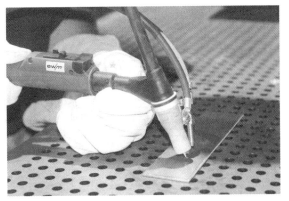

图 1-37 手工热丝 TIG 焊枪

存在一条与主焊接回路相邻的热丝电流回路，在热丝电流回路所形成的磁场中，焊接电弧必然受到一个磁场力的作用而偏离原来的方向，产生磁偏吹。因此，从这个角度出发，热丝电源通常采用交流恒压源，以减少磁场对电弧的影响。同时，热丝加热电源的空载电压不能过高，否则热丝与焊件接触处会引燃电弧，破坏稳定的热丝加热过程。

通过调节热丝电源的电流值，可以调整预热焊丝的温度。当采用电阻加热焊丝时，送丝速度必须与热丝电流相匹配，以保证焊丝在进入熔池时即被熔化。由于焊丝加热电流只有在焊丝与焊件接触时才形成，因此需要对焊丝加热及送进过程进行控制，保证焊丝连续地送入熔池中。两者参数如果不匹配，会影响焊接过程。热丝电流过高，会导致焊丝在送入熔池之前已经熔化成球状，导致焊丝与熔池脱离接触，热丝电流中断，形成不连续焊缝；反之，热丝电流过低，会使焊丝插入熔池，发生固态短路。焊丝加热过程的另一个重要参数是送丝嘴到焊件的距离，即焊丝电阻产热部分的伸出长度。实践中，该参数通常为 15~50mm。

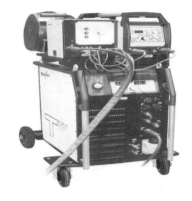

图 1-38 所示为热丝 TIG 焊的焊接电源、热丝电源及送丝机。

图 1-38　热丝 TIG 焊的焊接电源、热丝电源及送丝机

2. 氩弧加热预热焊丝

电阻加热预热焊丝适用于碳钢、不锈钢等高电阻率材料，但很难应用于铝、铜等电阻率低的材料。哈尔滨工业大学的吕世雄提出了采用氩弧预热铝、铜等低电阻率焊丝的新方法（ZL200510009921.5）。

其原理如下：采用氩气保护的电弧作为加热源，将输出电流可控的 TIG 电源的一端接于焊枪上，另一端接于送丝机的送丝嘴处，在其间引燃电弧加热焊丝。采用这种加热方法，可通过调节输出电流，将焊丝预热到 100~800℃，而且由于采用电弧作为热源，不受母材金属电阻率的影响，可加热包括铝、铜等在内的材料，也可加热其他材料。采用氩气保护，避免了被加热焊丝的氧化。根据不同的电弧输出功率，可得到的热丝温度范围比传统加热方式大大拓宽。氩弧加热焊丝的原理及实物如图 1-39 所示。

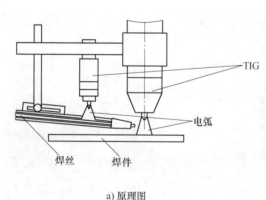

a) 原理图　　　　　　　　　　　　　　　　　b) 实物图

图 1-39　氩弧加热焊丝的原理及实物

氩弧加热预热焊丝法的优点如下：

1) 与电阻加热设备相比成本低。

2）热丝加热效率高。

3）可以同时利用阴极清理作用，去掉铝焊丝表面的氧化膜。

4）磁场对电弧影响很小。

5）适用于所有材质的焊丝，特别是有色金属。

6）热丝电流很小，能耗低。对于钢焊丝当电流为35A、送丝速度为2m/min时，加热温度可达920℃。

1.2.3 热丝 TIG 焊应用示例

热丝 TIG 焊由于具有高熔敷速度的特点，在焊接厚壁材料及窄间隙焊接时有着明显的优势，在海底管、油气输送管、核工业、压力容器及表面堆焊等领域得到了广泛的应用。

表 1-2 列出了用手工和自动热丝 TIG 焊焊接 3mm 厚低碳钢和 6mm 厚奥氏体不锈钢时的焊接参数。其优势体现在良好的焊缝质量及较高的焊接速度上。尤其对于不锈钢的焊接，热丝 TIG 焊具有潜在的优势，而 MIG 焊或焊条电弧焊由于焊缝质量等原因，在不锈钢焊接中应用得较少。

表 1-2 手工和自动热丝 TIG 焊的焊接参数

序号	方法	接头类型	母材金属	厚度/mm	位置	焊接电流/A	焊接速度/(mm/min)
A	手工	搭接	低碳钢	3.0	平焊	200	180
B	手工	角接	低碳钢	3.0	平焊	200	145
C	手工	角接	低碳钢	3.0	横-立焊	200	175
D	自动	角接	奥氏体不锈钢	6.0	横-立焊	210	130
E	自动	对接	奥氏体不锈钢	6.0	平焊	第1道:210	180
						第2道:210	180

注：采用 60°V 形坡口，1.0mm 的钝边，1.5mm 的根部间隙。

在化工、电力、压力容器等行业，经常使用中等或厚壁管道。由于对管道焊接有耐蚀性或力学性能的要求，通常采用 TIG 焊打底、焊条电弧焊盖面的焊接方式。采用热丝 TIG 焊，既能保证焊缝性能，又可满足高生产率要求。有文献报道了采用窄间隙热丝 TIG 焊（9mm 坡口间隙），在横焊及立焊位置对 50mm 厚的核承压设备进行焊接，所采用的焊接工艺见表 1-3。

图 1-40 所示为热丝 TIG 焊的焊缝。

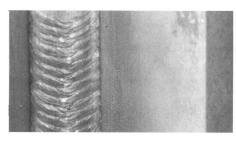
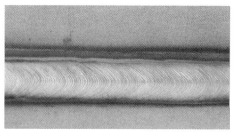

a) 材料为S355钢，厚度为10mm，立焊　　　　b) 高合金钢，厚度为8mm，横焊

图 1-40 热丝 TIG 焊的焊缝

注：S355 钢是欧洲标准的合金钢牌号，相当于我国的 Q355。

表 1-3 窄间隙热丝 TIG 焊的焊接工艺

焊接位置	接头尺寸	焊道数	焊接参数							
			焊接电流/A		脉冲宽度/s		焊接速度/(mm/min)	热丝电流/A	送丝速度/(mm/min)	电弧电压/V
			I_p	I_b	T_p	T_b				
横焊		1	160	120	0.3	0.5	90	—	500	10
		2	280	200	0.5	0.7	130	—	900	12
		其余	220	160	0.4	0.4	110	90~120 (2~4V)	800	10
			380	330	0.6	0.6	150		1800	12
立焊		1	200	70	0.3	0.3	60	—	500	11
		2	280	100	0.5	0.6	100	—	900	12
		其余	220	160	0.4	0.4	80	90~120 (2~4V)	800	11
			380	230	0.6	0.6	130		1800	12

1.3 TOPTIG 焊

1.3.1 TOPTIG 焊的原理及特点

1. 传统的 TIG 焊枪的缺点

传统的填丝 TIG 焊机器人焊枪如图 1-41 所示。焊丝与电极几乎成 90°，即与焊件近似平行。其缺点如下：

1）焊枪端部体积增大，定位可靠性差。

2）送丝装置限制了机器人的灵活性和可达性。

3）对于复杂的焊件还得增加一个转胎（第七轴）。

4）填丝 TIG 焊的电弧热量分别用于熔化焊件和焊丝，因为电弧热量只有约 30% 用于熔化焊丝，焊接速度因而无法得到进一步的提高。

因此，目前用于 TIG 焊的焊接机器人为了灵活性的需要通常都不填充焊丝。

TOPTIG 焊技术是由法国 Air Liquid 公司开发的专利技术，其设备由传统 TIG 焊枪改进而成。其核心特点是送丝嘴与焊枪为一体化集成设计，如图 1-42 所示。焊丝以 20°角通过气体喷

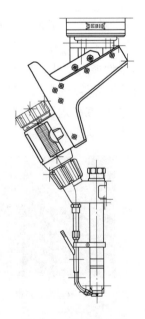

图 1-41 传统的填丝
TIG 焊机器人焊枪

嘴送入钨极端部的下方。焊丝的轴线方向与钨极端部的锥面平行，焊丝端部因此可以非常靠近钨极的端部，而该区域为电弧中温度最高的区域，电弧的高温将焊丝迅速熔化，从而获得很高的熔敷速度和焊接速度。TOPTIG焊的焊枪实物如图1-43所示。

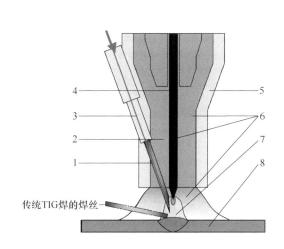

图 1-42 TOPTIG 焊的焊枪设计
1—焊丝 2—第二重保护气 3—送丝嘴 4—钨极
5—喷嘴 6—保护气 7—电弧 8—焊件

图 1-43 TOPTIG 焊的焊枪实物

2. TOPTIG 焊的优点

TOPTIG 焊具有如下优点：

1）灵活性好。这种特殊的送丝形式使得在机器人焊接时无须考虑焊丝的送进方向，灵活性与 MIG 焊枪相同。

2）焊缝质量好。由于该方法仍然是 TIG 焊，保留了 TIG 焊的品质高、质量好的特点，没有 MIG 焊固有的飞溅和噪声。

3）焊接速度快。当焊接厚度小于 3mm 的板材时，TOPTIG 焊的焊接速度等于，甚至优于 MIG 焊。

4）操作简单。对钨极到焊件的距离不再敏感，送丝嘴固定在焊枪上，无须调整焊丝的角度和位置。

正是由于 TOPTIG 焊兼具了 TIG 焊高质量及 MIG 焊高速度的优点，在汽车、金属装饰、食品机械等行业得到了应用，用于焊接镀锌钢板、不锈钢、钛合金和镍基合金等薄板材料。图 1-44 所示为焊接薄板时 TOPTIG 焊与 MIG 焊的效率对比。

TOPTIG 焊技术仅限于直流 TIG 焊接，由于对钨极端部形状要求较严格，交流 TIG 焊中钨极烧损会改变钨极端部形状，因而在铝合金的应用上受到限制。

1.3.2 TOPTIG 焊的熔滴过渡形式

由于 TOPTIG 焊的送丝位置与传统 TIG 焊有很大不同，根据送丝速度的不同，焊丝熔化后的熔滴过渡通常有两种形式，即滴状过渡和连续接触过渡，如图 1-45 所示。2004 年，日

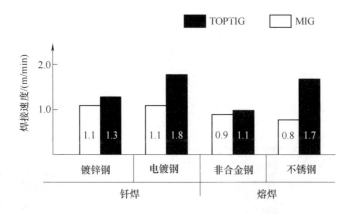

图 1-44 TOPTIG 焊与 MIG 焊的效率对比

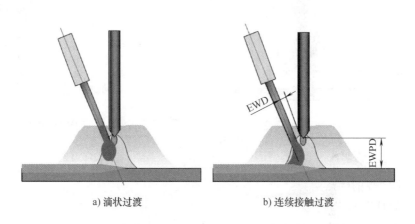

a) 滴状过渡   b) 连续接触过渡

图 1-45 TOPTIG 焊的两种熔滴过渡形式

注：EWD—钨极到焊丝的距离；EWPD—钨极到焊件的距离。

本接合技术研究所（JWRI）研究了不同熔滴过渡形式下焊接熔池表面的振荡情况，结论是，连续接触过渡形式可以获得良好的焊缝成形，并可最大限度地减少熔池的振荡。

1. 连续接触过渡

当送丝速度（wire feed speed，WFS）与熔化速度达到平衡时，在焊丝熔化的金属与熔池之间形成连续接触。图 1-46 所示为 TOPTIG 焊连续接触过渡过程。

这种过渡形式具有如下优点：

1）过渡过程稳定，熔敷效率高，焊接速度快。

2）焊缝成形均匀一致。

3）减少了焊缝夹钨风险。

4）电弧熄灭后焊丝末端仍然保持尖锐的形状，使下次起弧更加可靠。

5）适用于所有的传统熔焊和钎焊焊丝，包括碳素钢、不锈钢。

2. 滴状过渡

滴状过渡的特点是焊丝熔化形成熔滴，熔滴逐渐长大，直到在重力和表面张力的作用下与焊丝端部脱离，这种过渡形式与 MIG 焊中的短弧长亚射流过渡相似，如图 1-47 所示。

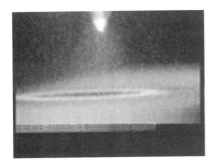
a) 电弧引燃

b) 焊丝端部熔化金属与熔池接触

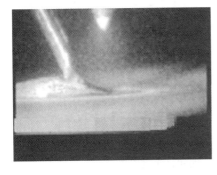
c) 熔化焊丝与熔池持续接触建立金属桥

d) 熔化熔滴以金属桥的形式持续过渡

e) 当送丝速度降低时,液态金属桥形成缩颈

f) 当送丝停止后液态金属桥断开

图 1-46　TOPTIG 焊连续接触过渡过程

注：$I = 150A$、$v_f = 350cm/min$、$v = 100cm/min$。

滴状过渡具有如下优点：

1）滴状过渡的熔滴对熔池的持续冲击力使熔池产生振荡，减少了产生气孔的倾向，焊缝均匀一致。

2）可用于小电流和低送丝速度的焊接。

3）焊道较宽。

当送丝速度较低时，熔滴尺寸较大（为焊丝直径的 3~4 倍）。

滴状过渡的主要参数是熔滴尺寸和过渡频率。当送丝速度较快时，过渡频率高，熔滴尺寸小。图 1-48 所示为在恒定电流下送丝速度对过渡频率的影响。从滴状过渡到连续接触过渡的转换区间非常窄，而且过渡声音也会发生变化，非常容易识别。

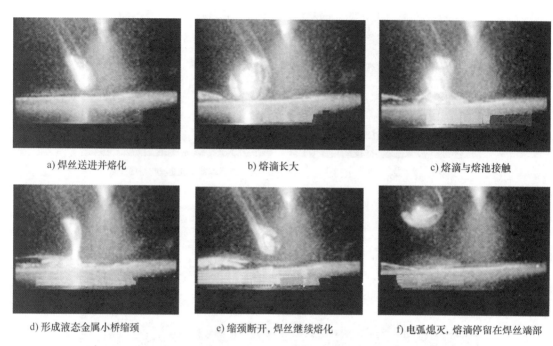

a) 焊丝送进并熔化   b) 熔滴长大   c) 熔滴与熔池接触

d) 形成液态金属小桥缩颈   e) 缩颈断开，焊丝继续熔化   f) 电弧熄灭，熔滴停留在焊丝端部

图 1-47　TOPTIG 焊滴状过渡过程

注：$I=140A$、$v_f=200cm/min$、$v=100cm/min$。

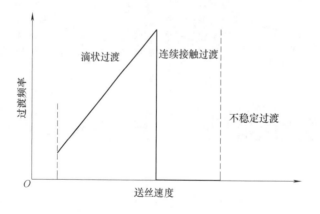

图 1-48　送丝速度对过渡频率的影响

1.3.3　TOPTIG 焊的设备组成

TOPTIG 焊枪（见图 1-49）安装在机器人手臂上，通过快速接头与推拉式送丝机相连。焊枪采用水冷方式冷却，如果使用接近极限的电流焊接，或者在散热条件极度恶劣的环境下焊接，也可以另外选配带水冷的保护气喷嘴。当改变焊丝直径或因损耗需更换导丝嘴时，可将导丝嘴从喷嘴上拆卸下来直接更换（螺纹连接），而无须断开水路。电极由对中电极夹夹持，并可自动更换，该焊枪的最大电流为 220A（直流），负载持续率为 100%，焊丝直径为 0.8~1.2mm。

与焊枪相连的是一台满载电流为 220A、负载持续率为 100% 的直流电源，并带有遥控器和次级电缆，送丝机的最大送丝速度为 10m/min，整套系统采用良好的高频绝缘保护措施，可选配的电极更换器是能与所有普通机器人连接的气体驱动装置（PLC 控制），能储存 7 个电极夹。存放电极是自动的，更换一次电极的时间只需 15s，如图 1-50 所示。

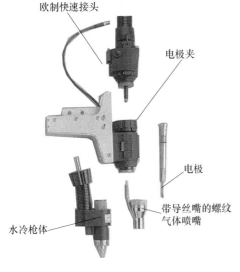

图 1-49 TOPTIG 焊枪的组成

图 1-50 TOPTIG 焊系统构成

1.3.4 TOPTIG 焊的主要参数

1. 钨极到焊丝的距离（EWD）

它是 TOPTIG 焊工艺中重要的参数之一，应被设置为焊丝直径的 1~1.5 倍。由于钨极端部形状对电参数和焊缝成形具有重要影响，因此钨极端部必须经过机械加工，以使它的外形保持恒定。

2. 钨极直径

直流（DC）TIG 焊常用钨极直径为 2.4 mm 或 3.2mm，电流上限为 230A 和 300A。传统 TIG 的工艺规范也适用于 TOPTIG 焊。当焊接超薄板时，可以使用直径为 1.8mm 的钨极，以便在小电流下引弧和稳弧，但这种钨极可能会导致电极轴向变形，对 EWD 参数造成影响。

3. 焊丝直径

焊丝直径根据母材的厚度进行选择。TOPTIG 焊推荐用于碳素钢和不锈钢的焊丝直径见表 1-4。

表 1-4 TOPTIG 焊推荐用于碳素钢和不锈钢的焊丝直径

焊件厚度 t/mm	焊丝直径/mm	焊件厚度 t/mm	焊丝直径/mm
$t<1$	0.8	$1.5 \leqslant t < 4.0$	1.2
$1.0 \leqslant t < 1.5$	1.0	—	—

对于铝-钢的 TIG 熔钎焊（使用化学成分代号为 CuAl8 和 CuSi3 的焊丝），焊丝的直径需要进一步增大，因焊丝直径会影响焊接过程的熔敷速度和熔池润湿。

4. 焊接参数的影响

主要焊接参数对焊缝成形的影响见表 1-5。

表 1-5　主要焊接参数对焊缝成形的影响

参数	增加或减小	熔宽	熔深	余高
焊接电流	增加	增加	增加	减小
	减小	减小	减小	增加
电弧电压	增加	增加	减小	减小
	减小	减小	增加	增加
送丝速度	增加	减小	减小	增加
	减小	增加	增加	减小
焊接速度	增加	减小	减小	减小
	减小	增加	增加	增加

焊接电流影响熔深、润湿及焊丝熔化速度，必须根据母材的种类、厚度及焊接速度选择合适的数值。

电弧电压取决于钨极到焊件的距离（EWPD）和使用的保护气体，也与焊接速度有一定的关系，因为焊接速度较高时电弧会有轻微的后拖。电弧电压影响着熔深、滴状过渡时熔滴的尺寸和熔池的润湿。EWPD 的典型值为 3mm。弧长减小可形成连续接触过渡，反之则形成滴状过渡。电弧电压需要根据焊件厚度和焊接电流来调整。

送丝速度与其他参数相对独立。对于给定的焊接电流和焊接速度，当熔滴过渡形式从滴状过渡转变为连续接触过渡时，伴有特别的声音。

焊接速度对弧长稳定性、熔透和熔池润湿性有很大的影响。对于镀锌金属板的焊接，降低焊接速度会有利于液态熔池中锌的蒸发，反之则会使细小锌的颗粒停留在熔池底部。当其他焊接参数一定时，较高的焊接速度会减少热输入，减小焊接变形。

在薄板的焊接中，保护气体根据电弧稳定性和熔池润湿的需要来选择。

1.3.5　TOPTIG 焊的工业应用

1. 用于汽车件电弧钎焊

TOPTIG 焊首先被用于汽车薄镀层钢板的熔钎焊，最常用的是厚度为 0.8～1.5mm 的搭接接头镀锌板焊接。TOPTIG 焊在 1m/min 的焊接速度下可以获得良好的焊缝成形，如图 1-51 所示。

几种典型 TIG 熔钎焊的焊接参数见表 1-6。

针对表 1-6 中的接头形式，采用不同的保护气体进行测试，其结果如下：

1）如果不用优先考虑焊接速度，采用 100% Ar 气，焊接效果较好。

2）体积分数为 80% Ar+20% He 的保护气体有利于提高焊接速度。

3）体积分数为 97.5% Ar+2.5% H$_2$ 的保护气体，焊缝的润湿性和成形最佳。当混合气体中氢气体积分数超过 2.5% 时，则可能产生蠕虫状气孔。

图 1-51　TOPTIG 焊接机器人 TIG 熔钎焊车体部件

表 1-6　几种典型 TIG 熔钎焊的焊接参数

接头形式	镀层钢板	填充料	电流 I/A	焊接速度 v/(m/min)	保护气体
	电镀板 ($\delta = 1\text{mm}$)	CuAl ($\phi = 1\text{mm}$)	180	1.75	Ar (15L/min)
	镀锌板 ($\delta = 0.8\text{mm}$)	CuSi ($\phi = 1\text{mm}$)	80	1.30	Ar+H$_2$ (15L/min)
	电镀板 ($\delta = 1\text{mm}$)	CuSi ($\phi = 1.2\text{mm}$)	155	1.00	Ar+H$_2$ (15L/min)
	镀锌板 ($\delta = 1\text{mm}$)	CuSi ($\phi = 1.2\text{mm}$)	140	1.00	Ar+H$_2$ (15L/min)
	镀锌板 ($\delta = 1.5\text{mm}$)	CuSi ($\phi = 1\text{mm}$)	130	1.00	Ar+H$_2$ (15L/min)

由图 1-52 可以看出，采用 TOPTIG 焊焊接 1mm 厚镀锌钢板，在间隙为 1mm 时仍然具有良好的搭桥能力。

2. 用于不锈钢

由于 TOPTIG 焊的高焊接速度和高熔敷速度（可达 3kg/h），加上其极佳的焊缝成形，TOPTIG 焊可以被广泛应用于很多行业，如食品机械和金属装饰材料等。

典型的不锈钢 TOPTIG 焊工艺见表 1-7。

3. 用于碳素钢

图 1-53 所示为 1mm 厚镀锌碳钢板的 TOPTIG 焊，采用标准的实心焊丝，

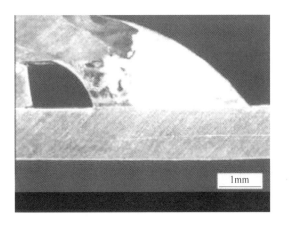

图 1-52　用 TOPTIG 焊焊接 1mm 厚镀锌钢板
注：$I = 150\text{A}$、$v = 100\text{cm/min}$、100% Ar。

实现了无飞溅、加强筋尽可能小的焊接效果。焊接位置为平焊和向下立焊。

另一个应用是碳素钢转向柱部件的 TOPTIG 焊，如图 1-54 所示。

表 1-7　典型的不锈钢 TOPTIG 焊工艺

接头形式	不锈钢	填充焊丝	电流 I/A	焊接速度 $v/(m/min)$	保护气体
	304L ($\delta = 1mm$)	E308L ($\phi = 0.8mm$)	150	1.0	Ar+H$_2$ (15L/min)
	304L ($\delta = 2mm$)	E308L ($\phi = 1.2mm$)	210	1.5	Ar+H$_2$ (15L/min)
	304L ($\delta = 2mm$)	E308L ($\phi = 1.2mm$)	200	0.7	Ar+H$_2$ (15L/min)
	304L ($\delta = 2mm$)	E308L ($\phi = 1.2mm$)	200	1.0	Ar+H$_2$ (15L/min)

注：304L 为美国不锈钢牌号，相当于我国的 022Cr19Ni10 钢。

图 1-53　1mm 厚镀锌碳钢钢板的 TOPTIG 焊

图 1-54　碳素钢转向柱部件的 TOPTIG 焊

1.4　变极性等离子弧焊（VPPAW）

1.4.1　VPPAW 的原理与发展

变极性等离子弧焊（variable polarity plasma arc welding，VPPAW），即不对称方波交流等离子弧焊，是一种针对铝及其合金开发的新型高效焊接方法。它综合了变极性 TIG 焊和等离子弧焊的优点。一方面，它的特征参数，如电流频率、电流幅值及正负半波导通时间比例可根据工艺要求独立调节，合理分配电弧热量，在满足焊件熔化和自动去除焊件表面氧化膜的同时，最大限度地降低钨极烧损；另一方面，可有效地利用等离子束流所具有的高能量密度、高射流速度、强电弧力的特性，在焊接过程中形成穿孔熔池，实现铝合金中厚板单面焊双面成形。

VPPAW 主要用于各种铝合金的焊接，其单道焊接铝合金厚度可达 25.4mm。它的工艺特点是，在焊接过程中，直流正接（DCEN）电流幅值、直流反接（DCEP）电流幅值、一个周期内 DCEN、DCEP 焊接电流持续时间的比例可以分别独立调节，这既有利于焊缝熔透，又有利于清理铝合金氧化膜。在铝合金的 VPPAW 中，通常采用穿透型向上立焊工艺，既有利于焊缝的正面成形，又有利于熔池中氢的逸出，减少铝合金中可能产生的气孔缺陷，因此被称为"零缺陷焊接"方法。

图 1-55 所示为 VPPAW 的穿孔立焊及电流波形。为了减少钨极的烧损，反极性电流幅值高于正极性幅值，正反极性脉宽比约为 19∶4。国外使用经验表明，对于不同的铝合金，其正反极性幅值和脉宽参数也稍有区别，见表 1-8。

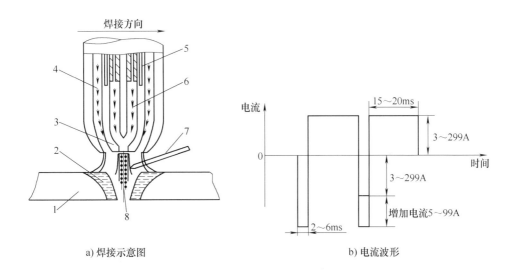

a) 焊接示意图　　　　　　　　　　　　b) 电流波形

图 1-55　VPPAW 的穿孔立焊及电流波形

1—母材　2—熔融焊缝金属　3—拘束电弧喷嘴　4—保护气体
5—冷却液　6—离子气体　7—焊丝　8—等离子弧穿孔

表 1-8　各种铝合金的焊接参数（5mm 厚板）

合金牌号	DCEN 时间 /ms	DCEP 时间 /ms	DCEN 电流 /A	DCEP 电流 /A
5456	19	3	130	185
2219	19	3	140	180
5086	19	4	145	180

1978 年，美国航天局马歇尔宇航中心决定用 VPPAW 工艺部分取代 TIG 焊工艺焊接航天飞机外燃料贮箱。航天飞机外燃料贮箱的材料为 2219 铝合金，共需焊接 6400m 长的焊缝，并经 100% X 射线检测，不能有任何内部缺陷，焊缝质量要求比 TIG 多层焊明显提

高。美国航天局和波音公司已经将此技术应用在航天飞机外燃料贮箱和火箭壳体的变截面（8~16.5mm）环缝焊接生产中，在固态火箭发动机的排气管焊接生产中也应用了该技术。

图1-56所示为美国洛克希德·马丁公司生产的2195航天飞机外燃料贮箱。材料为2195铝-锂合金，其主要焊接设备为Hobart公司提供的VPPAW和GTAW一体化自动化焊接系统（HAWCS），还包括熔透控制系统、激光焊缝跟踪系统和弧长控制系统。

国内方面，哈尔滨工业大学进行了质量控制和工艺方面的研究，北京工业大学进行了设备和工艺技术的研究。与TIG焊相比，由于VPPAW焊接参数区间较窄，需要精确控制，因此在21世纪之前一直未在生产中应用。自2003年以来，才逐步在运载火箭燃料贮箱（材料为2219）和压力容器筒体纵缝（材料为5A06）上得到了应用。

图1-56 2195航天飞机外燃料贮箱

注：直径为8.54m（28ft），长度为46.97m（154ft）。

只有为数不多的公司能够制造VPPAW设备，如加拿大的Liburdi公司、美国AMET公司和北京工业大学等。图1-57所示为VPPAW设备。由于穿透型VPPA焊接对参数控制非常严格，以便形成稳定的小孔，因此必须对焊接参数，如电流、电弧电压、气体流量等进行闭环反馈控制。

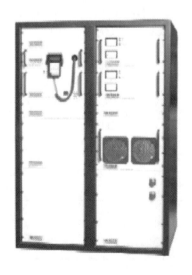

图1-57 VPPAW设备

1.4.2 穿透型VPPAW

VPPAW主要有两种，即熔透型和穿透型。当焊件较薄时，往往采用熔透型进行施焊；

当焊件较厚时，常采用穿透型进行焊接。采用穿透型进行焊接时，等离子弧将焊件完全熔透，并在等离子流力的作用下形成一个穿透焊件的小孔，熔化金属被排挤在小孔周围，随着等离子弧在焊接方向上的移动，熔化金属沿着电弧周围的熔池壁向熔池后方移动，并在正反面结晶成形，实现了单面焊双面成形。

美国 Boeing 公司、Hobart 公司和美国航天局 Marshall space flight center 等在这方面的研究工作表明，在铝合金的焊接中，穿透型 VPPAW 是一种最理想的铝合金焊接方法。

与一般的非压缩的 TIG 焊相比，穿透型 VPPAW 在工艺上具有许多突出的特点。

1）焊缝内部缺陷，如气孔、夹渣等少。在穿透型 VPPAW 过程中，等离子弧和离子气流穿过小孔具有一定的冲刷作用，在其他焊接方法中残留在熔化金属中生成气孔的气体会被等离子弧和离子气流通过小孔带走，夹渣也同样被冲刷掉。Reiner knock 在进行穿透型 VPPAW 焊接铝合金时发现，与 TIG 焊相比，气孔明显减少，对于纯铝的焊接效果更为显著，基本上无气孔存在。

2）可焊厚度范围较宽。等离子弧熔透能力强，对于 6mm 厚的铝合金可以实现各种位置的焊接。研究结果表明，如果不填充焊丝，平板对焊，单道焊最大厚度是 8mm，若焊接更厚的材料，必须采用立焊方法。对于厚度小于 15.9mm 的铝合金，可以一次性焊透；对于厚度大于等于 15.9mm 的铝合金，通常要制备较为复杂的焊接接头。

3）焊后焊件变形小。由于等离子弧熔透能力强，加热集中，熔化区域小，而且穿透型焊接对焊件正、反面加热均匀，减少了焊后焊件的挠曲变形。与 TIG 焊相比，焊件的挠曲变形明显减小。

4）焊缝力学性能有所提高。穿透型 VPPAW 焊缝与 TIG 焊焊缝进行比较，在焊后状态下，屈服强度相差不多，但在刮掉根部焊缝和余高的条件下，穿透型 VPPAW 焊缝的屈服强度要高于 TIG 焊焊缝的屈服强度。这说明 VPPAW 的质量在一定程度上要高于其他弧焊方法的焊缝质量，焊缝力学性能好，而且焊缝变形较小。

5）效率高、成本低。由于等离子弧能量密度高，穿透能力强，因此穿透型 VPPAW 可焊厚度大，特别对于厚板焊接，焊道次数大大减少，焊缝内部气孔、夹渣等缺陷少。焊接接头变形小，减少了焊后检验工作和修补工作量，对接头可采用 I 形坡口；而且对油污的敏感性小，焊前准备工作量少，无论是在时间上还是在费用上明显少于 TIG 焊和 MIG 焊，是一种高效率、低成本的焊接方法。

铝合金 VPPAW 工艺也存在自身的不足：①焊接可变参数多，规范区间窄；②采用向上立焊工艺，只能自动焊接；③焊枪对焊缝质量影响较大，喷嘴寿命短。

1.4.3 VPPAW 的成形规律

影响 VPPAW 焊接过程的主要参数有喷嘴几何形状尺寸、钨极内缩量和喷嘴到焊件的距离，以及焊接电流、离子气流量和焊接速度等。

1. 喷嘴几何形状尺寸

喷嘴的几何形状尺寸包括喷嘴孔径 d_k、孔道长度 L_k 等。喷嘴孔径和孔道长度是对电弧进行机械压缩的关键尺寸，一般用压缩比 L_k/d_k 表示喷嘴对电弧的压缩程度，它们直接影响着等离子弧的稳定性。L_k/d_k 值越大，对电弧的压缩越强，电弧的穿透能力也越强，但 L_k/d_k 值过大，会降低喷嘴的临界电流，易产生双弧，破坏等离子弧和焊接过程的稳定性。对不同厚度的铝合金焊接，要求 L_k 和 d_k 的匹配关系不同，表 1-9 列出了最大喷嘴压缩比与板厚的关系。根据表 1-9 的结果可画出最大喷嘴压缩比 L_k/d_k 与板厚 δ 的关系曲线，如图 1-58 所示。由此可见，利用相同孔径、相同压缩比的喷嘴，通过适当调节离子气流量仍能完成不同厚度铝合金的焊接。例如，d_k 为 4mm、L_k/d_k 为 0.8 的喷嘴，能很好地完成厚度为 4mm、6mm 和 8mm 的铝合金焊接。

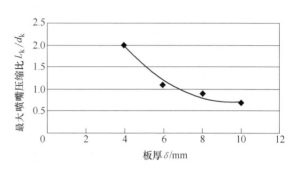

图 1-58　最大喷嘴压缩比 L_k/d_k 与板厚 δ 的关系曲线

表 1-9　最大喷嘴压缩比与板厚的关系

板厚 δ/mm	4	6	8	10
喷嘴孔径 d_k/mm	2.5	4.0	4.0	4.0
最大喷嘴压缩比 L_k/d_k	2.0	1.1	0.9	0.7

2. 钨极内缩量和喷嘴到焊件的距离

钨极内缩量对等离子弧的压缩及穿透能力均有影响，在其他参数不变的情况下，钨极内缩量过大，等离子弧的压缩及穿透能力过强，会引起焊缝成形恶化；钨极内缩量过小，等离子弧的压缩及穿透能力减弱，不易保证焊透。试验中，当采用喷嘴孔径为 4mm、压缩比为 0.8 的喷嘴焊接 6mm 厚的铝合金时，内缩量为 4~4.5mm 较为合适；焊接 8mm 厚的铝合金时，内缩量为 3.5~4mm 较为合适。

喷嘴到焊件的距离对电弧的稳定性有很大影响。距离过大，电弧飘动，保护效果降低，且阴极的清理作用降低；距离过小，会造成喷嘴表面污染，易诱发双弧。当焊接厚度为 6mm、8mm 的铝合金时，喷嘴到焊件的距离为 2~4mm 较为合适。当然，这个数值要结合具体的焊枪而定，但都有个适当的范围。

由以上分析可以看出，对不同厚度的板材要选择不同的喷嘴孔径、压缩比和钨极内缩量，根据焊枪的特性选择适当的喷嘴到焊件的距离，这些参数值本身就很小，它们的微量变化都会直接影响焊接工艺，所以确定了这些因素才能研究焊接电流、离子气流量、焊接速度和送丝速度对焊缝成形的影响。

3. 焊接电流、离子气流量和焊接速度

焊接电流、离子气流量、焊接速度对穿孔的形成及稳定起着重要的作用，焊接电流和焊接速度的大小表明电弧对焊件的加热程度，也对电弧力有较大的影响。离子气流量是电弧力的一个重要标志，同时又影响着电弧对焊件热输入的分布。焊接电流、离子气流量、焊接速度必须互相匹配，穿孔才能稳定存在，这正是穿透型 VPPAW 的困难所在。

不过，在焊接过程中，焊接小孔能够动态稳定也是有规律可循的：对应一定的熔宽存在一临界小孔孔径，只要焊接小孔孔径小于该熔宽条件下的临界孔径，焊接小孔可以动态稳定存在。图 1-59 所示为焊缝宽度与临界孔径的关系曲线。焊接电流和离子气流量对小孔直径的影响趋势一致，随着焊接电流和离子气流量的增加，小孔直径增大；而随着焊接速度的增

加，小孔直径呈减小趋势。

从图 1-60a 所示的焊接电流和离子气流量的匹配区间可以看出这样一个总体趋势：提高焊接电流，小孔直径就会增大，为保证小孔的稳定存在，必须相应地降低离子气流量，将小孔直径恢复到临界孔径值以下；反之，若提高离子气流量，则必须相应地降低焊接电流。

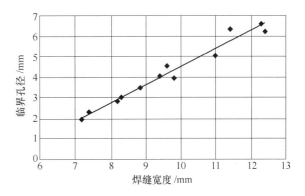

图 1-59 焊缝宽度与临界孔径的关系曲线

同理，图 1-60b 所示为在一定离子气流量情况下，保证小孔稳定存在的焊接电流与焊接速度的匹配区间。在此区间内，离子气流量不变，为保证小孔的直径不变，提高焊接电流，就必须相应地提高焊接速度，减小焊接电流就必须减小焊接速度。在此区间外是焊漏或未焊透。

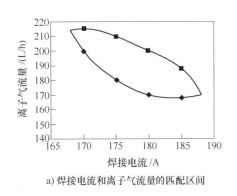

a) 焊接电流和离子气流量的匹配区间

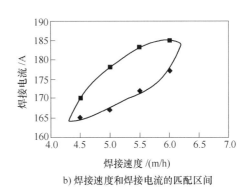

b) 焊接速度和焊接电流的匹配区间

图 1-60 8mm 厚 2A12 铝合金穿孔稳定规范区间

图 1-61 所示为采用匹配区间曲线左方或下方的小规范，焊接电流过小或离子气流量过小不能形成小孔，造成焊缝未焊透；而图 1-62 则是采用匹配区间曲线右方或上方的大规范，焊接电流过大和离子气流量过大，迫使小孔孔径超过临界孔径值，小孔不能稳定存在而形成切割，导致焊缝焊漏。

a) 焊缝正面

b) 焊缝背面

图 1-61 小规范未焊透

 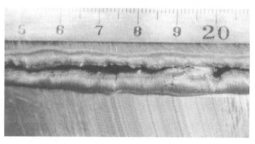

a) 焊缝正面　　　　　　　　　　　　　　b) 焊缝背面

图 1-62　大规范焊漏

综上所述，针对特定的焊枪，对一定的板厚，要想获得稳定的穿孔状态，焊接电流、焊接速度、离子气流量这三个规范参数必须在一定的规范区间内进行合理的匹配。它们的规律是：在一定的焊接速度条件下，增加焊接电流，就要相应减小离子气流量；在一定的离子气流量条件下，增加焊接电流，就要相应提高焊接速度。

VPPAW 的焊接参数选择取决于母材金属的类型、厚度和焊接位置。对厚度小于 6.4mm 的板材，平焊、横焊和立焊均可。对于厚度为 6.5~16mm 的板材，最佳的焊接工艺是采用向上立焊。表 1-10 列出了航天工业中常用的铝合金 VPPAW 的穿孔立焊参数。钨极高度为 6.5mm，喷嘴直径为 3.2mm，钨极内缩量为 0.5mm。

表 1-10　铝合金 VPPAW 的穿孔立焊参数

板厚/mm	6	8	4
母材金属	2A14	2A14	2B16
接头形式	平焊对接	平焊对接	平焊对接
$\phi1.6mm$ 焊丝	BJ-380A	BJ-380A	ER-2319
送丝速度/(m/min)	1.6	1.7	1.4
DCEN 电流/A	156	165	100
DCEN 时间/ms	19	19	19
DCEP 电流/A	206	225	160
DCEP 时间/ms	4	4	4
标准状态离子气流量/(L/min)	Ar:2.0	Ar:2.5	Ar:1.86
保护气体流量/(L/min)	Ar:13	Ar:13	Ar:13
钨极直径/mm	3.2	3.2	3.2
焊接速度/(mm/min)	160	160	160
喷嘴直径/mm	3.2	3.2	3.0

1.4.4　双填丝 VPPAW

1. 概述

影响 VPPAW 焊缝成形稳定性的因素较多，只有当各焊接参数匹配合理，才能获得稳定的焊接过程和焊缝成形，从而获得高质量的焊缝。特别是当焊件装配不精确，即存在装配间隙或错边量时，更易产生切割。切割产生的原因是多方面的，如行走时刻的把握、焊件温度场的状态、参数的匹配等，其中填充焊丝的情况是重要原因之一。

目前，VPPAW 都是采用单丝填充，焊丝从电弧的正前方送进熔池区域，其熔化后进入穿孔熔池，在电弧力、表面张力等的作用下流向熔池后部并凝固形成焊缝。最理想的情况是熔化的金属（包括母材熔化和焊丝熔化）从穿孔熔池的两个侧壁均匀地流向熔池后部，但实际往往出现熔化的液态金属单侧流动的情况，液态金属从一侧流到熔池后部后不能与另一侧的金属形成良好的熔合，从而产生切割。

为保证穿孔熔池中液态金属的均匀合理流动，哈尔滨工业大学提出了双填丝 VPPAW 工艺。利用两根焊丝，在电弧前部同时等速送进，完成焊丝的填充。优点是：①在穿孔熔池的前端为电弧让出空间，避免焊丝对电弧的引导作用，有利于保持电弧的稳定存在，形成稳定的穿孔效应；②熔化的焊丝金属沿穿孔熔池的两侧均匀地向熔池后部流动，有利于焊缝成形，避免切割现象的产生；③使用较小的送丝速度就能得到较大的送丝量，这就容易保证焊丝填充过程的平稳，有利于焊缝的稳定成形。

2. 双填丝 VPPAW 的装置

双焊丝填充装置包括压丝机构和送丝头机构两部分。压丝机构为双槽轮单电动机驱动，实现两根焊丝的同步送入；送丝头机构具有多自由度，可以实现前后、上下、俯仰角度、双丝之间距离，以及双丝之间角度等的调节，如图 1-63 所示。

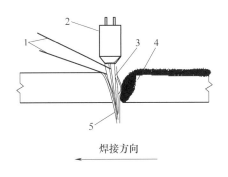
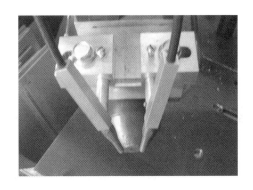

焊接方向

图 1-63 双填丝 VPPAW 的原理图及工作场景
1—焊丝 2—焊枪 3—电弧 4—焊件 5—匙孔

3. 双填丝方式对 VPPAW 间隙和错边的适应性

图 1-64 所示为单填丝 VPPAW 在间隙为 2.0mm 时的焊缝成形，可以看到出现了切割现象。

采用双填丝 VPPAW 时，两根焊丝以一定的角度与穿孔熔池前沿接触并送入熔池区域，这样焊丝尖端与熔池的接触面积增大，从而避免了装配间隙较大时穿孔熔池前沿容易断开造成穿孔熔池难以动态稳定存在的现象，同时也能使熔化的液态金属沿穿孔熔池的两侧壁均匀、平稳地流向熔池的后部形成焊缝。

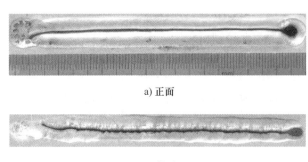

a) 正面

b) 背面

图 1-64 单填丝 VPPAW 在间隙为 2.0mm 的焊缝成形

图 1-65～图 1-67 所示为双填丝 VPPAW 在装配间隙为 1.5mm、3.0mm 和 4.0mm 时的焊缝成形。可以看出，采用双填丝 VPPAW 工艺，即使装配间隙达到 4.0mm 也能够实现稳定的焊接过程，获得良好的焊缝成形。这与单填丝工艺中装配间隙为 2.0mm 时就出现切割现象相比，具有明显的优势，而且装配间隙增大，焊缝的正面、背面的宽度和增高量都有所减小，这是由于填充金属量的减小而造成的。以间隙为检测对象，采取送丝机的反馈式控制，即可完全实现焊缝的稳定成形。

a) 正面　　　　　　　　　　　　　　　　　　b) 背面

图 1-65 双填丝 VPPAW 在装配间隙为 1.5mm 时的焊缝成形

a) 正面　　　　　　　　　　　　　　　　　　b) 背面

图 1-66 双填丝 VPPAW 在装配间隙为 3.0mm 时的焊缝成形

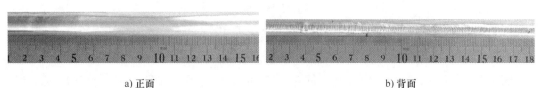

a) 正面　　　　　　　　　　　　　　　　　　b) 背面

图 1-67 双填丝 VPPAW 在装配间隙为 4.0mm 时的焊缝成形

装配错边量的存在，使电弧与焊缝对中时焊接线两侧的电弧长度不同，较长一侧容易出现电弧的偏移，降低电弧力的作用，破坏小孔的稳定性和焊缝成形的稳定性。采用双填丝 VPPAW 工艺，可以通过调节使两根焊丝以不同的角度送入，并分别与对接缝两侧的母材接触，通过焊丝的引导作用避免了弧长较长一侧的电弧不稳定现象，有利于焊缝的稳定成形。

图 1-68 和图 1-69 所示为错边量为 2.0mm、装配间隙为 3.0mm 和 4.0mm 时的焊缝成形。由图可以看出，虽然也实现了比较稳定的焊缝成形，但焊缝的背面成形已经开始出现不均匀的焊瘤，这就是错边量引起的。双填丝 VPPAW 工艺虽然对错边量有较大的适应性，但错边量也不能过大。如图 1-70 所示，当错边量为 3.0mm 时，即使无装配间隙也几乎不能形成良好的焊缝。试验表明，错边量不能超过板厚的一半。

a) 正面   b) 背面

图 1-68 装配间隙为 3.0mm 的焊缝成形（错边量为 2.0mm）

a) 正面   b) 背面

图 1-69 装配间隙为 4.0mm 的焊缝成形（错边量为 2.0mm）

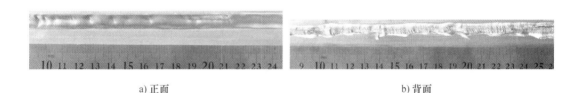

a) 正面   b) 背面

图 1-70 错边量为 3.0mm、无装配间隙时的焊缝成形

另外，需要注意的是，无论焊件焊前装夹存在装配间隙还是错边，对焊枪对中性的要求都很严格，否则会严重破坏焊缝的成形。

1.4.5 铝合金中厚板的 VPPAW 工艺

根据焊接电流、离子气流量、焊接速度、送丝速度和保护气流量等参数对焊缝成形的影响规律，摸索出 8mm 和 10mm 厚的 5A06（LF6）和 2A14（LD10）铝合金 VPPAW 的焊接规范见表 1-11。与 2A14 铝合金匹配的焊丝为 5183 铝合金，与 5A06 铝合金匹配的焊丝为 4043 铝合金，其焊缝成形如图 1-71~图 1-73 所示。

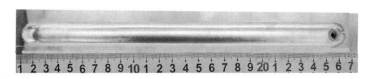

图 1-71 8mm 厚 2A14 铝合金 VPPAW 堆焊焊缝成形

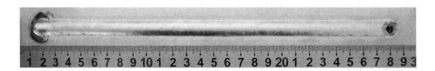

图 1-72 8mm 厚 5A06 铝合金 VPPAW 堆焊焊缝成形

图 1-73 10mm 厚 5A06 铝合金 VPPAW 堆焊焊缝成形

表 1-11 8mm 和 10mm 厚铝合金 VPPAW 的焊接规范

母材金属	5A06(LF6)	2A14(LD10)	5A06(LF6)
板厚/mm	8	8	10
初始电流/A	110	120	150
初始时间/s	4	5	5
电流缓升时间/s	5	6	7
穿孔行走时间/s	10	16	14
电流值比 DCEN∶DCEP	100∶133	100∶133	100∶133
平均电流/A	185~190	190	240
离子气焊接流量/(L/min)	3.0~3.1	3.0	3.4
离子气起始流量/(L/min)	1.8	1.8	2.1
离子气起始时间/s	10	11	11
离子气缓升时间/s	4	5	5
保护气体流量/(L/min)	7.5	7.5	7.5
双丝送丝速度/(m/min)	1.0(双丝1.2)	0.95(单丝1.6)	1.15(双丝1.2)
焊接速度/(mm/min)	130~135	115	137~143
内缩量/mm	3.5	3.5	3.5
喷嘴孔径/mm	3.9	3.9	4.5
喷嘴距焊件距离/mm	5~5.5	5.5~6.5	6

1.4.6 VPPAW 在 GIS 铝合金筒体焊接中的应用

1. GIS 铝合金筒体焊接技术要求

某气体绝缘金属封闭开关设备 (gas insulated switchger, GIS) 的铝合金筒体材料牌号为 5052、5083 等，筒体壁厚为 6~16mm，筒体直径为 400~1200mm，筒体长度≤3000mm。筒体的制造工艺流程：剪板下料→铣坡口→卷筒→装配→焊接→检测→水压试验→气密试验。

2. 变极性等离子弧焊（VPPAW）的焊前准备工作

去除铝合金表面生成的氧化膜和油污，避免气孔、夹渣、未熔合等焊接缺陷的产生。对筒体待焊处周围 50mm 表面（包括引弧板、收弧板），用洁净的布蘸上丙酮擦拭，筒体定位焊后对筒体待焊处周围50mm表面的氧化膜采用不锈钢丝轮（电动或风动）重新清理，使其露出纯金属光泽；筒体装配间隙≤0.5mm，筒体端头错边≤0.5mm；手工TIG焊正面定位焊接引弧板和收弧板。

3. 筒体纵缝VPPAW焊接工艺规范

5052铝镁合金8mm厚和12mm厚筒体纵缝VPPAW焊接工艺规范见表1-12。

表1-12 5052铝镁合金筒体纵缝VPPAW焊接工艺规范

板厚/mm	8	12
DCEN 电流/A	260	350
DCEP 电流/A	290	300
DCEN 时间/ms	19	19
DCEP 时间/ms	4	4
脉冲模式	（无脉冲）	（无脉冲）
等离子气流速/(L/min)	1.4	1.72
电弧电压/V	18.5	20.5
送丝速度/(mm/min)	1200	1500
焊接速度/(mm/min)	200	130

在这种工艺规范下实施焊接，焊接过程稳定，成形良好。图1-74所示为所焊产品焊缝外观。

a) 焊缝正面

b) 焊缝背面

图1-74 所焊产品焊缝成形外观

4. VPPAW焊接铝合金的焊缝性能

图1-75和图1-76所示为厚度为8mm和12mm铝合金的焊缝横断面。对其进行X射线检测，所有焊缝均达到标准要求。

 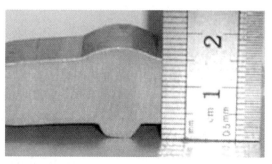

图1-75 厚度为8mm铝合金的焊缝横断面　　图1-76 厚度为12mm铝合金的焊缝横断面

1.5 匙孔TIG焊（K-TIG焊）

匙孔TIG焊（keyhole TIG welding，简称K-TIG焊）技术是2000年左右出现的一种大电流TIG焊新技术，由澳大利亚CSIRO开发，其焊接过程中会形成匙孔，生产率较传统TIG焊接大大提高。

1.5.1 K-TIG焊的基本原理

K-TIG焊的作用形式与传统TIG焊完全一样，唯一差别是焊接过程中会形成稳定存在的匙孔，如图1-77所示。之所以会形成匙孔，关键在于K-TIG焊电弧能量较传统TIG焊大大提高。K-TIG焊一般选用的钨极直径都在6mm以上（常用直径为6.3～6.5mm，端头角度为60°），焊接电流达600～650A，电弧电压为16～20V。在如此高的焊接参数作用下，电弧电磁收缩力大大提高，宏观表现为电弧挺直度、电弧力和穿透能力都显著增强。焊接时，电弧深深地扎入熔池中，将熔融的金属排挤到熔池四周侧壁，形成匙孔。如果电弧压力、小孔侧壁金属蒸发形成的蒸气反作用力，以及液态金属表面张力与液态金属内部压力达到动态平衡，则小孔就会稳定存在。随着电弧的前进，熔池金属在电弧后方弥合并冷却凝固成焊缝，整个过程非常类似于穿透型VPPAW方法。图1-78所示为9mm厚不锈钢管的K-TIG焊。

图1-77 K-TIG焊原理

1.5.2 K-TIG焊的焊接设备

K-TIG焊与传统TIG焊的焊接设备有明显的差异，主要表现在以下几点。

1）传统 TIG 焊的焊接电源无法提供 K-TIG 焊要求的高焊接电流，因此 K-TIG 焊的焊接电源一般为特制设备，或者直接采用直流埋弧焊电源。但若采用埋弧焊电源，为保证焊接电弧稳定起弧和燃烧，必须对焊接电源进行改造，增加高频或高压模块。

2）K-TIG 焊的焊接电流很大，焊枪对散热要求很高，必须具有强力冷却系统，并采用散热能力良好的冷却液。

图 1-78　9mm 厚不锈钢管的 K-TIG 焊

3）由于 K-TIG 焊强大的电弧扰动，气流保护效果受到很大干扰，最好采用高纯保护气体并加大保护气流量，如果条件具备，推荐采用双重气体保护。

1.5.3　K-TIG 焊的特点

K-TIG 焊的生产率较传统 TIG 焊大大提高。例如，在焊接速度为 250～300mm/min 时，可以一次焊透 12mm 厚的奥氏体不锈钢或钛合金板，接头形式为平板对接不填丝焊。这样厚度的不锈钢或钛合金板，如果采用传统 TIG 焊，则必然要开坡口并采用多层多道填丝焊的方式，使准备时间和成本显著增加。如果利用 K-TIG 焊方法焊接 3mm 厚的不锈钢板，其焊接速度高达 1m/min。由于 K-TIG 焊的热输入较大，一般采用平焊位置施焊，无须开坡口，焊接时一般不添加焊丝。

K-TIG 焊适合用来焊接铁素体不锈钢、奥氏体不锈钢、双相不锈钢、钛合金、锆合金等，但不适合焊接铜合金、铝合金等高热导率的金属。这是因为理想的匙孔形状应该是上宽下窄的漏斗型，如图 1-79 所示。但是，如果母材热导率过高，往往会造成焊缝根部（匙孔下部）过宽，使得熔池不能稳定存在。

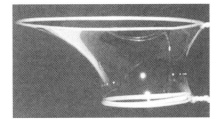

图 1-79　理想匙孔形状

1.5.4　K-TIG 焊应用实例

1. 工业纯钛板 K-TIG 焊和传统 TIG 焊对比

钛板材质为 ASTM B265，厚度为 12.7mm。采用传统 TIG 焊，开双面 V 形坡口，坡口角度为 60°，填充焊丝牌号为 AWS A5.16 ERTi-1（美国牌号，相当于我国的 STi0100），焊丝直径为 1.2mm，每面坡口填充三道。采用 K-TIG 焊，不开坡口（I 形坡口、无间隙）。焊前注意清理，焊中注意保护，K-TIG 焊的保护气体采用高纯氩气（体积分数为 99.999%），拖罩和背面保护采用纯氩气（体积分数为 99.99%），传统 TIG 焊一律采用纯氩气（体积分数为 99.99%）。K-TIG 焊和传统 TIG 焊的焊接规范对比见表 1-13。

图 1-80 所示为工业纯钛 K-TIG 焊和传统 TIG 焊的焊接接头形貌。从图 1-80 可以看出，这两种焊接方法接头成形都非常好，没有明显的气孔、裂纹等缺陷产生。K-TIG 焊的焊接接头 HAZ 区明显要比传统 TIG 焊的宽，熔合线也没有传统 TIG 清晰，但两者焊缝中心熔合区晶粒度差别并不明显，K-TIG 略粗一些，这与其较大的热输入有关。另外，力学性能测试发现，

表 1-13　K-TIG 焊和传统 TIG 焊的焊接规范对比

焊接方法	焊丝	焊接电流/A	电弧电压/V	焊接速度/(mm/min)	送丝速度/(mm/min)	热输入/(kJ/mm)	焊道层数
K-TIG 焊	—	600	16	250	—	2.3	1
TIG 焊	ERTi-1	240	12	150	260	1.15	6

K-TIG 焊和传统 TIG 焊的焊接接头无论在抗拉强度、冲击吸收能量、硬度等方面差别都很小。

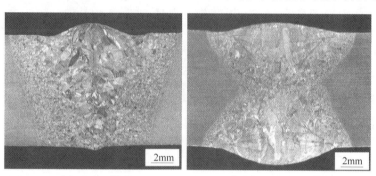

a) K-TIG 焊　　　　　　　　　　b) 传统 TIG 焊

图 1-80　工业纯钛 K-TIG 焊和传统 TIG 焊的焊接接头形貌

2. K-TIG 焊焊接不锈钢和锆合金

图 1-81 和图 1-82 所示为不锈钢和锆合金 K-TIG 焊和传统 TIG 焊的焊接接头形貌。从图 1-81 中可以看出，焊缝成形良好、合理，没有明显的焊接缺陷。

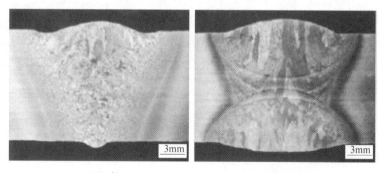

a) K-TIG 焊　　　　　　　　　　b) 传统 TIG 焊

图 1-81　6mm 厚 022Cr17Ni12Mo2 不锈钢 K-TIG 焊和传统 TIG 焊的焊接接头形貌

图 1-82　6.35mm 厚 Zr-3 锆合金板的 K-TIG 对接焊

注：$I = 350A$、$U = 12V$、$v = 500mm/min$，氩气保护。

1.6 磁力旋转电弧焊

磁力旋转电弧焊又称为磁驱动旋转电弧对焊（magnetically impelled arc butt welding，简称为 MIAB 焊）。这种焊接方法是 20 世纪 70 年代在欧洲问世的，现已用于某些大批量部件的焊接生产。在焊接时，电弧产生在两根管子的对接端之间，在磁场的驱动下沿着对接焊缝旋转，加热一定时间后进行顶锻。这种方法是气体保护焊与压焊相结合的产物，属于自动焊方法的一种，主要用于焊接低碳钢和低合金钢材质、壁厚较薄的圆柱形或近似圆柱形的零件。如果焊件不是圆柱形，至少应类似于圆柱形且两个焊件的结合面形状和尺寸应相同。这种方法又称为"磁弧焊"，其原理如图 1-83 所示。

图 1-84 所示为 MIAB 焊的焊接过程。首先将两个焊件夹持到焊机上，然后使两者相互靠近，直到刚好接触的位置；利用高频放电装置引燃电弧，并立即将两个焊件分开一定距离，以建立稳定的电弧。接头外围电磁线圈产生的磁场使电弧沿着管端周长方向旋转。适当时间后，施加顶锻压力，将两个焊件压在一起，电弧熄灭，完成焊接。进行焊接之前，在控制器上对焊接顺序、每个阶段的时间及顶锻压力等进行编程。每个焊接周期的总时间是很短的。

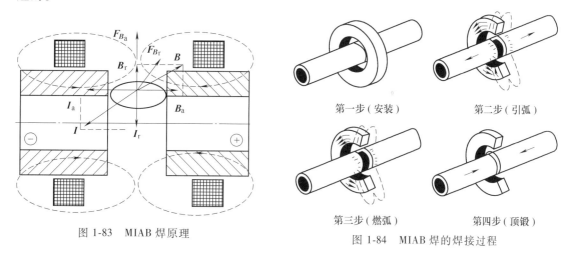

图 1-83 MIAB 焊原理　　　　　　　　图 1-84 MIAB 焊的焊接过程

MIAB 焊的优点：①全自动，焊接速度快；②与电阻焊相比，可节省大量能源；③可焊接薄壁材料，近期研发的技术也可焊厚壁管；④焊件不需要旋转；⑤焊缝质量高，焊接变形小；⑥自熔焊，不需要填充材料。

当焊接碳素钢和合金钢时，不需要保护气体，但试验表明，如果采用 MIAB 焊方法焊接不锈钢和有色金属及其合金，则需要保护气体。另外，有色金属较难在平焊位置焊接，因为熔化金属流淌到低端后可能会熄灭电弧。

MIAB 焊的焊接设备大多由国外公司，如英国 DIVERSE、德国 KUKA 公司等制造。MI-AB 焊的焊接设备如图 1-85 所示。

英国 DIVERSE 公司生产的 MIAB 焊设备规格：管外径为 10～200mm；壁厚为 1～6mm；焊接直径为 20mm 的管所需焊接时间为 1s，焊接直径为 50mm 的管所需焊接时间为 6s；可焊母材金属为钢、铸钢、铸铁、锻钢、铝合金、不锈钢、铜；最大焊接电流为 1200A；最大顶

图 1-85　MIAB 焊焊接设备

锻力为 100kN。

MIAB 焊的焊接试样及端面宏观金相照片如图 1-86 所示。

 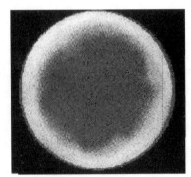

a) 焊接试样　　　　　　　　　　b) 端面宏观金相照片

图 1-86　MIAB 焊的焊接试样及端面宏观金相照片

1.7　超音频方波脉冲 TIG 焊（UFP-TIG 焊）

超音频方波脉冲 TIG 焊（ultrasonic frequency pulsed TIG welding，简称 UFP-TIG 焊）技术是由北京航空航天大学 2005 年开发的一种非熔化极电弧焊新方法，它是在传统 TIG 焊电流波形上直接精准复合超音频方波大功率脉冲电流（主要特征是脉冲频率最高达 100kHz；脉冲电流幅值最大为 100A；电流变化速率 $d_i/d_t \geqslant 50A/\mu s$）。超音频方波脉冲电流的引入使焊接过程中的熔池液态金属内激发产生超声振动及高频效应，显示出较好的焊接工艺适用性，可显著提高 TIG 焊的焊接质量和效率。

1.7.1　UFP-TIG 焊的基本原理

UFP-TIG 焊的关键在于焊接过程中超音频方波大功率脉冲电流的精确控制和稳定传输。

为此设计了一种恒流源串并联复合的新型电源主电路拓扑（图1-87：高频脉冲快速切换电路、极性变换电路、吸收保护回馈电路等），配合数字控制系统，在焊接过程中实现了脉冲频率20kHz以上电流快速变换、电流波形特征参数精确独立调控和低耗不失真高效大功率电流传输，同时协调控制极性变换电路中两个桥臂 T_1/T_4 和 T_2/T_3 的开通和关断，实现了变极性焊接工作模式下电流极性过零无死区的快速变换（$d_i/d_t \geqslant 50A/\mu s$）。基于此，在电弧焊的"源-弧"系统中，通过精确调整UFP-TIG焊接电源的电流输出形式（电流工作模式及超音频方波脉冲电流波形参数），实现了对焊接电弧特性（电弧工作形态、电弧压力等）的准确控制，进而使得在焊接过程中同时作为热源与力源的UFP-TIG电弧具备了对熔化焊缝"控形"和"控性"的双重控制能力，在焊缝成形控制、组织细化、缺陷消除等方面均展现出了独特的工艺效果。

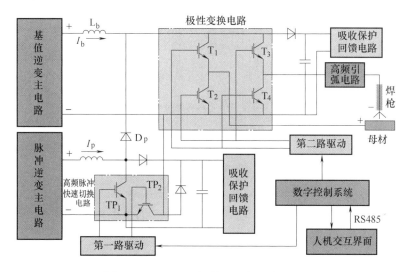

图1-87 UFP-TIG焊接电源主电路原理

UFP-TIG焊的操作方法与传统TIG焊完全一样，可用于铝合金、高温合金、钛合金和高强度钢等各类高性能材料的高质量TIG焊，以及铸造合金构件和单晶、定向凝固等多种类型铸件的高质量TIG焊修复。UFP-TIG焊技术独特的工艺效果可确保其焊接与修复的高质量、高精度、小变形和高可靠性。

1.7.2 UFP-TIG焊的主要特征参数

UFP-TIG焊分为超音频方波直流脉冲TIG焊（适于高温合金、钛合金、高强度钢等）和复合超音频方波脉冲变极性TIG（hybrid pulsed variable polarity TIG，简称HPVP-TIG）焊（适于铝合金、镁合金等）两种类型。通常情况下，UFP-TIG焊系统主要由焊接电源、气/水冷氩弧焊枪、保护气体供给单元和运动执行单元（工业机器人、转台等）等部分组成，UFP-TIG焊的焊接电源是整个系统的核心，其主要特征如下：

1) 采用数字化微处理器控制系统，柔性实现多种焊接电流工作模式（直流、变极性均适用）：常规、低频脉冲、高频脉冲、双频复合脉冲（低频脉冲+高频脉冲），其中双频复合脉冲可实现3种以上复合方式。

2) 稳定输出20kHz~100kHz超音频方波大功率脉冲电流，基值电流、峰值电流、变极性频率、脉冲频率、脉冲电流幅值和占空比等诸多特征参数均可独立精确调节。

图 1-88 所示为一种复合方式的双频复合脉冲变极性电流波形。从图 1-88 可以看出，该模式电流波形特征参数较多，如变极性频率、DCEN 持续时间、低频基值电流、低频峰值电流、低频占空比、高频脉冲参数（频率、电流幅值、占空比）等，任何一个参数的变化都会引起电弧热力作用的改变，进而对焊接过程产生影响，再加上电弧长度、焊接速度等参数，因此针对 UFP-TIG 焊接过程主要特征参数的优化匹配十分重要。

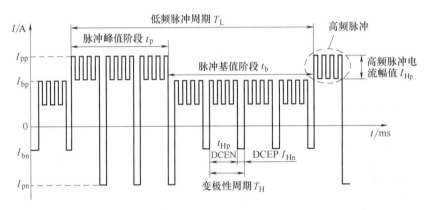

图 1-88 一种复合方式的双频复合脉冲变极性电流波形

图 1-89 所示为 BHHF WSM-300 型 UFP-TIG 焊电源系统实物。兼具直流和变极性两种焊接工作模式，其主要技术参数见表 1-14。图 1-90 所示为实际焊接工作过程中 UFP-TIG 的电弧电流波形。

1.7.3 UFP-TIG 焊的主要特点

图 1-91 所示为平均电流为 100A 条件下 TC4 钛合金传统 TIG 焊和 UFP-TIG 焊电弧的工作形态。与传统 TIG 焊电弧相比，在超音频方波脉冲电流作用下，UFP-TIG 焊的电弧呈现收缩，电弧核心区域扩大，电弧压力作用显著提高，较大的电弧力导致液态熔池表面出现明显凹陷，电弧热源随之下移，熔池内部的双环流强度显著增强，使得焊缝熔深明显增大，从而有助于提升 UFP-TIG 焊电弧的熔透能力。图 1-92 所示为 2mm 厚 TA15 钛合金板对接传统 TIG 焊和 UFP-TIG 焊的焊缝成形。

图 1-89 BHHF WSM-300 型
UFP-TIG 焊电源系统实物

表 1-14 BHHF WSM-300 型焊接电源主要技术参数

参数名称	参数值	参数名称	参数值
基值电流/A	0.5~200	高频脉冲电流频率/kHz	20~100
峰值电流/A	0.5~300	高频脉冲占空比（%）	0~100
脉冲频率/Hz	0~100	变极性频率/Hz	0~1000
脉冲占空比（%）	0~100	DCEN 持续时间比（%）	0~100

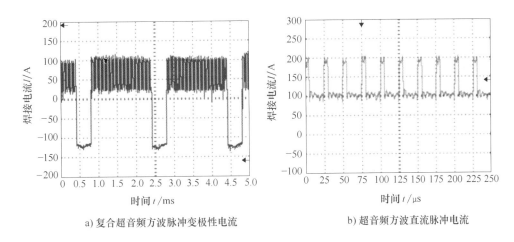

a) 复合超音频方波脉冲变极性电流　　　　b) 超音频方波直流脉冲电流

图 1-90　实际 UFP-TIG 电弧电流波形

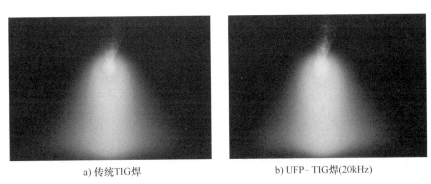

a) 传统TIG焊　　　　　　　　b) UFP-TIG焊(20kHz)

图 1-91　TC4 钛合金传统 TIG 焊与 UFP-TIG 焊电弧的工作形态

a) 传统TIG焊

b)UFP-TIG焊(60kHz)

图 1-92　2mm 厚 TA15 钛合金板对接传统 TIG 焊与 UFP-TIG 焊的焊缝成形

　　采用 UFP-TIG 的变极性焊接工作模式（HPVP-TIG）进行 5A06、2A14 和 2219 等高性能铝合金的焊接，焊接过程中电弧表现出了很好的氧化膜清理效果，单面焊双面成形，焊缝成形良好，同时根据 X 射线检测、光学显微镜观测等结果表明，与传统变极性 TIG 焊相比，HPVP-TIG 焊有助于显著降低，甚至消除铝合金焊缝的气孔。图 1-93 所示为采用传统变极性 TIG 焊和 HPVP-TIG 焊获得的 4mm 厚 2219-T87 平板对接接头断口 SEM 图像，可见气孔数量显著减少。图1-94所示为4mm厚2219-T87平板对接HPVP-TIG焊的焊缝和X射线检测结果。单面焊双面成形，不开坡口，填充焊丝为ER2319，主要焊接参数见表1-15。

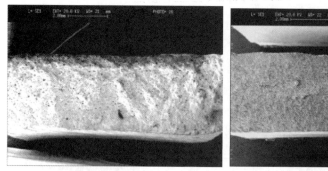

a) 传统变极性TIG焊　　　　　　　　b) HPVP-TIG焊

图1-93　4mm厚2219-T87平板对接接头断口SEM图像

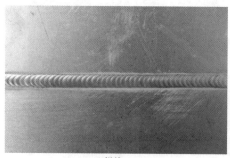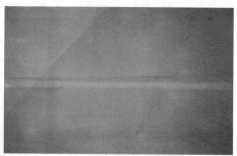

a) 焊缝　　　　　　　　　　b) X射线探伤

图1-94　4mm厚2219-T87平板对接HPVP-TIG焊的焊缝和X射线检测结果

表1-15　4mm厚2219-T87平板对接HPVP-TIG焊的主要焊接参数

变极性频率/Hz	正极性基值/峰值电流/A	DCEN、DCEP 时间比	高频脉冲频率/kHz	占空比（%）	焊接速度/（mm/min）	氩气流量/（L/min）
100	80/170	8：2	40	50	180	15

图1-95所示为采用传统TIG焊和UFP-TIG焊获得的1.5mm厚TC4钛合金平板对接焊焊缝的正面宏观组织形貌，填充焊丝也为TC4，主要焊接参数见表1-16。由图1-95可见，与

a) 传统TIG焊　　　　　　　　b) UFP-TIG焊

图1-95　1.5mm厚TC4钛合金平板对接焊焊缝的正面宏观组织形貌

传统 TIG 焊相比，UFP-TIG 焊的焊缝宏观组织明显细化。进一步分析可知，传统 TIG 焊的焊缝以长针状 α′马氏体为主，没有明显网篮状组织，组织均匀性较差；UFP-TIG 焊的焊缝以短针状 α′马氏体为主，晶粒中出现网篮状组织分布，显微硬度梯度明显减小，组织均匀性得到显著改善。

表 1-16　1.5mm 厚 TC4 钛合金平板对接焊主要焊接参数

焊接方式	基值电流/A	峰值电流/A	高频脉冲频率/kHz	占空比(%)	焊接速度/(mm/min)
传统 TIG 法兰	—	118	—	—	210
UFP-TIG 法兰	65	145	20	50	210

1.7.4　UFP-TIG 焊的应用示例

1. 铝合金滑油箱法兰焊接

滑油箱法兰材料为 5A06 铝合金，薄壁蒙皮为厚度 1.5 mm 的 3A21 铝合金，共有内、外层四道环焊缝，其中内层为对接焊，外层为搭接焊。焊前，法兰和薄壁蒙皮均采用化学清洗方法去除表面氧化膜，使用直径 2.4mm 的 ER5356 作为填充焊丝，配合转台和专用工装完成定位安装后，由焊工持气冷手工氩弧焊枪，采用 HPVP-TIG 焊技术实施焊接（见图 1-96），主要焊接参数见表 1-17。图 1-97 所示为部分铝合金滑油箱法兰的焊接成品。可见，焊缝成形美观，氧化膜清理效果好，表面光亮，经 X 射线检测未发现气孔等缺陷，密闭性检测结果全部满足设计要求。

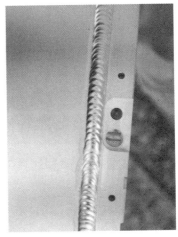

图 1-96　铝合金滑油箱法兰焊接与局部焊缝成形外观

表 1-17　铝合金滑油箱法兰 HPVP-TIG 焊主要焊接参数

变极性频率/Hz	DCEN 基值/峰值电流/A	DCEN、DCEP 时间比	高频脉冲频率/kHz	占空比(%)	转台线速度/(mm/min)	氩气流量/(L/min)
100	60/100	8:2	20	50	120	12

2. 中厚板铝合金锁底结构焊接

对厚度为 5mm 和 7mm 的 5A06 铝合金平板锁底结构进行对接焊，焊接长度为 250mm，不开坡口。采用 HPVP-TIG 焊进行焊接，焊前对待焊试板进行化学清洗并在干燥箱内干燥,其主要焊接参数见表1-18。图1-98所示为其焊缝外观。经 X 射线检测,未发现气孔等缺陷。

3. 铸造高温合金导向叶轮电弧焊修复

某型铸造高温合金导向叶轮边缘部位易出现微裂纹等缺陷,导致铸造成品合格率偏低。在实际生产中,需要对铸件缺陷部位进行修复,但采用传统电弧焊修复时极易再次形成烧穿、再热裂纹等缺陷,致使修复效率和质量不高。

图 1-97 部分铝合金滑油箱法兰的焊接成品

以 UFP-TIG 电弧为热源修复铸件缺陷,通过精确调控输出电流波形参数,可实现对电弧热力作用的精细调控,进而实现铸件缺陷部位的高质高效修复。表1-19列出了铸造高温合金构件 UFP-TIG 修复主要参数,图1-99所示为铸造高温合金导向叶轮缺陷部位 UFP-TIG 修复的外观。经无损检测,全部满足修复质量要求。

表 1-18 厚度为 5mm 和 7mm 5A06 铝合金平板锁底结构对接 HPVP-TIG 焊的主要焊接参数

变极性频率/Hz	低频基值/峰值电流/A	DCEN、DCEP时间比	低频频率/Hz	低频占空比(%)	高频脉冲频率/kHz	占空比(%)	焊接速度/(mm/min)	氩气流量/(L/min)
100	120/310	8:2	2	40	20	50	170	20

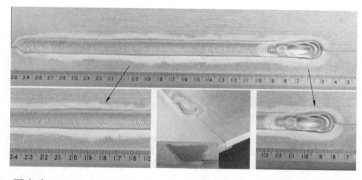

图 1-98 厚度为 5mm 和 7mm 5A06 铝合金平板锁底结构对接 HPVP-TIG 焊的焊缝外观

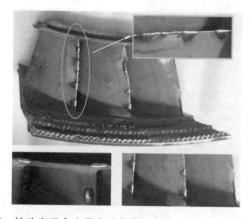

图 1-99 铸造高温合金导向叶轮缺陷部位 UFP-TIG 修复的外观

表 1-19　铸造高温合金构件 UFP-TIG 修复主要参数

焊丝直径 /mm	待修复部位最 小厚度/mm	电弧电流 /A	高频脉冲 频率/kHz	占空比 （%）	氩气流量 /（L/min）
0.8	0.2~0.5	2~20	20~40	10~50	10

参 考 文 献

[1] GUREVICH S M, et al. Improving the penetration of titanium alloys when they are welded by argon tungsten arc process [J]. Auto Weld, 1965 (9): 1-5.

[2] RAIMOND E D, et al. Welding of High-strength Steel Using Activating Fluxes in Powder Form [J]. Welding Production, 1973 (6): 29-30.

[3] SIMONIK A G, et a1. The effect of contraction of the arc discharge upo n the introduction of electronegative elements [J]. Welding Production, 1976 (3): 49.

[4] TAKEUCHI Y, TAKAGI R, SHINODA T. Effect of bismuth on weld joint penetration in austenitic stainless tee1 [J]. Welding Journal, 1992, 71 (8): 283.

[5] LUCAS W, HOWSE D S. Activating flux increasing the performance and productivity of the TIG and plasma processes [J]. Weld Met Fab, 1996, 64 (1): 11-17.

[6] LUCAS W. Activating flux Improving the performance of the TIG process [J]. Weld Met Fab, 2000 (2): 7-10.

[7] GUREVICH S M, ZAMKOV V N. Welding titanium with a non-consumable electrode using fluxes [J]. Automatic welding, 1996, 19 (12): 14-17.

[8] OSTROVSKII O E, et al. Influence of activating fluxes on penetrating ability of welding arc and energy concentration in anode spot [J]. Welding Production, 1997 (3): 3-4.

[9] 杨春利, 牛尾诚夫, 田中学. TIG 电弧活性化焊接现象和机理研究 (1)-表面活性剂对不锈钢材料 TIG 焊熔深的影响 [J]. 焊接, 2000 (4): 16-18.

[10] 杨春利, 牛尾诚夫, 田中学. TIG 电弧活性化焊接现象和机理研究 (2)-活性化 TIG 焊接中的电弧 现象 [J]. 焊接, 2000 (5): 15-18.

[11] 杨春利, 等. TIG 电弧活性化焊接现象和机理研究 (3)-活性化 TIG 焊接中的熔池表面张力测定 [J]. 焊接, 2000 (6): 11-15.

[12] 杨春利, 牛尾诚夫, 田中学. TIG 焊熔池表面张力的测定及表面活性剂的影响 [J]. 机械工程学报, 2000, 36 (10): 59-62.

[13] 杨春利, 牛尾诚夫, 田中学. 表面活性剂对 TIG 焊电弧现象及焊接熔深的影响 [J]. 机械工程学 报, 2000, 36 (12): 43-46.

[14] 刘凤尧, 林三宝, 杨春利, 等. 活性化 TIG 焊中活性剂和焊接参数对焊缝深宽比的影响 [J]. 焊接 学报, 2002, 23 (2): 5-8.

[15] 林三宝, 杨春利, 刘凤尧, 等. TIG 焊和 PAW 焊中活性剂对焊缝熔深影响 [J]. 焊接, 2002 (9): 20-22.

[16] 刘凤尧, 杨春利, 林三宝, 等. 活性化 TIG 焊熔深增加机理的研究 [J]. 金属学报, 2003, 39 (6): 661-665.

[17] 刘顺洪, 权雯雯, 王任飞. A-TIG 焊的研究现状和发展趋势 [J]. 航空制造技术, 2010 (9): 48-50.

[18] 葛小层. A-TIG 焊接技术的研究与发展 [J]. 汽车工艺与材料, 2003 (5): 13.

[19] 张瑞华, 樊丁, 余淑荣. 低碳钢 A-TIG 焊的活性剂的研制 [J]. 焊接学报, 2003, 24 (2): 16.

[20] 刘凤尧. 不锈钢和钛合金活性剂焊接和熔深增加机理的研究 [D]. 哈尔滨：哈尔滨工业大学，2003.

[21] XU Y L, DONG Z B, WEI Y H, et al. Marangoni convection and weld shape variation in A-TIG welding process [J]. Theoretical and Applied Fracture Mechanics, 2007, 48（2）：178-186.

[22] ALLUM C J. Power dissipation in the column of a TIG welding arc [J]. Journal of Physics D：Applied Physics, 1983, 16（11）：2149-2165.

[23] YUSCHENKO K A, et al. A-TIG welding of carbon-manganese and stainless steel [C]. Abington：Proc Conf Welding Technology Paton Institute, October 1993.

[24] TANAKA M, SHIMIZU T, Terasaki H, et al. Effects of activating flux on arc phenomena in gas tungsten arc welding [J]. Science and Technology of Welding and Joining, 2000, 5（6）：397-402.

[25] MARYA M, EDWARDS G R. Chloride contributions in Flux-assisted GTA welding of magnesium alloys [J]. Welding Research, 2002（11）：291-298.

[26] 张京海，鲁晓声. 304 不锈钢氩弧焊焊剂的研究 [J]. 材料开发与应用，2000, 15（6）：1-4.

[27] CREMENT D J. Narrow groove welding of titanium using the hot-wire gas tungsten arc process [J]. Welding Journal, 1993, 72（4）：71-76.

[28] SYKES I, DIGIACOMO J. Automatic hot wire GTA welding of pipe offers speed and increased deposition [J]. Welding Journal, 1995, 74（7）：53-56.

[29] LAMBERT J A, GILSTON P F. Hot-Wire GTAW for Nuclear Repairs [J]. Welding Journal, 1990, 69（9）：45-52.

[30] ANON. Hot wire TIG weld cladding comes of age [J]. Welding & Metal Fabrication, 1997, 65（10）：3.

[31] 吕世雄，孙清洁，范阳阳，等. 电弧热丝 TIG 焊工艺特点分析 [J]. 焊接，2007（10）：41-43.

[32] FORTAIN J M, RIMANO L. TOPTIG：a new alternative for sheet metal welding [J]. Session 3：JOURNAL OF APPLIED TECHNOLOGY, 2008：89-103.

[33] OPDERBECKE T, GUIHEUX S, 张世龙. 用于焊接机器人的 TOPTIG 工艺 [J]. 电焊机，2006, 36（3）：11-15.

[34] YUDODIBROTO B, HERMANS MJM. Influence of filler wire addition on weld pool oscillation during gas tungsten arc welding [J]. Science and technology of welding and joining, 2004（9）：163-168.

[35] CLOVER F R. Welding of the External Tank of the Space Shuttle [J]. Welding Journal, 1980, 59（8）：17-26.

[36] NUNES A C, BAYLESS E O. Variable Polarity Plasma Arc Welding on Space Shuttle External Tank [J]. Welding Journal, 1984, 63（4）：27-35.

[37] 周万盛，姚君山. 铝及铝合金的焊接 [M]. 北京：机械工业出版社，2006.

[38] 吕耀辉. 铝合金变极性穿孔型等离子弧焊接工艺的研究 [D]. 北京：北京工业大学，2003.

[39] 林三宝，李金全，杨春利，等. 变极性等离子弧焊双填丝工艺的研究 [J]. 焊接，2009（6）：5-9.

[40] 沈鸿源. 铝合金变极性等离子立焊焊缝成形的研究 [D]. 哈尔滨：哈尔滨工业大学，2006.

[41] 王慧钧. 图像传感变极性等离子弧焊缝稳定成形闭环控制 [D]. 哈尔滨：哈尔滨工业大学，1998.

[42] 刘志华，赵冰，赵青. 21 世纪航天工业铝合金焊接工艺技术展望 [J]. 导弹与航天运载技术，2002（5）：2-4.

[43] ROSELLINIA C, JARVISB L. The keyhole TIG welding process：a valid alternative for valuable metal joints [J]. Welding International, 2009, 23（8）：616-621.

[44] CARRY H B. 现代焊接技术 [M]. 6 版. 陈茂爱，等译. 北京：化学工业出版社，2010.

[45] 中国机械工程学会焊接学会. 焊接手册（第 2 卷）：焊接方法 [M]. 3 版. 北京：机械工业出版

社，2008.

［46］　齐铂金，从保强. 新型超快变换复合脉冲变极性弧焊电源拓扑 ［J］. 焊接学报，2008，29（11）：57-60.

［47］　齐铂金，许海鹰，黄松涛，等. 超音频脉冲 TIG 焊电源拓扑及电弧焊适用性 ［J］. 北京航空航天大学学报，2009，35（1）：61-64.

［48］　从保强. 高强铝合金快速变换复合超音频脉冲 VPTIG 焊接技术研究 ［D］. 北京：北京航空航天大学，2009.

［49］　杨明轩. 超高频脉冲 GTAW 电弧行为及接头组织性能研究 ［D］. 北京：北京航空航天大学，2013.

［50］　万晓慧，赵海涛，金俊龙. TA15 钛合金超高频氩弧焊工艺试验研究 ［J］. 航空制造技术，2017，（7）：82-85.

［51］　王义朋. 中厚板铝合金双脉冲 VPTIG 小孔深熔焊接技术研究 ［D］. 北京：北京航空航天大学，2019.

第2章　高效熔化极气体保护焊

熔化极气体保护焊（GMAW），即传统的单丝 MIG/MAG 焊。2020 年，我国粗钢产量已达到 7.8 亿 t，其中 45% 的钢材需要焊接。在所有的焊接方法中，气体保护焊的占比超过了 45%，与欧美等发达国家相比还有一定的差距。自 20 世纪 80 年代以来，国内外以气体保护焊为基础，大力发展了以数字化控制和多电弧为代表的高效 GMAW 方法，本章主要介绍其中几种常用的高效 GMAW 方法的原理、特点及应用。

2.1　双丝 GMAW

提高 GMAW 生产率的最直接想法之一就是采用多根焊丝同时焊接，从而使单位时间内填充的金属量成倍提高。这个想法很简单，但实现起来并不是 1+1=2 那么容易。在模拟焊接电源时代，就有很多焊接工作者做过这方面的尝试，但受制于控制系统和无法解决相邻电弧之间的电磁干扰问题，并没有发展成为可靠实用的焊接技术。随着数字化焊接电源的兴起和控制技术的进步，20 世纪 90 年代研制成功了全数字化的双丝 MIG/MAG 焊接技术，现已成为一种广泛应用的高效 GMAW 方法。

2.1.1　双丝 GMAW 的分类

顾名思义，双丝焊接是使用两根焊丝同时焊接，根据其具体形式，如焊机、导电嘴和喷嘴的数量不同，又可分为 Max、Twin arc 和 Tandem 几种方法。Max 法使用一台焊接电源，两根焊丝共用一个气体喷嘴，但用两个独立的导电嘴；Twin arc 法也只需一台焊接电源，但两根焊丝共用一个导电嘴和气体喷嘴；而在 Tandem 法中，两根焊丝使用两个独立的导电嘴，共用一个气体喷嘴，但需要两台电源。

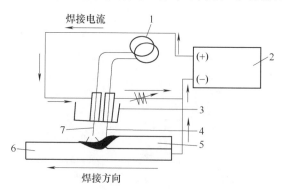

图 2-1　Max 法双丝 GMAW 的原理

1—送丝装置　2—电源　3—喷嘴　4—填充焊丝　5—焊缝　6—焊件　7—电极丝

1. Max 法

Max 法也称单面单弧填丝焊法。Max 法双丝 GMAW 的原理如图 2-1 所示。前丝接电源正极，后丝和母材接电源负极，电弧仅仅产生在前丝端头，后丝并不产生电弧，而是仅仅插入到熔池中，利用熔池多余的热量熔化它，并利用大电流提高焊接速度。由于填充焊丝吸收了熔池热量，使热影响区变窄，变形减小，飞溅减少，焊缝成形改善。另外，由于主焊丝和填充焊丝电流方向相反，在电磁力作用下电弧被吹向前方也有利于焊缝成形。Max法前、后焊丝的化学成分可以不同，从而可方便地调整焊缝成分，这种方法的熔化效率和焊接速度大约为传统MIG焊的两倍，不仅可用于厚板焊接，也可用于薄板焊接，并且焊接厚板铝合金时，在大电流下也不产生起皱现象。

Max法双丝GMAW是一种相对比较成熟的技术，在工业界有一定的应用，但受其原理限制，这种方法很难通过提高送丝速度或电流等方式进一步提高焊接生产率。

2. Twin arc法

Twin arc法双丝GMAW，采用同一个焊枪同时输送两条焊丝，各焊丝之间相互绝缘，但都接在电源的正极上，其原理如图2-2所示。这种方法可用药芯焊丝和100% CO_2 保护，也可用实心焊丝和 80% Ar + 20% CO_2（体积分数）保护。

Twin arc法各焊丝采用同一电源供电，会带来一系列的问题。首先，如果电源和送丝系统不够稳定，则各电弧的电流和电压会不相同，这样可能会造成电弧失去自调节能力。另外，各焊丝上燃烧的电弧之间存在强烈的电磁

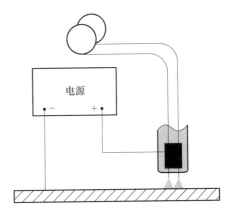

图2-2 Twin arc法双丝GMAW的原理

力，会造成电弧不稳，飞溅大，焊缝成形不好，从而失去多丝焊意义。

为解决这些问题，采用了电流相位控制的脉冲焊接方法，电弧在多根焊丝上轮流燃烧，可以保证电弧的挺直性，使焊接过程稳定。另外，通过调节各焊丝之间的位置关系及其与焊接方向的夹角，可以改变能量分布，高速焊时保持熔池平静，从而减小产生咬边、驼峰等成形缺陷的倾向。采用这种焊接方法成功地进行了角焊缝的高速焊接，焊接速度达到1.8m/min。

由于焊丝电流同相位，相互干扰，Twin arc法的焊接参数调整比较困难，电源负载高，过程不易控制，焊缝成形较差。但由于使用一个导电嘴，焊接操作比较方便。Twin arc法焊接设备有产品销售，主要代表厂家有德国的SKS、Benzel和Nimark公司，美国的Miller公司，但应用并不广泛。

在Twin arc法的基础上，日本神户制钢还开发了双丝气体保护焊+单热填丝的三丝焊接工艺，如图2-3所示。其前后两根焊丝都接在焊接电源正极，用于产生焊接电弧。沿焊接方向，第一个电弧为引导弧，第二个电弧为跟随弧，引导弧与跟随弧设计呈一直线，可以进行相对的偏移微调，并且各有转动轴，可分别调整转角以调整熔池行为。第

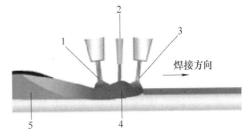

图2-3 双丝气体保护焊+单热填丝三丝焊接工艺
1—跟随焊丝 2—填丝 3—引导焊丝 4—熔池 5—焊缝

三丝（填丝）作为填充焊丝置于产生前后电弧的焊丝之间，直接插入熔池。填丝位置可偏移于两弧连线，其距离可微调，以充分发挥控制熔池流动行为的作用，确保高速焊缝成形的光滑性。这样，一方面减小了引导弧和跟随弧之间的电弧干扰；另一方面填丝的加入冷却了熔池，从而增加了熔池内金属液的黏度，提高了熔池的稳定性。该方法配合特殊研制的 MX-200H 药芯焊丝，焊接速度可达 2.0m/min，焊接效率大大提高，而且具有良好的焊缝成形和抗气孔性。

3. Tandem 法

Tandem 法是 20 世纪 90 年代才开发成功的新型双丝 GMAW 技术，它将两根焊丝按一定的角度放在一个特别设计的焊枪中，共用一个气体保护喷嘴，但使用独立且绝缘的导电嘴，两根焊丝分别由各自的电源供电，所有的参数都可以独立调节，这样可以最佳地控制电弧。Tandem 法焊接参数调节方便，自发明以来，发展很快，也是目前最为成熟、应用最为广泛的双丝 GMAW 技术，将在下面做重点介绍。

2.1.2 Tandem 双丝焊的原理和设备

1. 原理

开展这种方法研究的代表性公司有德国的 CLOOS 公司、奥地利的 Fronius 公司和美国的 Lincoln 电气公司。CLOOS 公司的技术称为 Tandem 焊，而 Fronius 公司的技术称为 Time Twin 焊，两者基本原理是一样的，以下主要以 Tandem 焊为主进行介绍。

如图 2-4 所示，Tandem 焊由两个电源供电，形成两个电弧。由于都使用直流反接法（DCEP）和脉冲电源，为了避免同向电弧相互吸引而破坏电弧的稳定性，应使两者相位相差 180°。为此，在两个电源之间附加一个协同装置，得到如图 2-5 所示的脉冲波形。这样一来，两个电源的参数调节互不影响，可以连续和大范围地调整。脉冲焊过程均保持一个脉冲过渡一个熔滴。

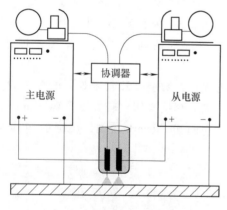

图 2-4　Tandem 双丝焊原理

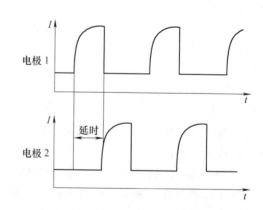

图 2-5　Tandem 焊的脉冲波形

这里，双丝形成同一个熔池的方法不同于以往的单丝焊。Tandem 双丝焊改变了电弧的加热特点，前后串联排列的两个电弧，形成椭圆状的熔池。由于两根焊丝交替燃烧，对熔池产生搅拌作用，使得熔池的温度分布更均匀，从而有效地抑制咬边的产生，这对高速焊是十分必要的。Tandem 双丝焊的熔滴过渡高速摄影图如图 2-6 所示。

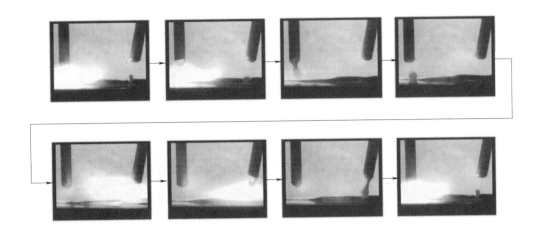

图 2-6 Tandem 双丝焊的熔滴过渡高速摄影图

另外，为了形成一个熔池，两根焊丝距离通常为 5～7mm。由于焊丝距离很近，为了防止干扰和确保电弧稳定，还应保证相位差为 180°。

当采用 Tandem 双丝焊时，一般把引导焊丝称为主焊丝，后面的跟随焊丝称为从焊丝。焊接时焊枪稍微前倾，使主焊丝与母材垂直，并且采用较大的焊接参数，以有利于形成较大熔深。从焊丝一般前倾并与母材成一定角度，主要

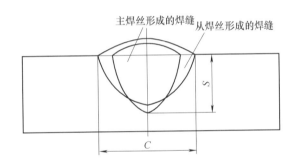

图 2-7 主、从焊丝形成的焊缝横截面

起控制熔池和填充盖面的作用。主、从焊丝形成的焊缝横截面如图 2-7 所示。

2. 焊接设备

Tandem 双丝焊设备由两台电源、两台送丝机、一个协同器和一把双丝焊枪组成。Tandem 双丝 MIG 焊电源如图 2-8 所示。两台电源分为主电源和从电源，两者通过协同控制设备连接。负载持续率为 100%，总电流约为 900A。两台四轮驱动送丝机构的送丝速度达 30m/min。当焊接铝材时，推荐使用推拉丝机构，送丝速度为 22m/min。

Tandem 双丝焊的两根焊丝不但焊接参数独立可调，而且可以使用不同直径、不同材质的焊丝，以便获得需要的效率和接头性能。

Tandem 双丝焊用焊枪如图 2-9 所示。焊枪结构紧凑，并配有一个大功率的双循环水冷系统，使导电嘴和喷嘴同时得到冷却。导电嘴间的距离为 5～7mm。

常用的 Tandem 双丝高速焊的焊接参数见表 2-1。

2.1.3 Tandem 双丝焊的特点

1. Tandem 双丝 GMAW 的优点

Tandem 双丝 GMAW 的优点主要体现在如下方面：

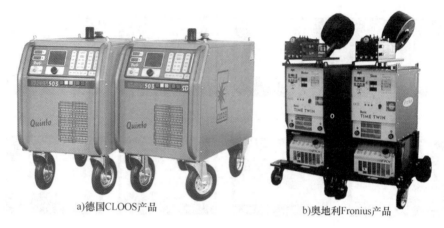

a)德国CLOOS产品   b)奥地利Fronius产品

图 2-8　Tandem 双丝 MIG 焊电源

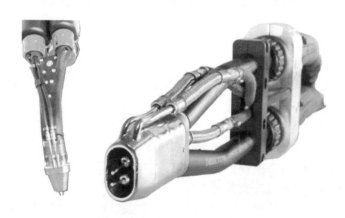

图 2-9　Tandem 双丝焊用焊枪

表 2-1　常用的 Tandem 双丝高速焊的焊接参数

焊接参数	焊接速度					
	$v = 2m/min$		$v = 2.5m/min$		$v = 3m/min$	
	送丝速度 /(m/min)	焊接电流 /A	送丝速度 /(m/min)	焊接电流 /A	送丝速度 /(m/min)	焊接电流 /A
主机	10	270	12	320	15	410
从机	8.5	250	11	300	13	380
总和	18.5	520	23	620	28	790

1）适用范围广，可以焊接碳素钢、低合金钢、不锈钢、铝等各种金属材料。

2）两根焊丝互为加热，充分利用电弧的能量，从而大大提高熔敷效率和焊接速度。对厚度为 2～3mm 的薄板，焊接速度可达 6m/min；对 8mm 以上的厚板，熔敷速度可达 24kg/h，每根焊丝的送丝速度可达 30m/min。与传统 GMAW 相比，熔敷速度提高 3～6 倍，焊接速度提高 2～3 倍。表 2-2 列出了单丝 GMAW 和 Tandem 双丝 GMAW 的焊接速度对比。

3）同样的焊接坡口，与传统单丝 MIG 多层多道焊相比，采用 Tandem 双丝 GMAW，总热输入小，焊接变形小。

4）熔池中有充足的熔融金属和母材充分熔合，焊缝成形美观。

5）熔池尺寸较大，高温停留时间较长，冷却速度较慢，加上双电弧强烈的搅拌作用，使得熔池中的气体有充足的时间析出，气孔倾向低，同时细化焊缝组织，提高焊缝的强度和塑性。

表 2-2　单丝 GMAW 和 Tandem 双丝 GMAW 的焊接速度对比

接头形式	角接接头				环缝接头		搭接接头	
母材金属	合金钢及非合金钢				碳素钢	铝合金	碳素钢	铝合金
	A3.5	A4	A5	A6	厚度为 2mm	厚度为 3mm	厚度为 2mm	厚度为 3mm
	焊接速度/（cm/min）							
单丝 MAG GMAW	70	60	40	30	90	—	100	—
单丝 MIG GMAW	—	—	—	—	—	80	—	70
Tandem 双丝 GMAW	150	140	120	100	300	170	200	200

2. Tandem 双丝 GMAW 的缺点

双丝 GMAW 的缺点主要体现在以下几个方面：

1）设备一次性投资较大。

2）由于具有很高的焊接速度，同时焊枪体积较大，因此不宜采用手工焊，一般都是机器人焊和自动焊，同时对焊缝跟踪和焊前准备要求很高。

3）只适用于长、直及环形等比较规则的焊缝，使用灵活性受到限制。

4）单道热输入较单丝焊大，焊缝组织晶粒相对较大，沿晶界和枝晶间分布的共晶组织连续性增加，焊缝金属强度和塑性有所降低，但在合适的工艺规范下，仍能够满足焊接接头性能的要求。

2.1.4　Tandem 双丝焊的应用

Tandem 双丝焊主要应用在汽车及零部件制造业，造船、机车车辆、机械工程、压力容器和发电设备等制造领域。焊缝形式有搭接焊缝、角焊缝、船形焊缝和对接焊缝。

下面介绍几种典型的应用及所使用的焊接参数。

1. 铝合金油箱

材料厚度为 2mm，环缝，如图 2-10 所示。采用直径为 1.2mm 的焊丝，焊接速度为 130cm/min，送丝速度为 8.2m/min（主焊丝）+6.1m/min（从焊丝）。

2. 起重机臂

材料为钢，厚度为 20mm，开 V 形坡口，如图 2-11 所示。焊丝直径为 1.6mm，焊接速度为 80cm/min，送丝速度为 19.1m/min（主焊丝）+9m/min（从焊丝）。

图 2-10　铝合金油箱

图 2-11 起重机臂

3. 汽车铝轮毂（见图 2-12）

采用搭接环缝 Tandem 双丝焊，焊丝直径为 1.2mm，双丝总电流为 560A，送丝速度为 33m/min，焊接速度为 1.3m/min。

4. 铝制热水器环缝对接焊（见图 2-13）

热水器壁厚为 3mm，双丝总电流为 340A，送丝速度为 23m/min，焊接速度为 1.6m/min。

图 2-12　汽车铝轮毂 　　　　　　　　　　　 图 2-13　铝制热水器

2.2　T. I. M. E. 焊

2.2.1　T. I. M. E. 焊的基本原理

当采用钢焊丝进行传统的 GMAW 时，为提高熔敷效率而加大焊接电流，熔滴过渡形式由射滴过渡转变为射流过渡；进一步加大电流，射流过渡将由轴向过渡变为旋转射流过渡。旋转射流过渡是一种极不稳定的过渡形式，在焊丝端头的细长铅笔尖状的液柱发生弯曲，并沿焊丝轴向旋转，没有稳定的旋转速度和半径，同时伴随着强烈的振摆，从其端头不断向四周抛出大量的小颗粒金属，金属飞溅量的突然增大使焊缝成形恶化。因此，熔化极脉冲焊的焊接电流不能太高，即送丝速度不能太快，否则很难进一步提高熔敷效率。

加拿大的 Canada Weld Process 公司于 1980 年提出一种新的大电流高熔敷速度的 MAG 焊方法——transferred ionized molten energy process（T. I. M. E.）焊。T. I. M. E. 焊是在传统 MAG 焊工艺的基础上开发的一种高效四元气体（称为 T. I. M. E. 气体）保护 MAG 焊，它采用大伸出长度和大送丝速度（高焊接电流），可以实现稳定可控的旋转射流过渡，在焊缝质量有明显改善的同时将焊丝熔敷速度提高了 2~3 倍。

T.I.M.E. 焊的关键在于其特殊的保护气体——T.I.M.E. 气体（ $0.5\% O_2 + 8\% CO_2 + 26.5\% He + 65\% Ar$ ，体积分数）。Ar 主要起保护作用，同时易电离，电弧易引燃和维持。He 电位梯度高，可提高电弧电压，从而增大电弧热功率。另外，He 的热导率高，也能够提高通过电弧传递到焊件中的热量，从而提高熔透能力，并在一定程度上提高了熔池金属的流动性，改善焊缝成形。CO_2 在电弧高温下容易分解，可冷却、压缩电弧，提高能量的集中性和电弧的挺直性。O_2 有助于保持电弧的稳定性，降低熔滴尺寸，并且使熔滴容易呈现射流过渡，降低熔池表面张力，改善润湿性，高速焊时不易出现咬边、驼峰焊道等缺陷。

20 世纪 80 年代中期，T.I.M.E. 焊在加拿大和日本首先得到应用，20 世纪 90 年代初传入我国，是一种比较新的高效焊接方法。T.I.M.E. 焊接设备的主要生产商是奥地利 FRONIUS 公司，其生产的 T.I.M.E. 焊机如图 2-14 所示。

图 2-14　FRONIUS 公司生产的
T.I.M.E. 焊机

2.2.2 T.I.M.E. 焊的特征、优点和不足

1. T.I.M.E. 焊的特征

T.I.M.E. 焊的特征可以归结为大电流（送丝速度）、大伸出长度、高焊接速度和高熔敷效率。其伸出长度最长可达 35mm，由于焊接电流比较大，充分利用了电阻热对焊丝伸出长度的预热作用；送丝速度最高可达 50m/min，较传统 MIG 焊提高 2 倍以上。由于 T.I.M.E. 焊工艺所使用的送丝速度远远超出传统工艺的使用范围，通常以送丝速度这一参数来表征 T.I.M.E. 焊工艺。T.I.M.E. 焊与传统 MAG 焊的不同点和性能比较见表 2-3 和表 2-4。

表 2-3　传统 MAG 焊与 T.I.M.E. 焊的不同点

焊 接 方 法	保 护 气 体	焊丝伸出长度/mm	送丝速度/（m/min）
传统 MAG 焊	$Ar + CO_2/O_2$	10~15	5~16
T.I.M.E. 焊	$0.5\% O_2 + 8\% CO_2 + 26.5\% He + 65\% Ar$（体积分数）	20~35	0.5~50

表 2-4　传统 MAG 焊与 T.I.M.E. 焊的性能比较

焊接方法	焊丝直径/mm	最大许用电流/A	最高送丝速度/（m/min）	最大熔敷速度/（g/min）
传统 MAG 焊	1.2	400	16	144
T.I.M.E. 焊	1.2	700	50	450

2. T.I.M.E. 焊的优点

T.I.M.E. 焊的优点主要体现在以下几个方面：

1）高熔敷速度。在连续大电流区间能够获得稳定的熔滴过渡，突破了焊接许用电流的瓶颈。在平焊位置，焊丝熔敷速度最高可达 450g/min。即使在非平焊位置施焊，熔敷速度也可达到 80g/min 左右。

2）良好的焊缝质量。良好的焊缝质量源于 T.I.M.E. 气体的卓越性能。首先，采用 T.I.M.E. 气体能够获得稳定的旋转射流过渡，电弧熔透性好，保证侧壁熔合，焊缝熔宽窄，熔深大，截面呈盆底状，形状系数合理；其次，He 气提高了电弧输入功率，提升了电弧的电离度和温度，改善了焊缝金属流动性，降低了咬边缺陷发生的概率，同时焊缝表面鱼鳞纹平滑均匀非常美观；第三，T.I.M.E. 气体具有一定的氧化性，焊缝金属氢含量低，接头的低温韧性得到明显改善，而且，焊缝金属中 S、P 含量明显低于传统 MAG 焊。

3）扩大了电流适用范围。由于 T.I.M.E. 焊工艺本身覆盖了短路过渡、射流过渡、旋转射流过渡三种熔滴过渡形式，可以焊接各种板厚的焊件，也可以进行空间位置的焊接和全位置焊接。

4）低成本。T.I.M.E. 焊的焊丝伸出长度大，不仅提高了熔敷效率，而且减小了坡口角度，因而减少了所需熔敷金属量。在同样的送丝速度下，能够焊接更长的焊缝，不但降低了生产成本，提高了焊接生产率，而且缩短了焊接工人的工作时间，即节约了劳动力成本。

3. T.I.M.E. 焊的不足

1）对焊接电源和送丝机有非常高的要求。为保证高速送丝下的电弧稳定，一方面必须采用大功率高速送丝机，并且要求送丝系统具有保持送丝速度平稳的能力，即当送丝速度发生波动时，系统有使送丝速度快速恢复的能力；另一方面，焊接电源应具有快速的电弧静态工作点调节能力，即当焊接工作点偏离稳定状态时，系统有使静态工作点迅速恢复的能力。

2）气体成本高。T.I.M.E. 气体对各组元的成分偏差要求很严格，组元中体积分数的最大允许偏差为 4%，对于体积分数为 0.5% 的氧气来说，最大允许偏差仅为 0.02%，也就是说，氧气的体积分数只允许在 0.48%~0.52% 范围内，需要专用设备保证混合均匀，生产难度大，成本高。另外，保护气体含 He 气也提高了成本，在我国难以推广应用。

3）对焊丝要求高。由于 T.I.M.E. 焊送丝速度高，即使半自动焊平均送丝速度（焊丝直径为 1.2mm）也高达 10~22m/min，自动焊最高达 50m/min，这就要求焊丝表面镀铜层具有极高的表面质量，以增加电导率，减少送丝波动性，从而提高了焊丝成本。

4）电弧热量高，导电嘴和保护气体喷嘴都需要水冷，焊枪结构复杂。由于焊枪结构复杂，再加上高速焊接，因此 T.I.M.E. 焊只适用于自动或半自动焊。

4. T.I.M.E. 焊的熔滴过渡方式

T.I.M.E. 焊可以采用多种熔滴过渡方式，包括传统的短路、射滴、射流等过渡方式，但最有特色的是可控的旋转射流过渡。在 T.I.M.E. 焊接条件下，原来不受约束的旋转射流过渡变为与焊丝轴线呈一定圆锥角的受拘束的旋转射流过渡，在焊丝端头呈锥形旋转，过程稳定。例如，采用直径为 1.2mm 的钢焊丝，电流达到 300A 时仍然不会产生旋转电弧；当电流加大到 480A，送丝速度高达 30m/min 时，可产生可控的旋转电弧，电弧旋转直径约为 4mm，速度稳定在 120r/s。肉眼观察，电弧像一个半球形钟罩笼罩在焊缝表面。弧柱中的高温等离子区，因气体介质高密度电离，沿焊丝轴向高度紧缩而呈线性集中。当电流进一步提高到 650A，送丝速度达到 50m/min 时，电弧和熔滴过渡仍然稳定、平静，如此高的焊接参数对于传统 MAG 焊是不可想象的。

T. I. M. E. 焊接过程熔滴过渡有三个范围：在焊丝直径为 1.2mm 的前提下，当送丝速度小于 6m/min 时为短路过渡，如图 2-15a 所示；当送丝速度为 9~25m/min 时为喷射过渡，如图 2-15b 所示；当送丝速度大于 25m/min 时为旋转射流过渡，如图 2-15c 所示。当送丝速度为 6~9m/min 时，电弧形态发生变化，在这个范围内，脉冲电弧特别有利。

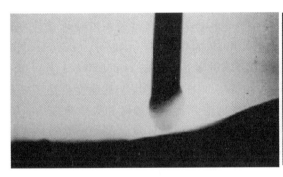
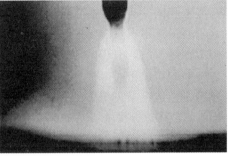

a)短路过渡　　　　　　　　　　　　　　　b)喷射过渡

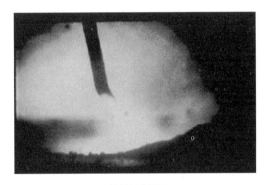

c)旋转射流过渡

图 2-15　T. I. M. E. 焊的熔滴过渡方式

2.2.3　T. I. M. E. 焊的应用

T. I. M. E. 焊主要用于焊接低碳钢和低合金钢，还可用于细晶结构钢（抗拉强度达到890MPa）、高温耐热材料（13CrMo44）、低温钢、特种钢（装甲板）、高强度钢（HY80）等材料。

目前，应用过 T. I. M. E. 焊工艺的领域有：①造船业；②钢结构工程；③汽车制造业，对焊接接头抗冲击性能有需求的地方；④机械制造业是 T. I. M. E 焊工艺最适用的领域，多数情况下都需要大焊接量，经常遇到长焊缝；⑤罐结构，主要用于自动焊，焊接环焊缝和纵向焊缝，按母材金属厚度不同，焊速可达 2~3m/min；⑥军工产品，可焊接坦克装甲板和潜艇。

2.2.4　其他类似的焊接方法

由于 T. I. M. E. 焊工艺及 T. I. M. E. 气体已被专利保护，各国焊接研究人员开始致力于其他种类保护气体的研究，以期获得高熔敷效率。除了 T. I. M. E. 气体外，按 10% CO_2 +

（60%~65%）Ar+（25%~30%）He 或 4%CO$_2$+20%He+Ar（体积分数）进行配比的三元气体也可获得高熔敷效率，但在给定送丝速度下，电弧电压的可调区间不如原 T.I.M.E. 气体的宽。另外，92%Ar+8%CO$_2$、70%Ar+20%CO$_2$+10%O$_2$、88%Ar+8%CO$_2$+4%O$_2$、76%Ar+4%CO$_2$+20%O$_2$、30% He+10% CO$_2$+60% Ar（体积分数）均可用于大电流焊接。

Rapid Arc 和 Rapid Melt 是由瑞典 AGA 公司开发的两种新焊接方法，其与 T.I.M.E 焊工艺本质基本相同，即通过提高送丝速度（大于 15m/min）来提高熔敷速度或焊接速度，两者的区别在于选用不同的保护气体。Rapid Arc 和 Rapid Melt 中的气体成分为 92%Ar+7.97%CO$_2$+0.03%NO（即 MISON8 保护气体）。采用 MISON8 保护气体的 Rapid Melt 工艺可以达到10~20kg/h 的熔敷速度，相对于传统工艺最大约 8kg/h 的熔敷速度，其速度提高了一倍以上。该种工艺也可以实现稳定的旋转射流过渡，特别适合于填充焊缝和大厚角焊缝。Rapid Arc 特别适合高速焊接薄板。如果采用传统焊接方法，当焊接速度达到 80cm/min 以上时，将会出现咬边和驼峰焊道等缺陷，而 Rapid Arc 工艺在焊接速度为 2m/min 时仍然可以避免产生这些缺陷。采用高送丝速度、大伸出长度，配合低氧化性保护气体 MISON8，该工艺可以在常规自由喷射过渡的电流规范下实现强迫短路过渡，而且由于熔池的润湿性较好，焊缝平坦，过渡圆滑。AGA 公司的这两种工艺在欧洲得到了应用。

2.3 带极 GMAW

2.3.1 带极 GMAW 的原理和特点

在传统 GMAW 保证良好的焊接接头性能的同时，对其高效、低成本的需求在不断地增长。在提高送丝速度和熔敷速度的同时，必须保证高性能的焊缝质量。一般来说，如果一种焊接工艺的熔敷速度大于 8kg/h，就可以认为是高效的焊接工艺。

相对于在单丝焊中提高送丝速度，在双丝焊中可以采用 Tandem 方式，这种方式的特点是两根焊丝同时熔化。在单丝焊中要想获得高的熔敷速度，也许会产生咬边现象，同样在 Tandem 双丝焊的情况下也会产生其他问题，如焊枪的导向问题（特别是在弯曲的焊接路径中）等，因为在焊接方向上，主丝和辅丝必须保持相对位置的一致性。

带极 GMAW 工艺是由德国研究人员于 2001 年开始研究的一种高效焊接工艺。其熔敷速度超过 11kg/h。与 Tandem 双丝焊相比，该工艺只需一台焊接电源，而且非常容易设置焊接参数。带极 GMAW 使用矩形截面的扁平状电极代替传统 GMAW 的圆柱焊丝进行焊接，其原理如图 2-16 所示。带极 GMAW 工艺实现的关键是根据采用的带状电极尺寸，设计恰当的电极夹；为保证带极连续稳定地送进，通常需要采用推拉式送带机构。

与传统的圆柱焊丝 GMAW 相比，带极 GMAW 具有如下优点：

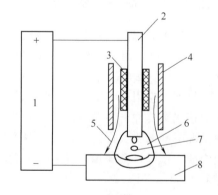

图 2-16　带极 GMAW 原理

1—焊接电源　2—钢带（带状电极）　3—电极夹　4—喷嘴　5—保护气体　6—电弧　7—熔滴　8—焊件

1）带极 GMAW 焊接设备较简单，工艺参数调节易控制，电弧电压低，焊缝金属稀释率小。

2）带极 GMAW 电弧整体扩展，电弧截面梯度小，电弧压力小；熔滴在过渡过程中沿带极端部不断移动，熔滴对熔池的冲击作用较弱。因此，可以实现大电流高速焊接，比传统丝极焊接速度可提高 30%~50%，焊钢时熔敷速度可达到 11kg/h，焊铝时可达 4kg/h。熔敷速度介于双丝 GMAW 和常规 GMAW 之间，但设备成本较双丝焊要低得多。

3）焊缝不易产生咬边、气孔等缺陷；对间隙的填缝能力较强，大大降低了焊件的装配要求，尤其适合于薄板高速焊。

带极 GMAW 的不足在于需要带状焊材，而制造带状焊材需要焊材制造商新建或改造现有的焊丝生产线。另外，在机器人柔性焊接中还可能会遇到带状电极输送方面的问题。

2.3.2　焊接材料及设备

1. 带极

表 2-5 列出了常用的几种带极尺寸规格。带极的尺寸范围：宽为 4.0~4.5mm，厚为 0.5~0.6mm，最大宽厚比为 9∶1。

表 2-5　常用的几种带极尺寸规格

材　　料	G3Si1	AlMg4.5Mn	AlSi5
截面尺寸（宽/mm×厚/mm）	4.5×0.5	4.0×0.6	4.0×0.6
截面面积/mm^2	2.25	2.4	2.4
单位长度质量/（g/m）	17.6	6.5	6.6

带极既可以用圆形焊丝轧制而成，也可以由带材制成。前者有圆形的边界，而后者的边界比较尖锐。从送丝的角度看，前者更合适。但带极的直边界可以更好地保证焊缝质量。

2. 焊枪和电源

带极 GMAW 的设备如图 2-17 所示，包括焊接电源、送丝机及焊枪。焊接电源与普通 GMAW 电源相同，只需将普通 GMAW 的送丝机的送丝轮改造成能够送带极即可。在带极 GMAW 中，钢带极脉冲峰值电流要达到 1200A，铝带极的脉冲峰值电流要达到 500A。

最适宜的焊接结果只有在机械化焊接应用中并辅以高精度的跟踪方法才能获得，特别是当使用软铝带极时，必须使用推拉式送带系统才能保证恒定的送带速度。

图 2-18 所示为带极 GMAW 焊枪，它是专门用于带极的推拉式焊枪。导电铜管设计成这种方式能使带极正好穿过纵轴和横轴。气体喷嘴是水冷式的，这套水冷系统当焊接电流很高的时候使用。

2.3.3　带极 GMAW 的电弧形态及影响因素

1. 带极 GMAW 的电弧形态

图 2-19 所示为带极 GMAW 和常规焊丝 GMAW 的电弧形态。从图 2-19 中可以看出，厚度为 0.5mm、宽度为 4mm 带极 GMAW 的电弧整体上呈非对称分布的圆台形，而常规焊丝 GMAW 的电弧由于焊丝为圆柱形而呈现出圆锥形。

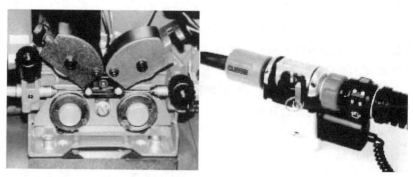

图 2-17 带极 GMAW 的设备（CLOOS）

图 2-18 带极 GMAW 焊枪

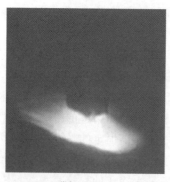

a) 带极GMAW　　　　　　　　　　b) 常规焊丝GMAW

图 2-19 带状电极 GMAW 和常规焊丝 GMAW 的电弧形态

2. 影响带极 GMAW 电弧形态的因素

（1）焊接电流　图 2-20 所示为不同送带速度、不同焊接电流时的电弧形态。从图 2-20a 和图 2-20b 中可以看出，当焊接电流较小时，带极端部有 2~3 处同时产生电弧。这是由于电流较小，带极端部不能整体均匀一致地熔化，使得带极端部不同区域离母材的距离不同，而电弧总是建立在两电极间最短距离的位置上。同时，带极一定的宽度为电流在钢带极上的不同分布提供了条件，这两项因素的综合作用使得在较小焊接电流条件下带极端部多个位置同时产生了电弧。随着多处电弧的产生，在带极和母材之间也就建立起了多个电流通道，焊接电流分别从这些不同的通道流向母材。根据同向电流相吸的原则，这些电弧体会相互吸引而逐渐耦合成一个电弧。

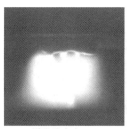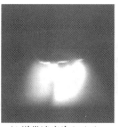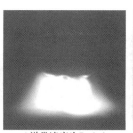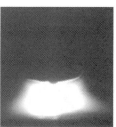

a) 送带速度为5m/min，焊接电流为216A　　b) 送带速度为6m/min，焊接电流为243A　　c) 送带速度为7m/min，焊接电流为271A　　d) 送带速度为8m/min，焊接电流为288A

图 2-20　不同送带速度、不同焊接电流时的电弧形态

随着焊接电流的增大，电弧能量增加，带极端部受电弧加热更加充分，熔化比较均匀，带极端部多处位置产生电弧的现象逐渐消失，如图 2-20c 所示，虽然偶尔会有多个电弧同时存在，相比图 2-20a 和图 2-20b，产生多个电弧的概率小很多，大部分时间只有一个电弧产生，电弧形态也比较规则。当电流进一步增大时，如图 2-20d 所示，整个钢带端部被一个电弧笼罩，电弧形态规则，电弧阳极区和阴极区截面变化不大，电弧体梯度较小。在这种情况下，带极端部熔化均匀，呈外凸形，带极上只有一处与母材的距离最短，电弧只建立在该位置。

（2）电弧电压　图 2-21 所示为送带速度为 5m/min，不同电弧电压时的电弧形态。从图 2-21 中可以看出，随着电弧电压的升高，弧长变长，电弧体积增大，电弧亮度增加。

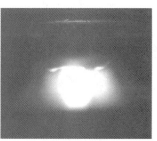

a) 电弧电压为21V，焊接电流为187A　　b) 电弧电压为23V，焊接电流为200A　　c) 电弧电压为25V，焊接电流为207A

图 2-21　不同电弧电压时的电弧形态

2.3.4　带极 GMAW 的熔滴过渡

参照传统丝极 GMAW 熔滴过渡分类，带极 GMAW 在不同焊接参数下熔滴依次呈现为大滴过渡、短路过渡、射滴过渡和射流过渡等形式，但由于带极的特殊形状，其熔滴过渡过程呈现出独有的特点。

1. 大滴过渡

图 2-22 所示为当送带速度为 5m/min、电弧电压为 26V 时的大滴过渡的高速摄像照片。

由于焊接电流小，电弧能量低，带极端部的金属熔化速度慢且不均匀，使得带极端部同时有多处熔滴产生，形状上仍然趋于球形。这些小熔滴在电磁力作用下沿带极端部移动，汇聚成为较大的熔滴，然后不断汇聚周围熔化的液态金属和小熔滴而逐渐长大。当熔滴足够大时，在重力作用下脱离带极端部而过渡到熔池中去。其过渡频率大约只有 25Hz，熔滴直径达到了 2mm。

图 2-22　带极 GMAW 大滴过渡的高速摄像照片（相邻两幅图片间隔为 6.3ms）

带极 GMAW 的这种大滴过渡与丝极的大滴过渡不同，主要表现在带极 GMAW 的大滴过渡频率和熔滴直径变化较大。

2. 短路过渡

在大滴过渡参数的基础上将电弧电压降低到 21V，其他参数不变，熔滴将呈现图 2-23 所示的短路过渡。因为采用的焊接参数比大滴过渡时还小，带极端部熔化很慢且不均匀，只会形成较小的熔滴，并且端部同时产生多个熔滴的现象比大滴过渡还明显，熔滴的形成长大过程与大滴过渡相似。但由于电弧电压小，弧长短，熔滴在其长大过程中与熔池发生短路过渡。短路过渡过程中，在带极端部多个小熔滴汇聚形成较大熔滴完成短路过渡前，振荡的熔池可能就已经与带极端部某处熔滴发生短路；同时，熔滴在带极端部运动，使得带极端部发生短路的位置不定。这些因素导致不正常的短路过渡，没有规律且随机性较大，过渡频率不是很稳定，所以带极 GMAW 的短路过渡过程稳定性较差，飞溅较多。

图 2-23　带极 GMAW 短路过渡的高速摄像照片（相邻两帧图片间隔为 2.1ms）

3. 射滴过渡

当送带速度增加至 7m/min、电弧电压提高至 26V 时，可以得到带极 GMAW 的射滴过渡，如图 2-24 所示。带极 GMAW 的射滴过渡有其独有的特点。首先，在一个熔滴过渡过程中，带极端部只有一个位置产生熔滴并完成过渡，不再出现大滴或短路过渡情况下多个熔滴同时产生于带极端部的现象。其次，带极端部虽然只有一个位置产生熔滴，但从拍摄的大量熔滴过渡图片发现，焊接过程中，这一熔滴产生和过渡的位置不固定。每次熔滴过渡后，带极端部一般都有残留液滴存在，这时带极端部在电弧热的作用下继续熔化，熔化的金属与残留的液滴汇聚，形成新的熔滴并长大再过渡。虽然熔滴在过渡过程中在带极端部不停地移动，过渡位置不定，但焊接过程稳定，飞溅非常少。在熔滴过渡的整个过程中，电弧电压变化在 2V 范围内，波动不大，是一种稳定的过渡形式。

通过试验发现，带极 GMAW 在较大的规范区间内熔滴过渡都呈现这种射滴过渡形式，特别是在大电流的条件下更是如此，是带极 GMAW 熔滴过渡的主要形式。

图 2-24　带极 GMAW 射滴过渡（相邻两帧图片间隔为 1.05ms）

4. 射流过渡

进一步增加焊接电流和电弧电压，出现了图 2-25 所示的射流过渡，对应的送带速度为 9m/min，电弧电压为 29V。从图 2-25 中可以看到，由于焊接电流较大，电流密度高，带极端部熔化均匀且熔化速度较快，产生的液态金属沿带极快速汇聚，在端部形成明显的液流束。此时液流束端部的电弧已经对液态金属形成了大面积覆盖，电弧中强烈的等离子气流对这部分液态金属产生强有力的摩擦作用，在把液流束拉长的同时将其端部的液态金属削成很细的尖状，细小的熔滴从中射出过渡到熔池。此时的熔滴直径小，过渡频率达到了 300Hz。

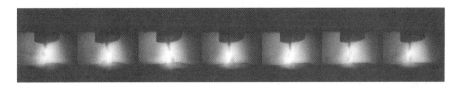

图 2-25　带极 GMAW 射流过渡（相邻两帧图片间隔为 1.05ms）

2.3.5　带极 GMAW 的应用

由于带极 GMAW 电弧的非轴对称分布，电弧体积大，截面梯度小，导致电弧压力小；同时，熔滴在过渡过程中不断沿带极端部运动，大大地削弱了熔滴对熔池的冲击作用。这两个因素使得带极 GMAW 在大电流高速焊和高熔敷速度焊接方面具有较大的应用潜力。

带极 GMAW 与传统丝极 GMAW 适用的母材相同，可用于钢铁材料和有色金属及其合金的焊接，适焊位置灵活，可用于空间焊缝和全位置焊。

图 2-26 所示为带极 GMAW 在大尺寸铝合金焊件自动焊中的应用。熔敷速度介于普通单丝熔化极焊和双丝焊之间。图 2-27 所示为两块 3mm

图 2-26　带极 GMAW 在大尺寸铝合金焊件自动焊中的应用

厚薄铝板的搭接焊缝。填充金属为 AlMg4.5Mn，焊接速度为 165cm/min。如果用直径为
1.2mm 的圆形焊丝进行焊接，焊接速度只能达到 80cm/min。

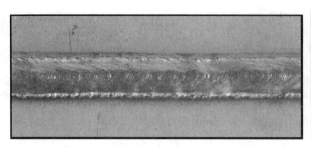

a) 焊缝成形   b) 宏观金相

图 2-27 两块 3mm 厚薄铝板的搭接焊缝（焊接速度为 165cm/min）

2.4 表面张力过渡（STT）技术

普通 CO_2 气体保护焊（以下简称 CO_2 焊）常使用细直径实心焊丝，熔滴过渡形式为短
路过渡，被广泛应用于薄板与全位置焊接领域，而飞溅大是其最突出的弊端。另外，普通
CO_2 焊的焊缝成形相对较差，焊道搭桥能力弱，不适用于打底焊道的焊接。尤其是在管道焊
接中，根部焊道是要求最严的，不仅因为它最难焊，对焊工的操作技巧要求最高，而且焊接
速度对整个管道工程的敷设具有决定性的影响。

为解决这个问题，1993 年，美国的 Lincoln 电气公司开发了一种新型的 GMAW 熔滴过渡
控制技术，即表面张力过渡（surface tension transfer，STT）技术。

2.4.1 STT 的原理

STT 技术源于短路过渡技术，但又不同于传统的短路过渡技术，是一种类似于短路过渡
或短弧过渡的新的过渡方式，它主要通过表面张力对熔滴的作用实现熔滴过渡。表面张力过
渡技术从本质上来说是一种计算机控制的脉冲 CO_2 焊短路过渡技术，其与普通 CO_2 焊的本
质区别在于电弧理论。

一般认为，短路过渡中的焊接飞溅主要来自短路初期的瞬时短路飞溅及短路末期的电爆
炸飞溅。在短路初期，熔滴逐渐接近并开始接触熔池，此时电磁力方向向上，阻碍熔滴在熔
池表面铺展。熔滴与熔池的接触面积很小，如果此时电流上升率太高，电流密度迅速上升，
电磁力也急剧增大，能量急剧聚集，接触部位液桥尚来不及在熔池表面铺展，便被迅速增长
的电磁力排斥出熔池，此时产生的飞溅称为瞬时短路飞溅。在短路末期，短路电流急剧增
加，加速了液桥的收缩，最终形成缩颈。缩颈部位横截面积迅速减小，电流密度急剧增加，
造成了过剩能量的积累，导致液柱没有在合适位置形成缩颈，甚至没有明显产生缩颈时就迅
速汽化、爆炸，此时产生的飞溅称为电爆炸飞溅。飞溅的多少与爆炸能量有关，此能量是在
液桥完全破坏之前的 $100\sim150\mu s$ 内积聚起来的，该时间长短由此时的短路电流（即短路峰
值电流）和液桥直径决定。

基于上述分析，只要合理地控制电流、电压波形，并防止液桥中能量的积聚就能防止飞

溅的产生。STT 理论正是从电弧中熔滴过渡物理过程出发，在整个熔滴过渡过程中，电流波形根据电弧瞬时热量要求的变化进行实时变化，保证电弧状态和能量供给良好匹配。STT 理论认为，在熄弧期间，熔滴上没有等离子流力、电弧推力、斑点力、金属蒸气反作用力等的作用，此时若不考虑重力与电磁力的作用，则熔滴完全在熔滴与熔池融合界面的表面张力作用下完成了向熔池的铺展、缩颈、断裂，在短路期间，缩颈液桥形成时与存在期间输出小的焊接电流和电弧电压有关，极大地减少了短路液桥的爆炸程度，从而减小飞溅。其技术关键在于检测液桥是否产生了缩颈，并选择了短路初期和液桥产生缩颈后适时提高回路阻抗，以降低电流，便于熔滴的液态金属在低能量状态下在熔池的铺展，主要依靠熔池的表面张力促使液桥发生断裂，使熔滴脱离焊丝进入熔池。这也是该技术名称的由来。图 2-28 所示为传统 GMAW 短路过渡和 STT 的电流电压波形。

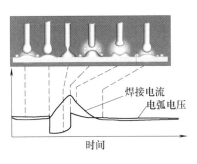
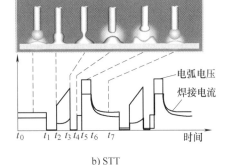

a) 传统GMAW短路过渡　　　　　　　　　　b) STT

图 2-28　传统 GMAW 短路过渡和 STT 的电流电压波形

在表面张力过渡理论中，熔滴的每个过渡周期被分为以下几个阶段。

1）燃弧阶段 $t_0 \sim t_1$：该阶段电流熔化焊丝，在焊丝末端形成一个球状熔滴并控制熔滴直径，以防止熔滴直径太小时电弧不稳定，太大时产生飞溅，同时电流维持电弧继续燃烧。

2）过渡阶段 $t_1 \sim t_2$：随着熔滴的长大和焊丝的推进，熔滴接触到熔池，开始了过渡阶段。这时，电源使焊接电流在一个很短的时间内下降到一个较低值，熔滴靠重力和表面张力的吸引从焊丝向熔池过渡，形成液桥。

3）压缩阶段 $t_2 \sim t_3$：形成液桥后，熔滴开始向熔池铺展。这时，电源使电流按一定斜率上升到较大值，这个大电流产生一个向内的轴向压力加在液桥上，使液桥产生缩颈。

4）断裂阶段 $t_3 \sim t_4$：缩颈减小了电流流过的截面，增大了液桥电阻，电源随时检测反映电阻变化的电压变化率。液桥断裂时存在一个临界变化率，一旦电源检测到这一变化率，它将在数微秒内将电流拉至一个较小值。表面张力吸引断裂后的熔滴进入熔池，实现无飞溅过渡。这时焊丝从熔池中脱离出来。

5）再燃弧阶段 $t_4 \sim t_7$：焊丝脱离熔池后，电流上升到一个较大值，以实现快速可靠再燃弧。同时，这个大电流产生的等离子流力一方面推动刚脱离焊丝端部的熔滴快速进入熔池，并压迫熔池下凹，以获得必要的弧长和必要的燃弧时间，从而保证焊丝端部得到要求的熔滴尺寸；另一方面保证必要的熔深和良好的熔合。最后，电流逐渐下降到基值电流，进入下一个燃弧周期。

在整个过渡周期的每个环节中，电流严格按照电弧瞬时热量要求的变化而变化，防止了过剩热量的积聚，因此也减少了飞溅。在第2）阶段~第4）阶段的过程中，当小桥形成时，STT电源就开始记录与焊丝伸出长度对应的电压降。焊丝伸出长度越小，电压降越小，从而电阻越小。在电弧助推过程中，电源将调节助推时间以适应检测到的压降。当焊丝伸出长度较短时，电源检测到的压降较小，这时就增加电弧助推时间以增加功率来熔化焊丝。

在焊接过程中，为兼顾焊件的热输入、燃弧率与再燃弧可靠性等因素，分别在短路液桥扩展至焊丝直径的1.2倍时与缩颈液桥断裂之后，加上适当的高电流、高电压脉冲，以实现缩颈的快速形成和快速可靠再燃弧等目的。

图2-29所示为真实的STT熔滴过渡过程。

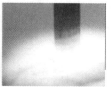

图2-29　真实的STT熔滴过渡过程

2.4.2　STT的设备

在STT的设备方面，美国的Lincoln电气公司相继开发了一系列用于MIG/MAG焊的Invertec STT焊接电源，它在整个焊接周期内可精确地控制流过焊丝的电流，其响应时间以微秒计，由此可以更好地控制热输入，从而得到合适的熔深。

为实现表面张力过渡，电源由反映熔滴空间物理状态的高灵敏度、高精度弧压传感器来提供控制信号（电源内部有一个被称为"dV/dt探测器"的电路，以识别短路过渡的结束时间），通过连续比较实际测得的电压值与程序预先设定值及前一个周期的电压值，实时地改变焊接参数，使熔滴的空间状态（尺寸、形状、位置）与该状态电弧对应的最佳电流电压波形真正联系起来，并加以自适应控制。STT焊接电源与标准的气体保护焊设备不同，它既不是恒流源，也不是恒压源，其送丝速度和焊接电流是独立控制的。图2-30所示为STT焊接设备。

图2-30　STT焊接设备

2.4.3　STT的特点

1. STT的优点

STT是熔化极气体保护焊（GMAW）方法中短路过渡工艺技术的一次巨大进步，与传统的焊接工艺相比，STT具有以下优点。

1）飞溅率非常低。与传统的CO_2焊相比，飞溅减少了90%（见表2-6和图2-31），焊缝及周围非常干净，焊后几乎不用清理，节省了大量的人工清理焊件、喷嘴的时间和费用，延长设备有效工作时间，从而提高了生产率。

表 2-6　STT 焊与其他焊接方法飞溅率比较　　　　　　　　　（%）

焊接方法	飞溅率范围	统计飞溅率	飞溅率比率
传统实心焊丝 CO_2 焊	4.44～23.0	9.38	100
药芯焊丝电弧焊	2.6～8.40	4.89	52
STT 焊	0.2～2.90	1.06	11

a) 传统CO_2焊　　　　　　　　　　　b) STT焊

图 2-31　传统 CO_2 焊与 STT 焊飞溅的比较

注：钢焊丝直径为 1.2mm，纯 CO_2 保护。

2）较小热输入条件下熔合优良，焊缝质量好，焊缝成形美观。与传统 GMAW 相比，STT 焊可以采用更短的电弧进行焊接，熔滴呈轴向过渡，适合进行全位置焊接，同时正反面成形均匀一致，边缘熔合得更好，甚至可以进行 0.6mm 板材的仰焊。

3）具有良好的打底焊道全位置单面焊双面成形能力，正反面成形均匀一致，在薄板焊接和厚板根部打底焊中，可以取代 TIG 焊，从而提高生产率。通俗地说，STT 焊基本达到了 TIG 焊的质量和 MIG 焊的速度。

4）热输入较小，仅为普通 CO_2 焊的 20% 左右，热影响区小，焊缝边缘熔合好，烧穿、咬边等焊接缺陷少，焊缝合格率高，焊后残余变形小。

5）焊道具有良好的间隙搭桥能力，对装配误差的要求低。例如，对于 3mm 的板材，间隙可以达到 12mm，背面焊道成形良好，这对管材对接等不能进行双面焊接的场合具有重要的意义，如图 2-32 所示。

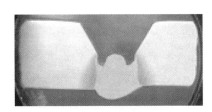

a) 焊条电弧焊　　　　　　　　　　b) STT焊

图 2-32　STT 具有良好的间隙搭桥能力

6）适用范围广。适合焊接各种非合金钢、低合金钢、不锈钢、耐热钢、铸钢、高合金钢和电镀钢。

7）作业环境舒适（低烟尘、低飞溅、低光辐射，烟尘可减少 50%～70%），电弧柔和，焊接时的能见度好。

8）可以使用各种保护气体，包括纯 Ar、He 和 CO_2 气体，操作更容易，对焊工的操作技术要求降低。特别是当采用 CO_2 作为保护气体时，能达到传统 MIG 焊的质量，从而可节省大量成本。

2．STT 的缺点

1）不适合焊接厚板，仅适于厚度小于或等于 20mm 的薄板焊接。由于采用的基值电流一般为 65~90A，平均焊接电流约为 130A。电弧的平均能量较低，熔深较浅，所以当焊接厚板时能量不足，极易产生未焊透、未熔合等缺陷。

2）此方法适用的规范区间较窄。例如，1.2mm 的焊丝焊接电流在 180A 以上，或者当伸出长度变化较大时，焊接飞溅量增加，焊接稳定性被破坏。

3）与传统 GMAW 相比，焊接设备成本较高。

2.4.4　STT 的实际应用

STT 以其独到的过程控制技术，目前在很多场合得到了应用。例如，汽车工业镀锌钢板的焊接。镀锌层主要是起防止腐蚀的作用，但锌的挥发温度很低，采用大热输入焊接会大范围破坏镀锌层，这时就可以采用 STT 焊技术。图 2-33 所示为电镀钢板角焊缝，从中可以看出，表面镀层并没有被破坏。

此外，STT 具有良好的坡口间隙搭桥能力，这使其更适合根部打底焊，并且焊接效率远高于 TIG 焊，可广泛应用于管道连接领域。在我国西气东输管线焊接中就大量应用了这种技术。

在管道焊接的全位置打底焊中，可以使用自动化全位置焊接设备，也可以使用 STT 半自动焊。表 2-7 列出了 STT 打底焊推荐的焊接参数。

表 2-7　STT 打底焊推荐的焊接参数

焊件材料	焊接位置	保护气体（体积分数）	焊丝材料		STT 打底焊			
			类型	直径/mm	峰值电流/A	基值电流/A	送丝速度/(mm/min)	伸出长度/mm
碳钢	5G 向下立焊	100%CO_2	ER70S-6	1.2	360	55~65	3	10
不锈钢		90%He+8%Ar+2%CO_2	Blue Max	1.2	340	55~65	3	10
		98%Ar+2%CO_2	Blue Max	1.2	240	80~90	3	10

STT 还适用于耐蚀层、耐磨层材料的表面堆焊，这主要利用了其较小的热输入，使得母材金属熔化量较少，降低了堆焊层材料的稀释率，如图 2-34 所示。

图 2-33　电镀钢板角焊缝

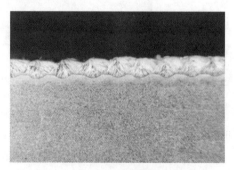

图 2-34　NiCr 合金钢平板 STT 堆焊

2.5 药芯焊丝电弧焊

药芯焊丝不同于通常采用的实心焊丝，它是在金属外皮的内部包入焊接药剂制成的焊丝。常见的药芯焊丝截面形状如图 2-35 所示。焊丝外皮中包入的药剂成分主要是铁粉、TiO_2、SiO_2、BaF_2、Fe-Mn、Fe-Si、Al、Mg 等，在焊接过程中起脱氧、稳弧、形成熔渣、添加合金、产生气体的作用，类似于焊条的药皮。

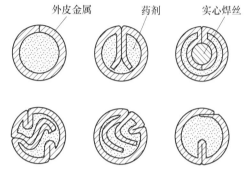

图 2-35 常见的药芯焊丝截面形状

药芯焊丝以其生产率高、焊缝质量好、综合成本低等无可比拟的技术特点和经济性，受到国内外焊接界的极大关注。资料表明，到 2015 年底，我国药芯焊丝用量突破 30 万吨，占焊接材料总量 10% 以上。工业发达国家的焊条生产比例不断下降，药芯焊丝在整个焊接材料中的占比大幅度提高，美国达到了 40% 以上，欧洲也达到了 30% 以上，日本和韩国也超过了 30%。

经过多年的发展，药芯焊丝电弧焊目前已经广泛应用于造船、石油化工、冶金、建筑、机械制造、输气管道、海洋平台等领域。

2.5.1 药芯焊丝电弧焊的分类和特点

按照焊接时是否需要外加保护气体，药芯焊丝电弧焊可分为气体保护药芯焊丝电弧焊和自保护药芯焊丝电弧焊。

1. 气体保护药芯焊丝电弧焊

气体保护药芯焊丝电弧焊最早由实心焊丝气体保护焊发展而来的，药芯中一般加入造渣剂、脱氧剂、稳弧剂、合金粉末等。焊接时多用 CO_2 或 CO_2+Ar 混合气体保护，不用担心 N、O 侵入，气体与焊渣双重保护，能够获得高强度、高韧性、成形美观的焊缝。

（1）优点 使用药芯焊丝进行气体保护电弧焊，有如下几方面的优点。

1）焊接飞溅大幅度减少。由于多种活性物质的存在，改变了 CO_2 电弧的性质，电弧形态有一定程度的扩展；同时，焊丝金属外皮熔化后以细小颗粒进行过渡，焊接飞溅大为减少。

2）保护效果好。药芯熔化后以熔渣和渣壳的形式覆盖在熔池表面和焊缝表面，形成对焊接区的气体、熔渣联合保护，抗气孔能力和抗侧向风能力都比单纯气体保护电弧焊强。

3）焊缝成形好。电弧形态上的变化使焊接熔池具有更为合适的横断面，焊缝熔深、熔宽比例适当；同时，熔池和焊缝的表面有熔渣的覆盖，表面美观，覆盖在焊缝上的焊渣也容易剥离。

4）焊接规范区间宽，焊接过程更为稳定，尽管熔深较传统气体保护焊浅一些，但抗裂纹性能良好。

5）可以降低金属外皮的碳含量，并且通过药芯成分向熔池及焊缝中过渡合金元素，可调整熔敷金属的化学成分，能够进行碳素钢、低合金钢、高强度钢、低温用钢、不锈钢等材料的焊接。

6）可用于大电流全位置焊接。药芯焊丝通过金属外壳导电，在焊接电流相同的情况下，比同直径实心焊丝具有更大的电流密度，熔敷速度提高，其生产率为焊条电弧焊的3~5倍，工艺性好，适用电源种类宽（适用于各种特性电源）。

（2）缺点

1）焊接时烟尘的产生量多。

2）焊丝制造复杂，成本稍高。另外，药芯焊丝的保管和管理要求多。

3）焊丝外皮一般使用超低碳钢带，与实心焊丝相比，外皮薄且材质软、刚度小，在较大的压力下易产生变形，送丝导管中的阻尼也大于实心焊丝，当轴向压力过大时容易发生失稳，造成堵丝。

2. 自保护药芯焊丝电弧焊

自保护药芯焊丝电弧焊的概念是由美国人于1959年首先提出的，焊接时不用外加保护气体，而是通过焊丝中的焊剂造气、造渣，以保护焊接区，从而得到性能良好的金属焊缝。其焊剂主要包括造渣剂、造气剂、脱氧剂、脱氮剂、稳弧剂等。

早期的自保护药芯焊丝的设计是为了获得较好的全位置焊接的能力和美观的焊缝成形，追求便利性，对焊缝力学性能的要求比较低。后来，由于许多焊接结构，特别是海洋平台等，对连接部位有一定的力学性能要求，开始重视焊缝的强度、韧性和COD（化学需氧量）等指标。目前，自保护药芯焊丝形成的焊缝已经能够满足力学性能的要求了。

自保护药芯焊丝电弧焊与其他较为成熟的气-渣联合保护焊，如焊条电弧焊、埋弧焊等相比，存在许多化学冶金问题，如过量的扩散氢引起焊缝氢脆、氢气孔及氢致裂纹等。一般认为，焊丝表面残留的润滑剂、药芯吸潮是增加焊缝中扩散氢含量的主要原因，但成盘供应的药芯焊丝难以像焊条、焊剂一样进行有效的焊前烘干，因此采用化学冶金处理方法降低焊缝扩散氢含量就显得尤为重要。另外，由于药芯焊丝造渣、造气能力有限，再加上没有外加气体的保护，在焊接过程中大气中的氧气和氮气很容易进入焊缝，导致产生气孔，所以自保护药芯焊丝的研制比气体保护药芯焊丝更为复杂，发展也相对较慢。

（1）优点

1）电流密度增大，熔敷速度快。

2）不用气瓶、气管，焊把轻巧，焊接灵活，特别适用于野外及现场抢修。

3）抗风能力优于CO_2焊，可在4级风下施焊，这是自保护药芯焊丝电弧焊非常突出的一个优点，因此这种方法非常适合室外焊接。

4）自保护药芯焊丝堆焊无须焊剂和保护气体，减少了辅助材料的费用，并具有较低的稀释率，可节省大约20%的熔敷金属。

5）不易产生冷隔，适用于厚、大焊件的焊接。

（2）缺点

1）药芯加入量受到限制，一般仅能达到焊丝总质量的15%~25%，易产生保护不足、冶金反应不完全等问题。

2）由于药芯与铁皮的熔点和电导率等物理性能不同，铁皮先于药芯熔化，即产生滞熔现象，使金属液滴直接与空气接触，并且造成电弧在焊丝端面上漂移不定，易把空气卷入熔滴和熔池，致使焊缝中 N、O 含量高，焊缝力学性能下降。

3）发尘量大，飞溅较大，不宜在室内使用。

4）焊接参数适应性小，操作工艺性和接头力学性能很难统一，也不适用于薄板的焊接。

5）对坡口质量要求高，一般需要机械加工。

自保护药芯焊丝由于其固有的缺点，产量和品种都远不如气体保护药芯焊丝多。

2.5.2 药芯焊丝的种类

1. 气体保护药芯焊丝

根据药剂成分，气体保护药芯焊丝有如下种类：

1）氧化钛系药芯焊丝（也叫钛型药芯焊丝）。其药芯的主要成分是 TiO_2、SiO_2 等，该型焊丝通过下列反应脱氧：

$$3TiO_2 + 4Al = 2Al_2O_3 + 3Ti \tag{2-1}$$

$$TiO_2 + Si = SiO_2 + Ti \tag{2-2}$$

该系列药芯焊丝焊接工艺性最好，焊缝外观好，焊缝平坦，电弧稳定，熔滴以喷射形式过渡，过渡颗粒细小，飞溅极少且飞溅颗粒小，适于全位置焊，焊缝扩散氢含量低。缺点是由于不能过度脱氧（否则难于控制扩散氢含量），焊缝抗裂纹性能和缺口冲击韧性稍差。另外，该系列药芯焊丝也会向焊缝中过渡钛元素，若钛的含量过多，将会聚集于晶界与碳、氮形成化合物而削弱晶界强度，也会导致焊缝脆性增大。

2）氧化钙-氧化钛系药芯焊丝（也叫钛钙型药芯焊丝）。其药芯成分中增加了氧化钙，电弧稳定，熔滴呈颗粒状过渡，飞溅稍多，但也是小颗粒飞溅，焊缝抗裂纹性能和缺口冲击韧性良好，焊缝形状和外观比较一般，烟尘量较多。

3）氧化钙系药芯焊丝。其焊缝氢含量低，焊缝抗裂纹性能和缺口冲击韧性都非常好，在克服带底漆钢板的气孔、压坑等方面有优势。但该系列焊丝熔滴呈颗粒过渡，飞溅量较多，并且是大粒飞溅，熔渣量少，焊缝成形较差。在 CO_2 气体保护下焊接，烟尘多、电弧稳定性稍差，一般用富氩气体保护，多用于重要结构的焊接。

4）金属粉系药芯焊丝。一般是在氧化钛系药芯焊丝基础上添加金属粉末而成，熔敷速度和生产率明显提高，焊接特点与氧化钛系药芯焊丝类似。但金属粉系药芯焊丝产生的熔渣少，保护作用相对较差。

2. 自保护药芯焊丝

与气体保护药芯焊丝不同的是，自保护药芯焊丝的药芯中加入了易挥发元素和大量的脱氧、脱氮元素，这样能够最大限度地防止大气侵入焊接区，并降低焊缝中的氧含量。

需要注意的是，如果 Al、Si 等脱氧剂大量残留会使焊缝的冲击韧性变差。CaF_2 和 BaF 都是很好的造气、造渣、去氢材料，早期的自保护药芯焊丝中主要加入 CaF 进行造气和造渣，如 CaF-Al、CaF-TiO、CaF-CaO-TiO 等渣系，这些渣系比较容易获得较理想的气体保护和渣保护，满足自保护药芯焊丝特殊的冶金过程及良好的焊缝成形需要，得到了普遍应用。但以 CaF 渣系为主的自保护药芯焊丝的全位置焊接能力较差。用 BaF 代替 CaF 进行造气和造渣，能够提高自保护药芯焊丝的全位置焊接能力，同时能够较好地控制熔敷金属中有害元素的含量。

研究发现，药芯的组成和焊接工艺对自保护药芯焊丝熔滴过渡有非常大的影响。结果表明，适当增加气体动力，即增加药芯中 C、O 的质量分数，添加表面活性剂可提高颗粒过渡、射滴过渡的比例。电流、电压主要影响作用在熔滴上的电弧力：电流增大，短路非爆炸附渣过渡、短路爆炸过渡及爆炸过渡的比例增大；电压增大，使短路爆炸过渡、颗粒过渡、射滴过渡的比例增加。电流、电压同样也对过渡时间有一定的影响，而过渡时间对熔滴保护效果及飞溅大小有重要影响。

2.5.3 药芯焊丝的滞熔现象

滞熔是指药芯的熔化速度小于金属外皮的熔化速度，造成药芯外凸的现象。是药芯焊丝所特有的现象。按其程度不同可分为轻度滞熔、中度滞熔及严重滞熔，如图 2-36 所示。轻度滞熔在焊接时未熔化药芯略微向前突出，熄弧后焊丝端部为球状金属外层包有熔渣，无未熔化药芯存在；中度滞熔在焊接时和熄弧后都能明显看到突出的药芯；当发生严重滞熔时，药芯的熔化速度远远低于钢皮的熔化速度，两侧钢皮出现不均衡熔化，滞熔药芯深入熔池底部过热

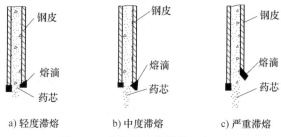

图 2-36　药芯焊丝的滞熔现象

爆炸，严重干扰熔滴过渡，造成大量飞溅，影响焊接过程的稳定性。

2.5.4 药芯焊丝的焊接条件

直径为 1.2~2.4mm 的药芯焊丝一般采用直流焊接，直径为 2.4~3.2mm 的药芯焊丝既可以采用直流焊接，也可以采用交流焊接。与实心焊丝相比，焊缝熔深浅、成形美观为其特征，在半自动焊、横向自动焊及熔渣-气体保护焊接中经常采用。表 2-8 列出了药芯焊丝与实心焊丝焊接电流范围的比较。

表 2-8　药芯焊丝与实心焊丝焊接电流范围比较

焊 丝 种 类		焊丝直径/mm	最佳焊接电流范围/A	可使用焊接电流范围/A
实心焊丝		0.6	40~90	30~180
		0.8	50~120	40~200
		0.9	60~150	50~250
		1.0	70~180	60~300
		1.2	80~350	70~400
		1.6	300~500	150~600
药芯焊丝	细径焊丝	1.2	80~300	70~350
		1.6	200~450	150~500
	粗径焊丝	2.4	150~350	120~400
		3.2	200~500	150~600

2.6 MIG 钎焊

2.6.1 MIG 钎焊技术的提出

从 MIG 钎焊的名称上就可以看出，这种方法结合了 MIG 焊和钎焊两种焊接方法的特点，焊接过程与 MIG 焊一样，而形成的却是钎焊接头，即焊件的母材没有产生熔化，而完全依靠熔融的焊丝（钎料）将焊件连接在一起。与传统钎焊接头一样，在钎料和母材界面处也会形成界面层。

1. 发展 MIG 钎焊技术的原因

大量镀锌薄板材用于汽车制造、冷藏箱、建筑业、通风和供热设施及家具制造等领域。MIG 钎焊就是伴随表面镀层钢板的大量应用而兴起的。以汽车为例，汽车常工作于潮湿、泥水、污水甚至融雪盐等恶劣的环境中，对车体的耐蚀性有很高的要求，如果不采取特殊的技术措施，只需 $3 \sim 5$ 年的时间，碳素钢板车体就会彻底锈穿，造成极大的浪费和事故隐患。研究发现，在车体钢板表面镀一层厚度为 $10 \sim 20 \mu m$ 金属锌之后，其耐蚀性显著提高。镀锌能提高车体钢板耐蚀性的原因如下。

1）锌可在钢铁表面形成致密的保护层。

2）锌和母材金属之间形成化学微电池，即使镀锌层破损，它仍能通过阴极保护作用来防止铁质母材腐蚀，这种保护效果可延伸到 $1 \sim 2mm$ 无保护层的区域。

3）镀锌可有效地保护板材的切口和冷加工造成的微裂纹，以及近焊缝的锌烧损区，防止从这里开始生锈，使镀锌钢板可以进行机械加工和焊接。

2. 镀锌板焊接方面的问题

尽管在钢板表层镀锌可提高车体耐蚀性，却给熔焊带来很多副作用，具体体现在以下几个方面。

1）锌的熔点和沸点很低（其熔点为 $420℃$，沸点为 $906℃$），当电弧引燃时，锌立即被蒸发，大量锌蒸气进入电弧空间，使电弧非常不稳定，焊缝成形很差。

2）电弧不稳造成保护效果被破坏，焊接区氧化严重；同时，焊缝中会产生密集气孔并伴随有未熔合、微裂纹等严重焊接缺陷。

3）若焊接区热输入过大，将造成锌镀层的过度蒸发，必然会破坏该区域的防腐效果。

由此可见，焊接镀锌板关键的一点就是要减小热输入，防止锌的过度挥发，同时还要保证良好的焊接效果。以往曾采用火焰钎焊的方法来连接镀锌板，但发现这种方法热源能量密度低，加热时间长，锌的挥发仍然很严重，同时气孔等缺陷很多，返修率高，生产率很低。这就要求应用能量密度相对较高，快速加热，还要尽可能减少锌挥发的焊接方法，MIG 钎焊就是在这样的技术要求背景下提出来的。

德国、美国、英国、日本、瑞士、荷兰、意大利等国已经在汽车工业的部件制造及电器制造等领域采用了这种方法，并认为该工艺在薄板焊接中具有广阔的应用前景。

2.6.2 MIG 钎焊的原理和特点

MIG 钎焊采用低熔点的铜基焊丝代替碳素钢焊丝，控制热输入，以使母材不熔化，焊丝（即钎料）在电弧高温作用下熔化，随即穿越弧柱，滴淌在被电弧加热到一定温度的固态母材表面，迅速在母材表面润湿铺展，并在界面张力作用下"钻"到母材间隙中，形成致密的钎焊接头。因此，这种方法是以熔化极气体保护焊（GMAW）的方式实现了的钎焊过程。图 2-37 所示为几种典型的 MIG 钎焊接头。

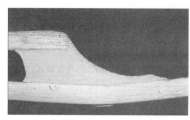

图 2-37　几种典型的 MIG 钎焊接头

MIG 钎焊的技术优势主要体现在以下几方面。

1）氩气保护焊接，飞溅少，焊接过程稳定，焊缝成形美观，强度较高。

2）热输入小，焊接残余应力和变形小，适用于薄板焊接。

3）不同于传统钎焊，MIG 钎焊一般采用直流反接，电弧本身具有良好的阴极清理作用，因此不需要使用焊剂，从而减少了工序，降低了成本。

4）电弧焊接，热量较集中，加热升温速度快，钎焊接头在高温停留时间短，母材不熔化，热影响区窄，近缝区金属也不易产生晶粒长大，组织与性能变化也较小。

5）热输入较小，除电弧笼罩范围外，热影响区及焊缝背面锌的蒸发降至最低，同时近缝区可受阴极保护，焊缝区又由耐蚀铜合金组成，这样就保证了整体的防腐蚀效果。

6）MIG 钎焊与 GMAW 一样，可以进行各种类型接头及全位置焊，即使在向下立焊、向上立焊和仰焊的情况下，也能获得令人满意的效果。焊接速度同样可以达到 MIG 焊的速度（100cm/min），生产率显著提高。

7）铜合金焊缝区硬度较小，易于机械加工和抛光打磨，用以替代火焰黄铜钎焊工艺，经济效益显著。

8）传统的镀锌板电弧焊会产生大量的锌蒸气，损害操作人员的身体健康，MIG 钎焊烟尘和飞溅大大降低，改善了工作环境。

正是由于 MIG 钎焊具有上述多项优点，因此它不仅适用于镀锌板的焊接，也适用于镀锡、涂铝、渗铝等有镀层板材的焊接。现在，MIG 钎焊还被用于焊接非镀层板（如合金钢、非合金钢、不锈钢、铜），同样能获得良好的接头，甚至高强度钢（如自行车支架）也使用了 MIG 钎焊方法。

2.6.3　MIG 钎焊设备

MIG 钎焊设备外观上和传统的 MIG 焊基本相同。为了尽量减少锌的挥发，必须采用尽量小的焊接热输入，这对焊接电源在低功率下能提供特别稳定的电弧提出了一定的要求。MIG 钎焊电源一般都具有很灵敏的弧长反馈控制，可在很低的基值电流下保持稳定的短弧长。另外，为进一步减少热输入，可采用脉冲焊的方式，要求当焊丝伸出长度发生变化时不能产生飞溅，在焊丝伸出长度发生变化的过程中，确保控制熔滴过渡形式为"一脉一滴"。

像 MIG 焊一样，MIG 钎焊电源也实现了"一元化"调节。

MIG 钎焊所用的铜基焊丝一般都比较软，当使用传统 MIG 送丝机时，容易发生压伤、折曲甚至折断，影响焊接过程稳定性，甚至不能进行焊接。因此，MIG 钎焊采用专门送丝机，一般至少要有两对送丝轮，保证接触压力不能太大，并且送丝轮上具有与焊丝直径匹配的光滑凹槽。另外，送丝管也必须是柔性的。高档送丝机采用的是柔软耐磨的石墨纤维送丝软管。

2.6.4 MIG 钎焊材料

适用于 MIG 钎焊的铜基焊丝有多种，包括 CuSi3（S211）、CuAl8（5214）、CuSiMn、CuAl8Ni、CuSn 及 CuSn6 等。另外，A207M 焊丝也可以用来焊接镀锌板，焊丝中 Mn 的质量分数较高（达 1%），主要是为了提高焊缝的硬度，但焊后焊缝加工相对困难些。这种焊丝主要用在焊后无须处理的场合。MIG 钎焊常用的焊接材料是 CuSi3 和 CuAl8，以 CuSi3 应用最为广泛。

CuSi3 焊丝属于硅青铜材料系列，其熔点为 1027℃，一般提供 $\phi0.8mm$、$\phi1.0mm$ 和 $\phi1.2mm$ 三种规格。该焊丝熔敷金属的表面张力小，流动性好，湿润性强，可以满足小间隙的接头要求，焊缝无气孔、未熔合、裂纹等焊接缺陷，焊缝抗拉强度 ≥309MPa。另外，该焊丝形成的焊缝平整美观，熔合区过渡圆滑，焊缝硬度低，焊后机械加工容易。

CuAl8 属铝青铜材料系列，熔点为 1046℃，常见规格为 $\phi1.0mm$。该焊丝采用直流反接，能够清除铝的表面氧化膜，焊缝内外质量好，外形美观，适于涂铝、渗铝层及非镀层薄板的 MIG 钎焊。

2.6.5 MIG 钎焊工艺和冶金过程

MIG 钎焊通常使用高纯氩气（体积分数为 99.99% 以上）保护，若焊丝为硅青铜材料，也可选用 98%Ar+2%O$_2$（体积分数）或 95%Ar+5%CO$_2$（体积分数）的混合气体，电弧稳定性更好。

焊接时，为减少总热输入，一般采用小规范。推荐焊接参数：焊接电流为 100~120A，电弧电压为 11~12V，焊接速度为 35~60cm/min。在同样的热输入前提下，若采用脉冲焊，可获得稳定的一脉一滴过渡，焊缝成形更加优异，如脉冲电流峰值为 225~230A，基值电流为 15~20A，频率为 2Hz。

MIG 钎焊时，一般采用焊枪前推的方式（前进方向与焊枪倾角相反）进行薄板钎焊，这时基值电流的电弧热量就会使前方的镀锌层预热到挥发温度，这样进入熔池的锌蒸气很少，在凝固过程中又会继续排出，因此焊缝中残留气孔极少，甚至根本没有。对较厚的镀锌层（15μm 以上），焊接时会产生大量锌蒸气，影响焊接的稳定性，因此焊接时最好采用短路过渡或喷射过渡，并且控制弧长采用短弧焊接。

若采用焊枪后拖方式（前进方向与倾角方向相同）施焊，预热效果达不到锌的挥发温度，这就意味着大量锌蒸气会扩散到熔池中，虽然焊枪的倾角有后热作用，可延长熔池的凝固时间，但不足以使大量锌蒸气从焊缝中溢出，形成大量气孔，同时溢出的锌蒸气对于电弧稳定性的影响也大于前推施焊。

与炉内钎焊不同的是，MIG 钎焊液态熔滴的热场并不像炉内钎焊那样为一个均匀的稳态热场，而是一个随时间变化与电弧相对位置有关的非稳态热场。由于界面张力是一个受温度影响的物理参量，电弧钎焊液-固界面温度的不均匀性使液态钎料不像炉内整体加热钎焊那样沿钎缝流布及铺展，而仅在电弧加热温度超过钎料熔化温度、电弧活性斑点高温蒸发及斑点雾化去膜的范围内铺展。由于电弧钎焊液态存在时间极短，在液态钎料中被排挤到固-液界面的 Si、Mn 等元素很快凝固而与固态母材金属间的扩散来不及充分进行，从而在界面形成一条富 Si、Mn 偏析富集过渡带。经分析，Si 以 Fe_2Si 相存在，而 Mn 以固溶体存在，这对钎缝与基体金属结合有影响。这一点与炉中钎焊有很大的不同，炉中钎焊由于有足够的液态保温时间，活性元素在固态下也可以进行充分扩散。

2.7 冷金属过渡（CMT）焊接

2.7.1 CMT 焊接简介

冷金属过渡（cold metal transfer，CMT）焊接技术，是奥地利 Fronius 公司于 2004 年在欧洲板材技术博览会上展示的一种新型无飞溅的焊接技术。

要了解 CMT 焊接过程，必须理解"冷"这个概念。它指的是将送丝过程与熔滴过渡过程进行数字化协调，电弧点燃后，熔滴生成、长大，同时焊丝前送，焊机的数字信号处理器（DSP）监测电弧建立的开始时间，并逐渐降低焊接电流。某一瞬间，熔滴接触熔池产生短路，电弧熄灭，电流降低到接近零。当 DSP 检测到短路信号时，将其反馈给送丝机，送丝机迅速响应进行焊丝回抽，从而迫使熔滴从焊丝端头脱落，熔滴在无电流状态下进行过渡，在送丝惯性力和表面张力作用下进入熔池。在熔滴从焊丝上滴落之后，数字控制系统再次提高焊接电流，重新生成焊接电弧，并将焊丝向前送出，开始新一轮的焊接过程，如图 2-38 所示。

a) 电弧加热，向前送丝　　b) 熔滴短路，电弧熄灭　　c) 焊丝回抽，帮助熔滴脱落　　d) 向前送丝，焊接重新开始

图 2-38　CMT 焊接过程

相对于传统的 MIG/MAG 焊接过程而言，短路瞬间电弧熄灭，电弧空间温度和熔滴温度确实比较"冷"。图 2-39 所示为 CMT 焊接电流和电压波形。在整个焊接过程中，"冷""热"循环交替进行，是一种特殊的短路过渡过程。

CMT 焊接具有以下特点。

1）极低电流状态下的短路过渡，使得焊接热输入小，能够焊接薄板和超薄板（板厚可为 0.3mm），焊接变形小。图 2-40 所示为传统 MIG 焊短路过渡和 CMT 焊接得到的焊缝。由图 2-40 可以看出，由于 CMT 焊接的热输入小，形成更窄更高的焊缝截面。其送丝速度均为

5m/min，传统 MIG 焊短路过渡的焊接电流为 96A，电压为 17.0V；而 CMT 焊接的焊接电流为 84A，电压为 13.5V。CMT 焊接产生的热量仅为传统 MIG 焊短路过渡的 70%。

2）低飞溅焊接。短路状态下，焊丝的回抽运动促进熔滴过渡，同时避免了普通短路过渡焊接极易引起的电爆炸飞溅，如图 2-41 所示。

3）CMT 焊接的弧长控制精确，电弧更稳定。传统 MIG 焊的弧长控制是通过电压反馈方式进行的，容易受到焊接速度改变和焊件表面平整度的影响。而 CMT 焊接的电弧长度控制是机械方式的，它采用闭环控制和监测焊丝回抽长度，即电弧长度。在导电嘴与焊件的距离或焊接速度在一定范围内改变时，电弧长度是一致的。

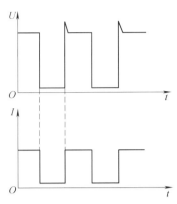

图 2-39　CMT 焊接电流和电压波形

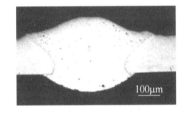 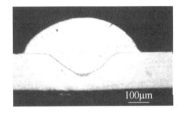

a)传统MIG焊短路过渡　　　　　　　b)CMT焊接

图 2-40　传统 MIG 焊短路过渡和 CMT 焊接得到的焊缝

注：母材金属为 2mm 厚的 AlMg3，焊丝是直径为 1.2mm 的 AlSi5。

图 2-41　CMT 焊接过程中焊丝的运动

4）焊缝成形均匀一致，焊缝的熔深一致，焊缝质量重复精度高。传统 MIG 焊在焊接过程中，当焊丝伸出长度改变时，焊接电流会增加或减少。而在 CMT 焊接过程中，当焊丝伸出长度改变时，仅仅会改变送丝速度，不会改变焊接电流，从而实现恒定的熔深，再加上弧长非常恒定，焊缝成形均匀一致。

5）具有良好的搭桥能力，对装配间隙要求较低，可以实现不同厚度材料的焊接；对错边容许度高，也适合 MIG 钎焊，实现钢和铝等异种材料的焊接。

图 2-42 所示为典型的 CMT 焊接接头。

图 2-42　典型的 CMT 焊接接头（0.8mm 厚 AlMg3 薄板的 CMT 接头）

2.7.2 CMT 焊接设备

CMT 焊接设备由焊接电源、送丝机、缓冲器和焊枪等组成，如图 2-43 所示。

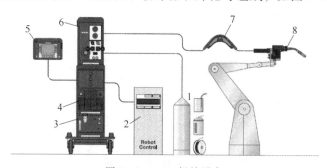

图 2-43 CMT 焊接设备

1—焊丝盘（筒） 2—机器人控制器 3—冷却水箱 4—焊接电源
5—手控盒 6—送丝机 7—缓冲器 8—焊枪

与传统的 MIG/MAG 焊接设备相比，CMT 焊接设备最关键的差异在送丝机构上。CMT 焊接的焊丝端头以 70Hz 的频率高速进行往复运动，依靠传统的送丝机构难以完成这样的任务，必须采用数字控制的送丝机构。CMT 焊接设备的送丝机构一般由两套数字化送丝机和一套送丝缓冲器组成。其中，后送丝机只负责将焊丝向前送出，同时根据瞬时工作状况调整送丝速度；前送丝机是使焊丝高频往复运动的关键，传统的齿轮传动由于运动惯性达不到这样的要求，因此采用无齿轮设计，依靠新型拉丝系统来保证连续的接触压力，如图 2-44 所示。

另外一个关键环节是送丝缓冲器，如图 2-45 所示。其减弱了前后送丝机之间的矛盾，保证了送丝过程的平顺。

图 2-44 安装在焊枪上的新型拉丝系统

图 2-45 送丝缓冲器

2.7.3 CMT 和脉冲混合过渡技术

CMT 技术提供了一个最小热输入的平台，Fronius 公司在此基础上，将 CMT 过渡和脉冲过渡进行混合，使其交替进行，如一个 CMT 熔滴过渡后，过渡方式转为 1 个或几个常规脉冲过渡，通过这种方式使 MIG/MAG 焊的热输入可以自由增加，以达到理想的焊缝背面成形，同时也可提高薄板的焊接速度。

该技术已成功应用于焊接 0.5~3mm 厚的 CrNi 钢和铝合金，接头形式为对接、搭接、角接及折边对接。与其他 MIG 焊方法相比，混合过渡的优点在于电弧稳定，热输入可控。用户可以在 CMT 和脉冲焊接参数范围内进行设定，混合过渡随着脉冲数量的增加，熔深也相应增加，如图 2-46 所示。

图 2-47 所示为采用混合过渡方式焊接的水泵凸缘。焊件母材金属为不锈钢，厚度为 1.43mm，焊接速度为 60cm/min。

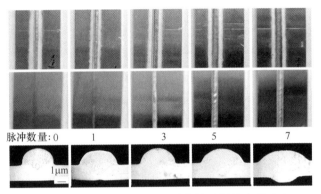

脉冲数量：0　　1　　3　　5　　7

1μm

图 2-46　混合过渡下不同脉冲参数的焊缝成形对比

图 2-47　混合过渡方式焊接的水泵凸缘

2.8　交流脉冲 MIG 焊

薄板焊接对母材金属的热输入有严格的要求，既要保证焊接过程的稳定，形成优质美观的焊缝，又要减少热输入，以减小热变形。前面介绍的 CMT 焊接技术能够焊接薄板和超薄板。除了 CMT 焊接技术之外，交流 MIG 焊也能胜任。

2.8.1　交流脉冲 MIG 焊的原理

MIG 焊通常采用直流反接（DCEP）方式，电弧穿透力强，焊缝熔深大。当采用直流正接（DCEN）时，电弧沿焊丝上爬，电弧不稳定，焊接熔池浅，容易出现熔合不良、凸焊道等焊接缺陷。

交流脉冲 MIG（AC PMIG）焊的原理是交替切换直流正接 MIG（DCEN MIG）焊和直流反接 MIG（DCEP MIG）焊。其电弧力和电弧热介于直流正接和直流反接之间。焊丝为正极时控制焊丝熔化及熔滴过渡，焊丝为负极时电弧沿焊丝上爬促进焊丝熔化，减小了电弧对熔池的加热作用，减小了焊缝熔深，并且提高了焊丝的熔化速度，提高了熔敷效率，这对焊接薄板具有独特的优势。

AC PMIG 焊特殊的电流波形保证了良好的间隙搭桥覆盖能力和优良的焊接效果，在正极性时清理母材表面，氧化膜破裂，热量直接输入母材；在脉冲时熔滴无飞溅地过渡到熔池。在负极性时电弧围绕焊丝端部，热量给焊丝，焊接熔池处于冷却状态，如图 2-48 所示。

交流脉冲 MIG 焊设备的关键是利用先进的开关电子元器件，在短周期内（毫秒量级）变换焊丝的极性，使之处于负极（EN），此时焊丝末端被电弧包围，熔化速度加快，随后电流迅速改变方向，恢复焊丝接正极（EP）状态，促进熔滴过渡，如此循环往复。电流过零的速度要足够快，以免电弧熄灭。

AC PMIG 焊的主要参数包括正极性脉冲基值、正极性脉冲峰值、正极性脉冲峰值时间、

a) DCEP阶段　　　　　b) DCEP脉冲阶段　　　　　c) DCEN阶段

图 2-48　交流 MIG 焊的焊接过程

反极性脉冲时间和反极性脉冲峰值。

2.8.2　交流脉冲 MIG 焊的优点

1）焊接速度快，生产率高。

2）有较强的间隙覆盖填充能力，在焊接公差较大的焊件时仍可保证很高的焊缝质量，减少了焊后的机械加工工序。

3）对母材热输入很小，适合焊接/钎焊热敏感材料，同时显著降低焊接残余变形，减少产生裂纹的倾向。

4）热输入减少，焊接飞溅很少。

5）可使用大直径的焊丝焊接较薄的材料。大直径焊丝意味着送丝更加稳定，同时降低了焊接成本，提高了生产率。

2.8.3　交流脉冲 MIG 焊的应用

交流脉冲 MIG 焊的焊接电源在国外已经有多家公司可提供，包括日本的 OTC 和 Panasonic 公司及德国 CLOOS 公司等。其中，CLOOS 公司于 2002 年开发出了交流 MIG 焊（该公司称之为 cold process——CP 冷焊）设备，以解决薄板焊接的问题。北京工业大学也自 2003 年以来针对交流脉冲 MIG 焊进行了电源设计、电弧特性及熔滴过渡等方面的研究。奥地利 Fronius 公司于 2010 年开发出了 CMT Advanced 系列焊机，实现了 CMT 焊接过程的极性变换。

下面介绍交流脉冲 MIG 焊的一些具体应用实例。

1. 钢板的焊接

在汽车和其他工业中越来越多地采用高强度钢板来降低生产成本，提高产品质量。对高强度钢的焊接，应尽可能地采取热输入小的焊接工艺。交流脉冲 MIG 焊与传统的 MIG/MAG 脉冲弧焊工艺相比，可显著地降低熔滴频率并采用最佳的熔滴过渡，因此热输入显著减少。交流脉冲 MIG 焊焊接高强度钢板的实例如图 2-49 所示。

2. 不锈钢的焊接

在现代工业中，不锈钢材料的应用已经越来越广泛，像容器制造、造船、食品机械和制管等行业都在大量使用不锈钢。不锈钢的焊接问题一直困扰着焊接工作者，如何控制热变形，减少焊件表面颜色的改变？如何提高焊接速度？都是不锈钢焊接要面临的大问题。交流

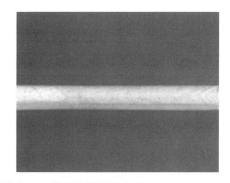

图 2-49　交流脉冲 MIG 焊焊接钢板的实例

脉冲 MIG 焊工艺很好地解决了这些问题，它不仅提高了焊接速度，还显著地改善了热输入，减少了焊件表面颜色的改变和热变形。交流脉冲 MIG 焊焊接不锈钢的实例如图 2-50 所示。

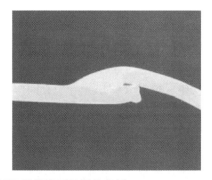

图 2-50　交流脉冲 MIG 焊焊接不锈钢的实例

3. 镀层板的焊接

通过对钢板镀或渗一层防腐材料（镀锌或渗铝）来防锈既高效又经济。带镀层的板材广泛应用在汽车、建筑、家具和通风设备等行业。当焊接带镀层的板材时，对镀层的保护相当重要，而交流脉冲 MIG 焊技术正好满足这一需要。当使用交流脉冲 MIG 钎焊时，通过采用合适的焊接参数，可以在达到最佳润湿效果的同时不破坏保护层。交流脉冲 MIG 焊焊接镀层板的实例如图 2-51 所示。

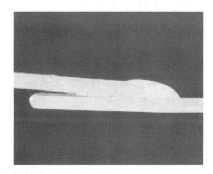

图 2-51　交流脉冲 MIG 焊焊接镀层板的实例

4. 铝合金的焊接

焊接铝合金时需考虑的因素：对母材金属较低可控的热输入；有效去除氧化膜。交流脉冲 MIG 焊技术可对输入焊丝或输入母材的热量进行精确控制。当使用直径为 1.2mm 或 1.6mm 焊丝时，焊道金属具有良好的搭桥能力，减少热输入的同时明显地提高焊接速度。交流脉冲 MIG 焊焊接铝合金的实例如图 2-52 所示。

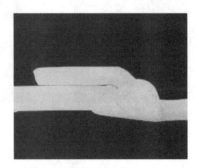

图 2-52　交流脉冲 MIG 焊焊接铝合金的实例

2.9　三电弧双丝（Tri-Arc）GMAW

在熔化极气体保护焊（GMAW）中提高焊接效率的关键是提高焊丝熔敷速度，而焊丝的熔敷速度主要是由焊接电流大小决定的。由于单丝电弧焊的电流密度限制了熔敷速度，因此一些双丝电弧焊就成为获得更高焊丝熔敷速度的选择。然而，无论是普通单丝电弧焊，还是高效双丝电弧焊，对于任一路的焊丝-电弧-焊件之间都是简单的串联关系，所以流过焊丝的电流等于流过焊件的电流。因此，在常规电弧焊过程中，在提高焊丝熔敷速度的同时也会导致对焊件热输入的增加，焊接热输入的增加易导致焊接接头组织粗大、力学性能下降，而且对于大型复杂结构件，较大的焊接热输入将引起较大的焊接变形与焊接内应力。

提高焊丝熔敷速度与减少焊接热输入在传统 GMAW 中是一对无法解决的矛盾。哈尔滨工业大学与深圳市瑞凌实业股份有限公司提出了一种在两根焊丝与焊件之间建立三个电弧的新型双丝焊方法，称为三电弧双丝（Tri-Arc）焊。该方法的主要特点是除了在两根焊丝与焊件之间建立的两个电弧之外，在两根焊丝之间还建立了第三电弧，即"M 电弧"。

2.9.1　Tri-Arc 焊的工作原理

图 2-53 所示为 Tri-Arc 焊的基本原理。VPPS 为可变极性电源，PPS1 和 PPS2 为两台直流脉冲电源，通过控制上述三台电源的极性和脉冲相位关系，可以在焊丝 E1 与焊件之间建立第一电弧 A1，在焊丝 E2 与焊件之间建立第二电弧 A2，在焊丝 E1 与 E2 之间建立第三电弧 M。

第三电弧 M 称为调制电弧，图 2-54 所示为高速摄像拍摄的 M 弧形态。Tri-Arc 焊的新特性主要是由 M 电弧的作用决定的。

从局部静态上看，Tri-Arc 焊等同于旁路电弧焊，但在连续动态上更接近 Tandem 双丝焊。

从 M 弧静态分析的角度，图 2-53a 可分解为图 2-53b 和图 2-53c 的两个过程。

过程 1：如图 2-53b 所示，PPS1 恒压输出，焊丝 E1 极性为 DCEP，电弧 A1 建立在 E1 与焊件之间，流过电弧 A1 的电流为 I_1，VPPS 恒流输出；焊丝 E2 极性为 DCEN，电弧 M 建立在两根焊丝 E1 与 E2 之间，流过 M 电弧的电流为 I_3。此时，PPS2 为零电流输出（断开），

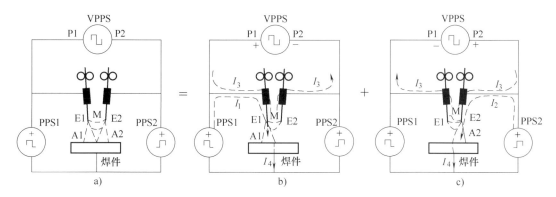

图 2-53 Tri-Arc 焊的基本原理

因此电弧 A2 熄灭。需要特别说明的是，此时流经焊丝 E1 的电流并不等于流过电弧 A1 的电流，而是流过电弧 A1 与 M 的电流的和，即 $I_{E1}=I_1+I_3$，流经焊丝 E2 的电流为 I_3，流经焊件的电流 $I_4=I_1$。

过程 2：如图 2-53c 所示，PPS2 恒压输出，E2 极性为 DCEP，电弧 A2 建立在 E2 与焊件之间，流过电弧 A2 的电流为 I_2，VPPS 恒流输出；电极 E1 极性为 DCEN，电弧 M 建立在两根焊丝 E2 与 E1 之间，流过 M 电弧的电流为 I_3。此时，PPS1 为零电流输出（断开），因此电弧 A1 熄灭。同样，此时流经焊丝 E2 的电流并不等于流过电弧 A2 的电流，而是流

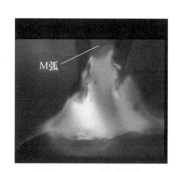

图 2-54 M 电弧形态

过电弧 A2 与 A3 的电流的和，即 $I_{E2}=I_2+I_3$，流经焊丝 E1 的电流为 I_3，流经焊件的电流 $I_4=I_2$。

通过上述过程分解，Tri-Arc 焊的基本工作过程可以看作是两个相互对称的旁路电弧焊接过程的组合，这样组合自然具有旁路电弧焊接方法熔敷效率高、热输入小的特点，而且这样的组合还解决了旁路电弧焊原有的稳定性问题。

将图 2-53b 与图 2-53c 所示的两个静态的分立过程以动态的方式连续起来，建立图 2-55 所示的 Tri-Arc 焊电流波形。在 $t_0 \sim t_1$ 期间，对应于图 2-53b；在 t_1-t_2 期间，对应于图 2-53c，以此类推，两种状态周期性地交替进行。

如果单独看 E1 或 E2 中的任意一根焊丝的电流波形 I_{E1} 或 I_{E2}，都相当于交流脉冲 MIG 焊。交流脉冲 MIG 焊可以分为 DCEP 与 DCEN 两个期间进行了分析。在 E1 的 DCEP 期间（$t_0 \sim t_1$），PPS1 为恒压输出，相当于脉冲峰值，因此具有弧长自身调节作用，同时 VPPS 的 P1 为正，P2 为负，VPPS 恒流输出，电流方向与 PPS1 一致，均为从电极 E1 流出；在 E1 的 DCEN 期间（$t_1 \sim t_2$），PPS1 输出电流为零，VPPS 的 P1 为负，P2 为正，此时只有 VPPS 恒流供电，相当于脉冲维弧电流，但电流方向是流入电极 E1 的。由于 E2 与 E1 的波形相同，相位相差 180°，即 E2 的 DCEN 对应于 E1 的 DCEP，E2 的 DCEP 对应于 E1 的 DCEN。通过上述波形分析可知，在 Tri-Arc 焊中，焊丝 E1 和 E2 都相当于工作在 U-I 脉冲方式下，即峰值电压与基值电流恒定，因此电弧 A1 和 A2 的弧长都会被自动调节，而只要 A1 和 A2

的弧长稳定了，M 电弧自然也就稳定了，所以三电弧双丝电弧焊系统也必然是稳定的。

2.9.2 Tri-Arc 焊的特点

Tri-Arc 焊与 Tandem 双丝焊有共通之处，即在 M 电弧电流趋于零时，Tri-Arc 焊蜕变为 Tandem 双丝焊。但正是由于调制电弧（M 电弧）的存在，使得 Tri-Arc 焊相比 Tandem 双丝焊具有以下优点：

1）焊丝熔敷效率高。

2）母材金属稀释率低。

3）焊接变形小。

表 2-9 列出了 Tri-Arc 焊与埋弧焊的焊接效率对比。由表 2-9 可见，在相同的焊接电流下，Tri-Arc 焊的焊丝熔敷速度为埋弧焊的 2 倍。对于填充量较大的焊接结构，熔敷速度的大小就是焊接效率的高低。而在相同焊接电流下具有

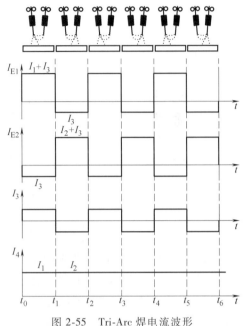

图 2-55　Tri-Arc 焊电流波形

较高的焊丝熔敷速度，意味着可以用更快的焊接速度进行焊接，因此焊接线能量，即焊接热输入将有效地减少，这将有利于焊接对热输入敏感的高强度钢。

表 2-9　Tri-Arc 焊与埋弧焊的焊接效率对比

焊接方法	焊丝直径/mm	焊接电流/A	送丝速度/（m/min）	焊丝熔敷速度/（kg/h）
Tri-Arc 焊	1.6	650~700	2×12.5	23.50
埋弧焊	4.0	650~700	2.0	11.75

图 2-56 所示为 Tri-Arc 焊实测的焊接电流波形。其中 L-WIRE 为焊丝 E1 的电流波形，R-WIRE 为焊丝 E2 的电流波形，WORK 为焊件的电流波形。实测电流波形具有与图 2-55 中一致的相位和极性变化关系。进一步观察波形细节可以发现，在电流的正半波有一定的波动，而在电流的负半波则很稳定。这是因为，在 DCEP 期间有恒压电源的作用，而在实际焊接中弧长总会有所波动，所以电流会随之波动，这也正是说明具有弧长自身调节作用；而在DCEN 期间，只有恒流电源的作用，因此即使两焊丝之间的距离会有所波动，但 M 电弧的电流是相对稳定的。

从电流波形上可以看到这样一个基本事实：M 电弧电流上升，焊件电流下降，反之亦然，但此时流经焊丝的电流却没有变化。这是因为基于焊丝的熔化特性，当送丝速度一定且焊丝伸出长度恒定时，流经焊丝的电流也应该是恒定的。这点可以从图 2-55 中的电流合成关系及图 2-56 中的实际电流参数得到验证：

当 M 电弧电流为 20A 时，焊件电流为 396A，两者之和为 20A+396A=416A。

当 M 电弧电流为 150A 时，焊件电流为 270A，两者之和为 150A+270A=420A。

两者之间误差为 4A，在霍尔电流传感器的测量误差范围之内。

在传统的弧焊过程中，熔深是正比于焊接电流的，但在 Tri-Arc 焊中，由于 M 电弧的接

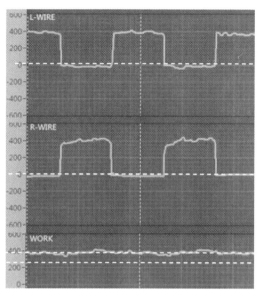
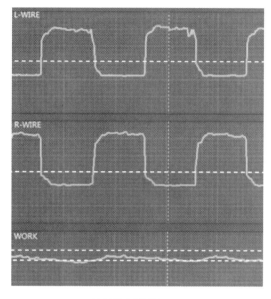

a) M弧电流20A   b) M弧电流150A

图 2-56   Tri-Arc 焊实测的焊接电流波形

入，焊接电流被分为焊丝电流与焊件电流两个参数，因此焊件电流是对熔深起主要作用的焊接参数，而焊丝电流主要对应于焊丝的熔敷速度。M 电弧相当于在两根焊丝之间形成了一个电流分流回路，从而在保证焊丝电流不变，即保证焊丝的熔敷速度与送丝速度平衡的前提下，降低了流入焊件的电流。当然，熔化的焊丝所带有的热量及 M 电弧也会对熔池产生一定的加热作用，但这部分能量要比直接流入焊件的电弧电流的作用小很多。因此，通过增加 M 电弧的电流可有效地减少对焊件的热输入。如图 2-57 所示，提升 M 电弧的电流值，焊缝熔深显著减小，明显的指状熔深得到消除。

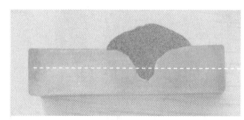

a) M弧电流20A   b) M弧电流150A

图 2-57   Tri-Arc 焊焊缝熔深

在 Tri-Arc 焊中，提高送丝速度的同时增加 M 电弧的电流，不仅可以保持焊件电流不变，而且也可以使焊件电流下降，实现在提高焊丝熔敷速度的同时减少对焊件的热输入。这对于大厚板的高效焊及薄板的高速焊、堆焊和电弧钎焊等要求高熔敷速度且小热输入的焊接工艺都具有重要的应用价值。

如图 2-58 所示，Tri-Arc 焊常用的工作状态大体可以分为三种：

1）标准 Tri-Arc 焊参数配置（见图 2-58a）：效率高，热输入小。焊接薄板和厚板均有优势，尤其适合焊接高强度钢。

2）表面堆焊参数配置（见图 2-58b）：M 电弧电流大于焊丝电流，熔敷效率高，稀释率低，适用于表面耐磨材料堆焊。

3）普通双丝参数配置（见图 2-58c）：M 电弧电流远小于焊丝电流，体现出 Tandem 双丝焊的特点，具有高熔敷效率、大熔深。

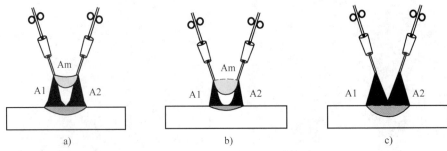

图 2-58 Tri-Arc 焊常用的工作状态

2.9.3 Tri-Arc 焊的设备构成及应用

Tri-Arc 焊的设备由焊接电源、送丝机、焊枪、水冷系统等组成。图 2-59 所示为 Tri-Arc 焊枪。

图 2-59 Tri-Arc 焊枪

1. 升降机主弦拼方 Tri-Arc 焊

在中联重科股份有限公司升降机主弦拼方的实际焊接应用中，采用常规单丝焊，焊接效率低；采用常规双丝焊，焊接变形量大；采用 Tri-Arc 焊，由于 M 弧的存在，可以减少焊接热输入，解决了上述问题，既保证了焊接效率，又减小了焊件变形量。

焊接母材为尺寸 200mm×20mm×5700mm 的 Q345 角钢，使用直径为 1.2mm 的 ER50-6 碳钢焊丝，80%Ar+20%CO$_2$（体积分数）作为保护气体。升降机主弦拼方 Tri-Arc 焊的焊接参数见表 2-10，升降机主弦拼方 Tri-Arc 焊的焊缝效果如图 2-60 所示。

表 2-10 升降机主弦拼方 Tri-Arc 焊的焊接参数

前丝电弧电压/V	M 弧电流/A	频率/Hz	送丝速度/(m/min)	占空比(%)	焊丝伸出长度/mm	焊接速度/(cm/min)	前丝电弧实际电流/A
39	180	100	15	50	20	30	240~260

图 2-60 升降机主弦拼方 Tri-Arc 焊的焊缝效果

2. 表面堆焊

由于 Tri-Arc 焊电源可通过调节焊接参数来改变焊接热输入，所以在耐磨材料堆焊领域中可以降低母材金属的稀释率，较少地烧损合金元素，提高生产率。利用表 2-11 中的参数，选用直径为 1.2mm 的 ER50-6 碳钢焊丝，在 Q345 钢表面进行堆焊。Tri-Arc 表面堆焊的焊缝效果如图 2-61 所示，Tri-Arc 表面堆焊熔深效果如图 2-62 所示。

表 2-11 Tri-Arc 表面堆焊参数

前丝电弧电压/V	M 弧电流/A	频率/Hz	送丝速度/(m/min)	占空比(%)	焊丝伸出长度/mm	焊接速度/(cm/min)	前丝电弧实际电流/A
28	130	200	9	50	28	40	140~150

图 2-61 Tri-Arc 表面堆焊的焊缝效果

图 2-62 Tri-Arc 表面堆焊的熔深效果

3. Tri-Arc 气电立焊

气电立焊是一种用来焊接大厚板材的焊接工艺，它的特点是一次成形，较好地替代了多层多道焊。为适应船板高强度钢的技术要求，采用 Tri-Arc 气电立焊成功解决了大厚度高强度船板的一次成形焊接，焊接工艺中采用不同材质的双丝，保证了焊缝的低温性能。图 2-63 所示为 Tri-Arc 气电立焊。板厚为 50mm，前丝采用直径为 1.2mm 的实心焊丝，后丝采用直径为 1.6mm 的药芯焊丝，焊接速度为 400mm/min。

4. Tri-Arc 埋弧焊

埋弧焊是目前焊接行业使用最广泛的高熔敷速度焊接工艺，但在埋弧焊高效率的同时也带来了焊接热输入过大的问题，即使采用多丝埋弧工艺，仍难以解决焊接高强度材料时热输入过大的问题。在传统埋弧焊工艺中采用了 Tri-Arc 焊后，很好地解决了 X80 及以上级别钢材的埋弧焊热输入超标问题。Tri-Arc 埋弧焊的焊接参数见表 2-12，Tri-Arc 埋弧焊焊接 X80 石油钢管如图 2-64 所示。

图 2-63　Tri-Arc 气电立焊

5. 变坡口间隙焊接

由于焊件状态的限制，坡口装配间隙可能在一个较大的范围内变化，自动焊很难适应，通常只能用手工焊完成。当装配间隙较小时，需要较高的焊接电流以保证焊透，而此时又不需要过多焊丝填充量；当装配间隙较大时，需要较低的焊接电流以防止烧穿，而此时又需要较多的焊丝填充量。在传统 GMAW 中，焊接电流与送丝速度成正比，当需要提高焊接电流时，必然要提高送丝速度，因此当装配间隙较小时会产生过度的焊缝余高；而当装配间隙较大时，需要降低焊接电流，随之送丝速度也必须降低，这样就会造成缺乏足够填充金属来满足较大间隙的填充需要，甚至会出现熔滴从间隙中脱落的问题。

表 2-12　Tri-Arc 埋弧焊的焊接参数

主弧电流/A	M 弧电流/A	焊接速度 /(m/min)	送丝速度 /(m/min)	焊丝直径 /mm	焊接熔敷速度 /(kg/h)
500	300	1.8	15	1.6	28

图 2-64　Tri-Arc 埋弧焊焊接 X80 石油钢管

采用 Tri-Arc 焊，通过调节 M 弧电流（I_M）可以解决这一问题。当间隙较小时，使用较低的 I_M，采用低送丝配以大的焊接热输入；当间隙较大时，使用较高的 I_M，采用高送丝速度配以小的焊接热输入。实验表明，Tri-Arc 焊对焊接间隙有很强的适应能力，能够很好地适应 0~4mm 坡口间隙的变化，可以高效地焊接坡口间隙不均匀的焊件。

2.10　双脉冲 MIG 焊

当采用 TIG 焊来焊接铝合金时，为了获得更好的焊接质量，经常使用脉冲 TIG 焊。由于脉冲频率较低，一个脉冲形成一个熔池，使熔池在脉冲电流作用下发生规律性振动，改善了焊缝结晶状态，并减少了气孔。但是，由于 TIG 焊效率太低，人们一直在寻找利用 MIG 焊代替脉冲 TIG 焊的途径。这就出现了双脉冲 MIG 焊法。

1. 铝合金双脉冲 MIG 焊的方法原理

焊接电流在脉动时，不同的脉冲电流的峰值与峰值电流时间能够得到不同的平均电流，平均电流较小的称之为弱脉冲，平均电流较大的称之为强脉冲，将强、弱脉冲群交替呈周期性变化，其结果是平均电流也呈周期性低频变化。这样就调制出一个低频脉冲，与高频脉冲群相叠加，形成了双脉冲焊接波形，如图 2-65 所示。对于铝合金脉冲 MIG 焊而言，当脉冲频率在 50~300Hz 范围内，可以控制熔滴以一脉一滴的方式过渡，一脉一滴的脉冲参数范围较宽，这个特点使低频脉冲的调制成为可能，进而实现双脉冲焊接。通常低频调制脉冲的占空比为 50%，频率为 0.5~30Hz。强、弱脉冲群中每一个高频脉冲单元都能实现一脉一滴的过渡过程。

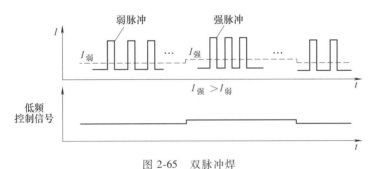

图 2-65　双脉冲焊

2. 双脉冲 MIG 焊的特点

1）焊缝表面美观。铝合金是具有装饰性的金属材料，在有些场合要求焊缝表面要美观。虽然用低频脉冲 TIG 焊可以得到漂亮的鱼鳞状焊缝外观，但其生产率低，往往难以满足大规模生产的要求。使用双脉冲 MIG 焊，可根据焊接速度调整调制频率，在得到漂亮鱼鳞状焊缝外观的同时，能保证较高的生产率。图 2-66 所示为焊接速度为 40cm/min、平均电流为 90A、平均电弧电压 19V，以及不同调制频率时双脉冲 MIG 焊的焊缝。在该焊接条件下，低频调制脉冲的频率低于 1Hz 时焊缝表面波纹间隔过大，高于 8Hz 时波纹间隔过小，为 2~4Hz 时焊缝外观最漂亮。为了得到漂亮的焊缝外观，应主要根据焊接速度来选择低频调制脉冲的频率，焊接速度越高，设定的低频调制脉冲的频率也应该越高。

2）可焊接头间隙宽。当焊接厚度小于 3mm 的薄板时，因为母材容易变形，焊件的装配精度难以保证，常因接头间隙变动而导致焊接失败。可焊接头间隙的范围大小是评价焊接方法优劣的标准之一。与一般的脉冲 MIG 焊相比，双脉冲 MIG 焊的可焊接头间隙范围更大。

当采用双脉冲 MIG 焊时，强脉冲群期间的强大电弧使接头两边都熔化，可防止熔化不

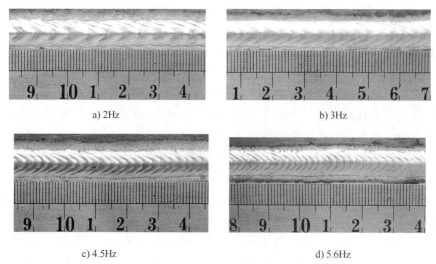

a) 2Hz   b) 3Hz

c) 4.5Hz   d) 5.6Hz

图 2-66 不同低频调制脉冲频率时双脉冲 MIG 焊的焊缝

良；弱脉冲期间的较弱电弧使熔池温度相对降低，可防止烧穿。同时，可将焊丝熔化金属集中填充于间隙中。

3）减少气孔发生率。气孔是铝合金焊接常见的质量问题之一，特别是当焊接铸铝件时显得更加突出。为了防止气孔的产生，一般要求保护气体纯度高，而且不含湿气，焊接参数合适，母材和焊丝干净。双脉冲 MIG 焊能明显降低气孔发生概率，并且不必增加附属设备，使用简单。当低频调制频率大约为 20Hz 时，双脉冲 MIG 焊抑制气孔效果最佳。

4）细化焊缝晶粒。双脉冲 MIG 焊对熔池的搅拌作用还能细化晶粒。一般来说，低频调制频率为 30Hz 时细化晶粒效果最佳。调制频率过高，熔池振动难以追随低频调制频率，熔池搅拌作用变弱，细化晶粒效果也相应减弱。

3. 两种双脉冲 MIG 焊接工艺

双脉冲 MIG 焊工艺有两种送丝方式：一种为变速送丝，另一种为等速送丝。

（1）变速送丝双脉冲 MIG 焊 变速送丝与低频脉冲电流同步变化。大送丝速度与强脉冲电流同步，而小送丝速度与弱脉冲电流同步，如图 2-67 所示。

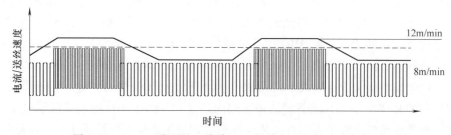

图 2-67 Kemppi 公司的双脉冲 MIG 焊的电流和送丝速度波形

（2）等速送丝双脉冲 MIG 焊 因为送丝速度不变，而脉冲电流是改变的，总的平均电流值应该与送丝速度平衡。但在强脉冲电流时，其平均电流大于总平均值，所以此时弧长必然变长，则电压逐渐变大；相反，在弱脉冲电流时，其平均电流小于总电流值，此时弧长变短，电压又有减小的趋势，可见，这时送丝速度不变，而焊丝熔化速度却按照电流强弱的频率变化。为了确保焊接过程稳定，强、弱脉冲不要变化太大，通常两者的峰值电流变化不超过10%。

从上述的分析可以看出，采用变速送丝方式的焊接过程更容易稳定。

双脉冲 MIG 焊已成功地应用在了铝合金摩托车车架的焊接和铝-镁合金制成的汽车发动机进气管的焊接中。奥迪 A8 的铝合金车门也是用该方法焊接的。

2.11 缆式焊丝气体保护焊

缆式焊丝（CWW）气体保护焊（简称缆式焊丝气保焊）是一种以缆式焊丝为熔化极的高效焊接工艺，缆式焊丝有多种组合形式，其中应用最为广泛的是 1+6 式缆式焊丝。1+6式缆式焊丝是由 7 根普通细直径焊丝绞合而成的，位于中心部位的一根细丝被称为中心丝，外围 6 根细丝两两关于中心丝呈轴对称，这 6 根丝被称为外围丝，也称为行星丝。6 根外围丝以一定角度围绕中心丝旋转捻合制成缆式焊丝，如图 2-68 所示。缆式焊丝直径可在较大范围内变化，并可根据需要组合为不同成分的焊丝，以满足焊缝冶金的需求。

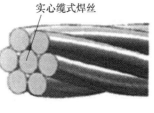

实心缆式焊丝　　　　药芯缆式焊丝

图 2-68　缆式焊丝实物图及示意图

缆式焊丝气体保护焊具有以下特点：

1）克服了传统焊丝直径小，直径增加后焊丝刚性过高等不足，能够实现大直径大电流焊接，从而提高熔敷效率。研究表明，当直径 3.6mm 缆式焊丝 CO_2 焊焊缝的热输入为直径1.2mm 单丝 CO_2 焊的 2.9 倍时，其熔深与熔宽分别为单丝 CO_2 焊的 4 倍和 1.7 倍；在相同焊接条件下，缆式焊丝 CO_2 焊的热效率与相近直径单丝埋弧焊相当，但熔深大于埋弧焊，熔宽、热影响区宽度均小于埋弧焊。

2）焊接时，送丝机连续送进的焊丝不断熔化，在高速摄像系统中观察，可以看到其阳极区是由多个小阳极区耦合而成的；每根单丝在熔化过程中单独产生电弧，且外围丝产生的电弧围绕中心丝进行逆焊丝捻合方向的旋转，从而产生旋转电弧。

3）缆式焊丝气保焊电弧有明显的收缩现象，显著区别于单丝 GMAW 钟罩状电弧形态。电弧在燃烧过程中产生旋转，而且电弧直径与缆式焊丝直径接近，电弧烁亮区较为集中，向中心收缩，亮度较高。烁亮区作为整个电弧的导电通道，对应的温度也较高。缆式焊丝端部几乎被电弧的弧根笼罩。

4）可以根据需要进行不同成分的焊丝的组合，对焊缝金属成分进行调控，以获得良好焊接效果，适用于手工半自动焊、全自动角焊和机器人焊接。

5）缆式焊丝气保焊需要专用的送丝机和焊枪，同时缆式焊丝生产厂家较少、种类有限，因此制约了该技术的大规模推广应用。

　　在实际使用中，由于其熔敷量大，熔池受重力影响明显，目前只能用于平焊和横焊中；在工作环境方面，缆式焊丝在 CO_2 气氛条件下焊接，飞溅较大；由于缆式焊丝热输入大，焊接时同时熔化多根焊丝，焊接烟尘较传统气体保护焊要大一些。

　　采用相同焊接参数，对直径 4.0mm 单丝埋弧焊与 3.6mm 缆式焊丝气保焊进行对比研究，不同焊接电流下的焊丝熔化速度和熔敷速度如图 2-69 所示。由图 2-69a、b 可知，缆式焊丝的熔化速度和熔敷速度随焊接电流的增加而增加，熔化速度和熔敷速度变大，缆式焊丝气保焊焊丝熔化速度和熔敷速度比单丝埋弧焊均高 30% 以上。

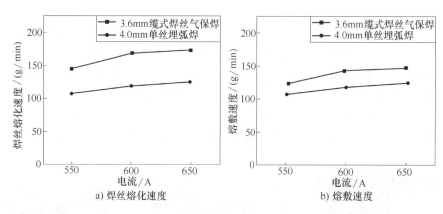

图 2-69　不同焊接电流下焊丝熔化速度和熔敷速度

　　由图 2-70 可以看出，三种焊接方法的焊缝横截面成形美观，均未有气孔、裂纹和夹渣等缺陷。相同焊接参数下与单丝埋弧焊相比，焊缝横截面形貌与单丝埋弧焊相似，但比单丝埋弧焊熔宽、熔深和余高大。

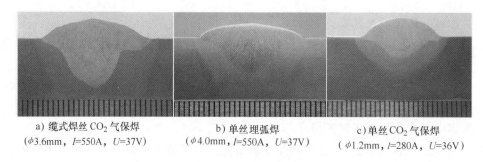

a) 缆式焊丝 CO_2 气保焊　　　　b) 单丝埋弧焊　　　　　c) 单丝 CO_2 气保焊
（ϕ3.6mm，I=550A，U=37V）　（ϕ4.0mm，I=550A，U=37V）　（ϕ1.2mm，I=280A，U=36V）

图 2-70　三种不同焊接方法的焊缝宏观形貌

参 考 文 献

［1］　杨春利，林三宝. 电弧焊基础［M］. 哈尔滨：哈尔滨工业大学出版社，2003.

［2］　殷树言. 气体保护焊工艺基础［M］. 北京：机械工业出版社，2007.

［3］　BRUCE D DERUNTZ. Assessing the Benefits of Surface Tension Transfer Welding to Industry［J］. Journal of Industrial Technology，2003，19（4）：1-8.

［4］　魏占静. 变极性 MIG/MAG 焊工艺及应用［J］. 焊接，2009（8）：2-6.

［5］　杭争翔，殷树言，宋政. 交流脉冲 MIG 焊接铝合金薄板的工艺特性［J］. 焊接学报，2004，25（2）：99-102.

［6］ 张洪. EWM coldArc "冷弧焊" ——一种低能量的熔化极气体保护焊技术及其应用 ［J］. 焊接，2009
（8）：2-6.

［7］ 杨春利，刚铁，林三宝，等. 高强铝合金厚板双丝 MIG 焊工艺的初步研究 ［J］. 中国有色金属学报，
2004，14S1：259-264.

［8］ 范成磊，杨春利，程士军，等. 2519 高强铝合金双丝 MIG 焊接接头时效弱化研究 ［J］. 焊接，2005
（11）：24-27.

［9］ 魏占静. 先进的 TANDEM 焊接技术 ［J］. 现代制造，2003（12）：32-33.

［10］ SUGIYAMA Y，et al. Diminishing of smut in aluminum alloy welds using double MIG welding process ［J］.
Journal of Light Metal Welding and Construction，1992，32（8）：3-8.

［11］ MIYAZAKI H，SUGIYAMA Y. Puckering in aluminum alloy welds-prevention using double wire MIG weld-
ing ［J］. Welding International，1993，7（6）：431-437.

［12］ 徐鲁宁，殷树言，卢振洋，等. TIME 焊工艺特点及其发展现状 ［J］. 焊接，1998（9）：2-7.

［13］ 池梦骊. 由 MAG 焊脱颖而出的 TIME 焊新工艺 ［J］. 焊接技术，1994（3）：46-47.

［14］ MATTHEWS J R，PORTER J F，CHURCH j，et al. An Evaluation of T. I. M. E. Welding of HY80
Plate ［J］. Welding Journal，1991（2）：11-23.

［15］ REHFELDT D，POLTE T，FRANZBECKER H，et al. Application potential of high efficiency welding with
flat wire ［J］. IIW Doc，XII-1723-02（2002）：63.

［16］ HIMMELBAUER K. Schutzgasschweissen mit Flachdrahtelektroden ［J］. SCHWEISS-PRUFTECHNIK，
2002（03）：34-35.

［17］ BRUCE D DERUNTZ. Assessing the Benefits of Surface Tension Transfer Welding to Industry ［J］. Journal
of Industrial Technology，2003，19（4）：1-8.

［18］ 李智勇. 新型的表面张力过渡气体保护焊电源 ［J］. 电焊机，1994，24（6）：33-34.

［19］ 克米特·沃尔. 利用表面张力过渡工艺提高管道焊接的根焊质量 ［J］. 石油工程建设，1997（6）：
9-11.

［20］ 陈松，孙建国. STT 气体保护焊技术在管道焊接中的应用 ［J］. 焊接技术，2001，（30）增刊：
54-55.

［21］ 戴均陶，齐国治. 药芯焊丝的发展及其制造技术 ［J］. 电焊机，1995，25（6）：28-30.

［22］ 张智，张文钺，陈邦固，等. 药芯成分对自保护药芯焊丝焊缝脱渣性的影响 ［J］. 材料科学与工
艺，1997，12（4）：40-44.

［23］ 刘鹏飞，张晓，姚润钢. 无缝药芯焊丝制造技术的现状及发展 ［J］. 金属加工，2011（10）：
18-20.

［24］ 刘海云，栗卓新，史耀武. 自保护药芯焊丝工艺性评价 ［J］. 焊接学报，2011，32（5）：101-104.

［25］ 杨建东，刘宝田. 我国药芯焊丝技术的发展现状与趋势 ［J］. 金属加工，2010（6）：4-6.

［26］ 肖兵. 自保护药芯焊丝的应用 ［J］. 中国科技信息，2009（1）：94.

［27］ 张晓昱，张富巨. 药芯焊丝电弧焊滞熔现象影响因素的研究 ［J］. 焊接，2003（7）：10-14.

［28］ 陈邦固，雷万钧. 滞熔现象对碱性气保护药芯焊丝飞溅的影响 ［J］. 焊接技术，1995（6）：4-6.

［29］ CHOVET C，GUIHEUX S. Possibilities offered by MIG and TIG brazing of galvanized ultra high strength
steels for automotive applications ［J］. La Metallurgia Italiana，2006（7-8）：47-53.

［30］ 李锡新. 薄镀层板材的 MIG 电弧钎焊 ［J］. 现代制造，2004（11）：59-61.

［31］ LORCH SCHWEIBTECHNIK GMBH. 镀锌薄钢板的钎焊 ［J］. 现代制造，2003，艾森专刊.

［32］ 林三宝，宋建岭. 电弧钎焊技术的应用及发展 ［J］. 焊接，2007（4）：19-36.

［33］ 石常亮. 铝和镀锌钢 CMT 法 MIG 钎焊工艺研究 ［D］. 哈尔滨：哈尔滨工业大学，2006.

［34］ 张满，李年莲，吕建强，等. CMT 焊接技术的发展现状 ［J］. 焊接，2010（12）：25-27.

［35］ 杨修荣. 超薄板的 CMT 冷金属过渡技术［J］. 焊接, 2005（12）：52-54.

［36］ 马振, 庄明辉, 牟立婷, 等. M 弧电流对 Tri-Arc 双丝电弧焊熔滴过渡形态影响［J］. 焊接学报, 2017, 38（11）：57-60.

［37］ 张杰, 王军, 牟立婷, 等. Tri-Arc 双丝电弧焊堆焊工艺研究［J］. 电焊机, 2017, 47（7）：61-64.

［38］ 耿正, 魏占静, 韩雪飞, 等. 高熔敷率低热输入的三电弧双丝电弧焊接方法［J］. 金属加工, 2014, 22：36-39；42.

［39］ 耿正, 双丝动态三电弧焊接方法：201010601796. 8［P］. 2010-12-23.

［40］ 耿正. 多态双丝电弧焊接装置及焊接方法：201310260160. 5［P］. 2013-06-26.

［41］ 邱光, 耿正, 王巍, 等. 实现双丝三电弧焊接的电源装置：201410305559. 5［P］. 2014-06-27.

［42］ 杨志东. 缆式焊丝气保焊电弧旋转及熔滴过渡行为研究［D］. 镇江：江苏科技大学, 2018.

［43］ 王学峰. 缆式焊丝窄间隙 GMAW 焊接工艺研究［D］. 镇江：江苏科技大学, 2020.

第3章　高效埋弧焊

3.1　埋弧焊概述

埋弧焊具有生产率高、焊缝质量好、机械化程度高、劳动条件好等优点，在船舶、压力容器、桥梁、铁路车辆、发电设备、重型机械等生产领域有着广泛的应用，适用于低碳钢、低合金钢、不锈钢、镍基合金、铜及其合金的焊接。随着科学技术突飞猛进的发展，高效化焊接技术越来越受重视，而埋弧焊的高效化已成为国内外焊接加工技术研究和工业应用的重点。

3.1.1　埋弧焊的焊缝形成过程

埋弧焊是电弧在焊剂层下燃烧进行焊接的方法。在埋弧焊中，焊剂一般为颗粒状，对电弧和焊接区具有保护及合金化作用；焊丝主要是填充金属。埋弧焊的实质与焊条电弧焊一样，属于以熔渣保护为主的气渣联合保护的电弧焊，但它与焊条电弧焊相比，存在如下不同：①埋弧焊的焊丝上面没有涂料，呈裸露状；②埋弧焊的焊剂预先铺在待焊处；③埋弧焊的焊丝位于焊剂中，电弧在焊剂下进行燃烧。

埋弧焊的焊缝形成过程如图3-1所示。

1）在焊接过程中，焊剂1不断地被焊剂输送管9输送到焊件7的表面。

2）焊丝2在送丝轮10的作用下不断地向焊接区输送，且位于焊剂1中。

3）焊丝2经导电器12而带电，以保证焊丝2与焊件7之间产生电弧3。

4）电弧热使周围的母材、焊丝和焊剂熔化，以致部分蒸发并形成一个气体空穴，笼罩在电弧周围，而电弧就在这个气体空穴内进行燃烧。

5）气泡上部被熔化了的焊剂，即熔渣5构成外膜所包围。

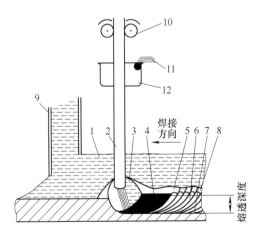

图3-1　埋弧焊的焊缝形成过程

1—焊剂　2—焊丝　3—电弧　4—熔池　5—熔渣
6—焊缝　7—焊件　8—焊渣壳　9—焊剂输送管
10—送丝轮　11—焊接电缆　12—导电器

6）焊丝2顶端熔化所形成的熔滴落下，并与已局部熔化的母材混合而形成金属熔池4，熔渣5密度较小，浮于熔池4的表面。

7）随着焊接过程的进行，焊丝不断向前移动，熔池中的熔化金属在电弧力的作用下被推向熔池后方。

8）金属熔池4在熔渣5的保护下，逐渐冷却并凝固成焊缝6，而熔渣5在焊缝6的表面凝固成焊渣壳。

对于埋弧焊来说，在焊接过程中形成的熔渣对于焊缝的形成起着重要的作用，具体表现如下：熔渣可保护焊缝金属，防止空气的污染；熔渣与熔化金属产生物理化学反应，改善焊缝金属的成分及性能；熔渣可使焊缝金属缓慢冷却，减少或避免了一些焊接缺陷的产生，提高了焊缝的性能。

3.1.2　埋弧焊的特点

埋弧焊是在自动或半自动状态下完成焊接的，与焊条电弧焊或其他焊接方法相比，具有诸多的优缺点。

1. 埋弧焊的优点

（1）生产率高　埋弧焊具有很高的生产率，其值一般是焊条电弧焊的5~10倍。其主要原因包括三个方面：①与焊条电弧焊相比，埋弧焊可使用大的焊接电流，大的电流密度使焊丝的熔敷速度提高；②由于焊剂与熔渣的隔热作用，电弧基本上没有热损失，使电弧的热利用率高；③埋弧焊的熔透深度大，即使钢板厚度达到14mm时也无须开坡口，从而节省了大量的劳动时间，提高了生产率。同时，从提高生产率方面讲，还存在一些次要因素：与焊条电弧焊相比，可连续焊接的埋弧焊省去了更换焊条等辅助时间；与气体保护焊等相比，埋弧焊没有飞溅，节省了焊后的清理时间。

（2）焊缝质量高　由于焊剂与熔渣对电弧空间的有效保护作用，减少了外界空气中氧与氮对电弧的不良影响，并使冶金反应更加充分；厚层的焊剂与熔渣会降低焊缝的冷却速度，减少了焊缝中产生气孔、裂纹的可能性，提高了焊接接头的力学性能。此外，焊接参数可以通过自动调节系统保持稳定，再加上液态熔渣对焊缝的润湿作用，焊缝的化学成分和性能比较均匀，焊缝表面光滑美观，几乎没有鱼鳞片状。

（3）对焊工技术水平要求不高　埋弧焊基本不受焊工工作时精神状态的影响，消除了焊条电弧焊因更换焊条等容易引起的一些缺陷。

（4）劳动条件好　埋弧焊可实现机械化焊接，使焊工的劳动强度大大降低。电弧在焊剂层下燃烧，既消除了弧光对焊工的有害作用，又可省去面罩，便于操作。此外，埋弧焊时焊工距电弧与熔渣较远，再加上排放出的有害气体较少，使焊工的健康得到保证。

（5）节省焊丝和能源　埋弧焊没有焊条电弧焊时的焊条头损失；焊件不开坡口或坡口尺寸小使得填充金属和电能消耗减少；熔渣的良好保护使得合金元素的烧损和飞溅明显减少。因此，埋弧焊消耗的焊接材料和电能都比焊条电弧焊少。

（6）焊接变形小　从开坡口的角度来说，小厚度的钢板无须开坡口或坡口尺寸小，减少了熔敷金属的填入，使焊后变形较小；对于厚板来说，由于埋弧焊的熔透大，使得焊接层数少，造成的焊接变形小。

综上所述，与焊条电弧焊相比，埋弧焊最大的优点就是焊缝质量优良，焊接速度快，生产率高，易于实现机械化。因此，埋弧焊特别适用于大型焊件的直缝和环缝焊接。

2. 埋弧焊的缺点

为了提高生产率，以大热量输入为特点的埋弧焊也存在一些缺点，包括以下几个方面。

1）埋弧焊设备较大，不宜搬移，灵活性远不及焊条电弧焊；由于焊前准备时间长，不适合于短小焊缝。

2）无论是颗粒状焊剂的堆积与覆盖，还是良好的焊缝成形，均需要重力。因此，该工艺主要适用于平焊或横向位置的焊接，且对焊件的倾斜度有严格的要求。

3）埋弧焊的焊接电流不宜太小，否则会导致电弧的稳定性差。由于焊接电流较大，该工艺方法不适宜焊接薄板结构。

4）由于在埋弧焊的过程中无法观察到电弧与坡口的相对位置，应该特别注意防止焊偏。为了防止发生此问题，需要被焊接头平直或采用焊缝自动跟踪装置。

5）埋弧焊对焊前的焊件表面处理与焊件的加工精度等要求比焊条电弧焊高，当进行多层焊时，需要进行清渣操作，否则会产生气孔、夹渣、裂纹和烧穿等缺陷。

6）埋弧焊热输入较大，往往会导致焊缝及热影响区的晶粒粗大，使焊接接头的力学性能，特别是冲击韧性下降。

3.1.3 埋弧焊的分类

近年来，随着高效、优质埋弧焊技术的发展，已经演变出许多可在实际生产中应用的埋弧焊工艺。

按电极的数量，埋弧焊可分为单丝埋弧焊与多丝埋弧焊。顾名思义，单丝埋弧焊的焊丝是一根，由于此工艺方法的操作技术容易掌握，故应用广泛；多丝埋弧焊又可分为双丝埋弧焊、三丝埋弧焊与更多焊丝埋弧焊。在大多数情况下，焊接过程中的每个电弧都是独立的，因此焊接电源数等于焊丝数。

按电极形状，埋弧焊可分为丝极埋弧焊与带极埋弧焊。带极埋弧焊的电极常为呈卷状的金属带，主要用于耐磨、耐蚀合金的表面堆焊。在后续章节将对其进行更详细的介绍。

按提高熔敷效率方法的不同，埋弧焊可分为加长焊丝伸出长度埋弧焊、附加热丝埋弧焊与加金属粉末埋弧焊。为了防止在较大电流下焊丝受电阻热而发红的现象，埋弧焊时的焊丝伸出长度较短（25～35mm）。如果控制恰当的话，可利用加大焊丝长度的方法产生较多的电阻热，加速焊丝的熔化，从而提高熔敷效率。同时，在传统埋弧焊过程中，将附加通电预热的焊丝送入到电弧区，相当于两根焊丝参与熔敷，从而提高了效率。另外，通过焊前预敷金属粉末的方法可提高电弧的热利用率，从而达到提高熔敷效率的目的。

除上述的分类方法，还有一些不同的分类方法，如按送丝方式、施焊面的数量、反面衬垫结构的不同进行的分类等。

埋弧焊的高效化是国内外焊接加工技术研究和应用的重点。能提高埋弧焊焊接效率的方法包括：改变电极数量或形状，如多丝埋弧焊、带极埋弧焊；添加辅助填充金属，如粉末埋弧焊；改变坡口形状尺寸，如窄间隙埋弧焊；利用反面衬垫托住熔融金属进而使单面焊代替双面焊，如铜衬垫单面焊等。此外，还有冷丝和热丝填丝埋弧焊等。由于篇幅的限制，下面仅对常用的双丝埋弧焊、多丝埋弧焊、带极埋弧堆焊与粉末埋弧焊进行更详细的介绍。

3.2 双丝埋弧焊

3.2.1 双丝埋弧焊的种类与特点

1. 普通的双丝埋弧焊

双丝埋弧焊指同时使用两根焊丝来完成同一条焊缝的埋弧焊方法。该方法最早应用于1948年，具有生产率高、辅助时间少、焊缝质量高等优点。根据焊丝之间的相对排列方式及焊接电源数量的不同，双丝埋弧焊又可分为双丝双电源单弧埋弧焊、双丝双电源双弧埋弧焊、并联双丝单电源埋弧焊与串联双丝单电源埋弧焊等。下面分别对上述的几种方法进行介绍。

（1）双丝双电源单弧埋弧焊 根据实际经验，多电源埋弧焊的焊接电源只能采用直流与交流联用的方式，才能保证焊接过程的顺利进行。前丝由直流电源供电，后丝由交流电源供电，这样就避免了双电源均为直流电时产生严重的电弧磁偏吹现象。

双丝双电源单弧埋弧焊指的是两台电源（一台交流、一台直流）分别对某一焊丝进行供电，并且两根焊丝在一个熔池内燃烧。它的特点主要包括两个方面：①可获得尺寸较宽的焊缝，这对于装配不良的接头焊接或表面堆焊非常有利；②熔池体积大，焊后凝固时间长，冶金反应充分，不易产生气孔等焊接缺陷。

常用的双丝双电源单弧埋弧焊的焊丝呈纵列式，如图3-2所示。纵列式指两根焊丝沿焊接方向排列，并且两焊丝之间的距离为10~30mm，其中前丝控制熔深，后丝控制熔宽。

（2）双丝双电源双弧埋弧焊 双丝双电源双弧埋弧焊指的是两台电源（一台交流、一台直流）分别对某一焊丝进行供电，当两根焊丝相距较远（一般大于100mm）时，在焊接过程中形成两个熔池，如图3-3所示。此方法的电源可单独调整，无相互干扰问题，调整方便、简洁，尤其适合高效焊接。同时，后置电弧是作用于前置电弧已熔化而又部分凝固的焊道上，因此后置电弧必须可冲开前置电弧熔化但尚未完全凝固的熔渣层。双丝双电源双弧埋弧焊可通过前后焊丝分别设置不同的焊接电流与电压，可实现由前丝控制熔深，后丝控制熔宽的焊缝成形。

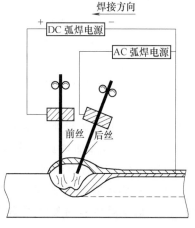

图3-2 纵列式双丝双电源单弧埋弧焊

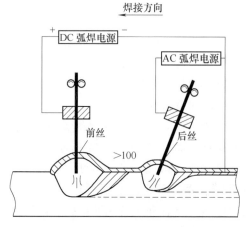

图3-3 双丝双电源双弧埋弧焊

（3）并联双丝单电源埋弧焊 并联双丝单电源埋弧焊指将两根焊丝并联于同一台电源的埋弧焊，如图3-4所示。

并联连接的每根焊丝可从各自的焊丝盘通过单一的焊接机头送出。同时，两根焊丝可按平行于焊接方向或垂直于焊接方向排列。当焊丝按垂直于焊接方向排列时，具有熔深浅和稀释率低等特点；当焊丝按平行于焊接方向排列时，具有焊接速度较快等特点。

另外，在焊接过程中，可通过选择直流或交流电源的方法获得不同尺寸的熔深。例如，采用直流正接法，可获得较浅的熔深；采用直流反接法，可获得较深的熔深；当采用交流电源时，由于电弧分散，可获得中等大小的熔深。

（4）串联双丝单电源埋弧焊 串联双丝单电源埋弧焊指两根焊丝串联于同一台电源的埋弧焊，如图3-5所示。

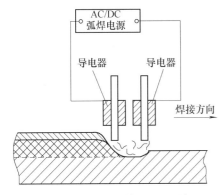

图3-4 并联双丝单电源埋弧焊

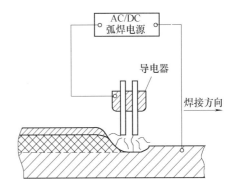

图3-5 串联双丝单电源埋弧焊

串联的焊丝既可通过各自的焊接机头送出，也可通过同一送丝机构送出两个同步的焊丝；每根焊丝分别连接于同一台电源的两个输出端。与并联双丝单弧埋弧焊相似，当两根焊丝按垂直于焊接方向布置时，由于具有熔深浅和稀释率低等特点，适用于表面堆焊；当两焊丝按平行于焊接方向布置时，可用于薄板的焊接。

2. 改进的双丝埋弧焊

为了进一步提高双丝焊的效率或改善双丝焊焊接接头的性能等，目前已经开发出了多种以双丝焊为基础，结合其他埋弧焊方法的工艺，如细双丝埋弧焊、双丝窄间隙埋弧焊与金属粉末双丝埋弧焊等。下面仅对它们进行简单的介绍。

（1）细双丝埋弧焊 对于单丝埋弧焊，当焊丝直径小于2.5mm时，称为细丝埋弧焊。它主要用于薄板的焊接，可获得较快的焊接速度（达200m/h）和光滑的焊缝表面。

细双丝埋弧焊是细丝埋弧焊与双丝埋弧焊的结合，也有人称之为细丝双弧埋弧焊。它具有以下优点。

1）能耗低，生产率高。由于双丝焊比单丝焊的能量利用率高得多，因此细双丝埋弧焊具有明显的节能效果；与单丝埋弧焊相比，生产率提高1倍，甚至更多。例如，用350A细双丝双弧埋弧焊代替粗单丝单弧埋弧焊时，生产率可提高65%以上。

2）裂纹倾向小。焊接碳含量高的母材金属或厚板都要进行预热，以减少产生裂纹倾向，细丝双弧埋弧焊比细直径单丝单弧埋弧焊裂纹倾向更小。碳质量分数为0.8%的钢在不预热的情况下可实现无裂纹焊接；厚度为50mm的14MnNbq钢在不预热的情况下也可实现无裂纹焊接。

3）接头力学性能高。当两根焊丝按纵列式排列且丝距约为 30mm 时，焊接过程的温度场具有温度场窄长、双峰热循环、熔池峰值温度低等特点，从而减少了过热程度与热影响区宽度。另外，前丝可视为焊前预热，而后丝可起到调整成分和后热的作用。上述均是细双丝埋弧焊使接头性能大大提高的原因。

4）焊接熔合比小。由于细双丝埋弧焊的每个电弧的电流值比粗丝焊接时小，其熔深变浅，而且熔敷金属量与熔化母材金属量之比要比单丝埋弧焊大得多，因此熔合比小。这为控制焊缝成分、减小焊接高碳钢和合金钢的裂纹倾向、改善焊缝性能创造了条件。

5）可通过焊丝渗合金来调整焊缝性能。对于并行排列的焊丝，可以用不同焊丝组合来进行焊丝渗合金，形成所需要的合金焊缝，既可提高焊缝的性能，还可大大提高劳动生产率。

（2）双丝窄间隙埋弧焊　当对厚度超过 20mm 的板进行埋弧焊时，通常采用 I 形坡口或接近 I 形的 V 形坡口，由于两板的间隙比较狭窄，这种方法称为窄间隙埋弧焊。双丝窄间隙埋弧焊是双丝焊与窄间隙埋弧焊的结合，它是一种具有焊缝性能高、残余变形小、生产率高、能耗低与焊缝成形美观等特点的焊接工艺技术，在厚壁压力容器的焊接中得到了越来越广泛的应用（见 3.2.3 节中的应用举例）。

（3）金属粉末双丝埋弧焊　在双丝埋弧焊过程中，可采用适当方法加入金属粉末，以便于进一步提高焊接效率，此种工艺称为金属粉末双丝埋弧焊。该方法会将在 3.5 节中进行更详细的介绍。

3.2.2　双丝埋弧焊的焊接工艺

双丝埋弧焊的焊接工艺有很多方面与单丝埋弧焊相似，如焊接衬垫、引弧板与引出板的设置、焊道顺序的排列等，可参考有关单丝埋弧焊焊接工艺的相关资料。

1. 焊前准备

（1）坡口形式　双丝焊的坡口形式及尺寸可参考 GB/T 985.2—2008《埋弧焊的推荐坡口》。对于粗焊丝的双丝焊，当钢板的厚度小于 22mm 时可不开坡口。当焊件开 V 形坡口时，钝边尺寸最大可至 10mm，坡口角度为 60°，间隙最大可到 0.5mm。

（2）焊前清理　在焊接前，坡口及其附近区域（两侧约 20mm 的范围内）的氧化物、油污、锈蚀、水分等必须清除干净，可以手动清除（如用钢丝刷、手提砂轮等），也可以机械清除（如用喷砂、喷丸、气体火焰烘烤等）。

（3）组装与定位焊　埋弧焊的组装状况对焊缝质量有非常大的影响。双丝焊对接接头的间隙要尽量小，最大值约为 0.5mm。

定位焊指为组装和固定焊件接头的位置而进行的焊接。通常可用 CO_2 气体保护焊或焊条电弧焊来完成。定位焊的位置一般在第一道埋弧焊缝的背面，并且定位焊的焊缝长度与间距可随实际情况或板厚来确定。焊缝长度通常为 30~50mm，间距为 300~500mm。

其他诸如焊剂的烘干、焊丝的缠绕、焊接衬垫等在此不多做介绍。

2. 操作技术

（1）焊前的焊丝定位　双丝焊的焊丝相对于焊件保持正确的位置非常重要。位置参数除焊丝中心线与焊缝中心线的相对位置、焊丝相对于焊件平面的倾斜角与焊丝相对于焊接方向的倾斜角，还包括焊丝间距与焊丝倾斜角。例如，对于纵列式焊丝排列的埋弧焊，前丝可采用直流反接，并且垂直于钢板；后丝可采用交流电，并且向后倾斜15°~20°；对接焊时两焊丝的间距可取为30mm，如图3-6所示。焊丝间距与焊丝倾角可适当改变，以获取不同的熔深与焊缝外形。

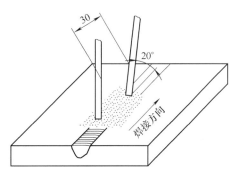

图3-6　双丝焊的焊丝摆放

（2）引弧与收弧技术　埋弧焊的引弧方法有多种，较常用的方法包括钢绒球引弧法、尖焊丝端引弧法、刮擦引弧法和焊丝回抽法等。对于上述方法的具体操作过程，这里不做具体介绍。

对于纵列式双丝焊，引弧过程不是两焊丝同时进行的。通常是前丝先引弧，后丝在前丝形成的尚未凝固的熔池表面引弧，其后丝引弧的具体时间根据实际情况来定，如焊丝的移动速度等。

双丝焊的收弧也是比较重要的，因为不正确的收弧操作会引起夹渣、边缘未焊合、裂纹等缺陷。纵列式双丝埋弧焊的收弧过程为前丝收弧结束后，后丝到达前丝的收弧位置时再收弧。同时，在收弧过程中，可视实际情况在必要时对弧坑进行填补。

其他操作技术，如电弧长度的控制、引弧板与引出板的设置、焊道顺序的排列等问题，在此不再赘述。

3. 焊接参数

埋弧焊的焊接参数主要包括焊丝直径、焊接电流、电弧电压、焊接速度等。下面以对接焊缝、船形角焊缝与平角焊缝为例说明双丝埋弧焊焊接参数的选择。

（1）V形坡口对接双丝单面埋弧焊焊接参数　V形坡口对接双丝单面埋弧焊如图3-7所示，其焊接参数见表3-1。双丝焊多用于厚板对接，焊丝直径一般选择为5mm。在焊接过程中，前丝的焊丝电流大于后丝，可获得较深的熔深；后丝的电弧电压高于前丝，可获得较宽的焊缝宽度，而且焊缝成形良好。

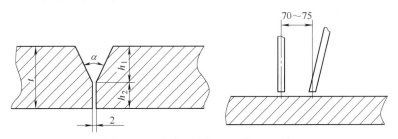

图3-7　V形坡口对接双丝单面埋弧焊

表3-1　V形坡口对接双丝单面埋弧焊的焊接参数

板厚 t /mm	坡口尺寸			焊接电流/A		电弧电压/V		焊接速度 /(m/h)
	h_1/mm	h_2/mm	α/(°)	前丝	后丝	前丝	后丝	
20	8	12	80~85	1300~1400	800~900	31~32	44~45	35~36
25	10	15	80~85	1400~1600	900~1000	31~32	44~45	35~36
32	16	16	70~75	1700~1800	1000~1100	32~33	44~45	30~31
35	17	18	70~75	1700~1800	1000~1100	32~33	44~45	25~26

（2）船形角焊缝双丝埋弧焊焊接参数 船形角焊缝双丝埋弧焊如图 3-8 所示，其焊接参数见表 3-2。在焊接过程中，前丝直流反接，后丝以交流供电；前后丝的间距约为 25mm；两焊丝不在同一直线上，略有偏离，以获得较大的焊脚及良好的焊缝成形；前丝的焊接电流略大于后丝，以保证焊透；随着焊脚的增大，焊接速度变小，以保证焊缝的成形。

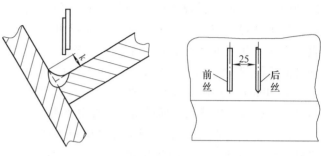

图 3-8　船形角焊缝双丝埋弧焊

表 3-2　船形角焊缝双丝埋弧焊的焊接参数

焊脚 k/mm	焊丝直径/mm		焊接电流/A		电弧电压/V		焊接速度 /（m/h）
	前丝	后丝	前丝	后丝	前丝	后丝	
6	5.0	4.0	700~730	530~550	32~35	32~35	90~92
8	5.0	5.0	780~820	640~660	35~37	35~37	70~72
10	5.0	5.0	780~820	700~740	34~36	38~42	55~57
13	5.0	5.0	900~1000	840~860	36~40	38~42	40~42
16	5.0	5.0	980~1100	880~920	36~40	38~42	27~28
19	5.0	5.0	980~1100	880~920	36~40	38~42	20~21

（3）平角角焊缝双丝埋弧焊焊接参数 平角角焊缝双丝埋弧焊如图 3-9 所示，其焊接参数见表 3-3。在焊接过程中，前后丝的间距较大，约为 115mm，使焊缝成形良好；前丝直流反接，后丝以交流供电；前丝的电弧偏向于水平板，后丝的电弧则偏向于垂直板，以防止在垂直板上产生咬边与焊缝下塌等缺陷；前丝电流大于后丝，后丝电弧电压不小于前丝。

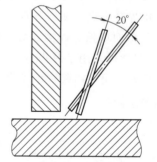
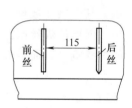

图 3-9　平角角焊缝双丝埋弧焊

表 3-3　平角角焊缝双丝埋弧焊的焊接参数

焊脚 k/mm	焊丝直径/mm		焊接电流/A		电弧电压/V		焊接速度/（m/h）
	前丝	后丝	前丝	后丝	前丝	后丝	
6	4.0	3.2	480~520	380~420	28~30	32~35	60~61
8	4.0	3.2	620~660	480~520	32~34	32~34	48~50
10	4.0	3.2	640~680	480~520	32~34	32~34	39~40

3.2.3　双丝埋弧焊的应用举例

在对双丝埋弧焊实例的介绍过程中，着重点落于焊接工艺方面，而对于焊前准备、操作技术、焊后热处理等只进行简单说明或忽略。

1. Q355C 钢板双丝埋弧焊实例

材质为 Q355C（16Mn）、厚度为 25mm 的某钢结构中的平面拼板结构是由四块板并列拼接而成，有三条对接焊缝。采用双丝埋弧焊进行两面焊。焊接材料采用 SU34（H10Mn2）焊丝和 SJ102 焊剂。

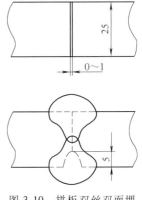

图 3-10 拼板双丝双面埋
弧焊的坡口及焊缝形式

拼板双丝双面埋弧焊的坡口及焊缝形式如图 3-10 所示。不开坡口的 I 形对接板的间隙为 0～1mm，正面采用无衬垫双丝埋弧焊，焊后反面抠槽 5mm，然后进行反面的双丝埋弧焊。

焊接步骤如下：

1）清理坡口及其两侧 20mm 范围内的污物及杂质等。

2）用 E5015（J507）4mm 焊条进行定位焊，焊缝长度控制在 50～60mm，间距控制在 200～300mm，同时焊上引弧板与收弧板。

3）双丝的间距选为 30mm，前丝为直流反接，垂直于焊板；后丝为交流，后倾 20°。

4）利用同样的焊接工艺焊接钢板正面的三条焊缝。当进行钢板的正面焊时，前丝电流较大（1300A），以保证熔深达板厚的一半以上；后丝电弧电压高达 44V，以保证正面焊缝有较大的熔宽。对接 Q355C（16Mn）钢板的双丝埋弧焊的焊接参数见表 3-4。

5）将焊件翻身，在反面进行刨槽深约为 5mm 的碳刨清根操作，然后进行打磨。

6）利用表 3-4 中的焊接参数焊接钢板反面的三条焊缝。

表 3-4　对接 Q355C（16Mn）钢板双丝埋弧焊的焊接参数

焊缝顺序	焊丝直径/mm		焊接电流/A		电弧电压/V		焊接速度/(m/h)
	前丝	后丝	前丝	后丝	前丝	后丝	
正面	5	5	1300	800	38	44	35
反面	5	5	1300	800	44	45	34

2. 建筑用钢的双丝双弧埋弧焊实例

随着大跨度场馆钢结构和高层、超高层建筑钢结构的不断增加，高效焊接方法，如双丝双弧埋弧焊等已经逐步被引入建筑钢结构的领域中。表 3-5 列出了多种较高级的建筑用钢板材料及相应的焊接材料。

表 3-5　建筑用钢板材料及相应的焊接材料

钢板材料	板厚/mm	焊丝型号/牌号	焊剂牌号	钢板材料	板厚/mm	焊丝型号/牌号	焊剂牌号
Q345GJD	70	SU34/H10Mn2	SJ101	Q420D/Z25	75	SUM31/H08Mn2Mo	SJ101
Q390D	70	SU34/H10Mn2	SJ101				

坡口形式选择为 X 形，如图 3-11 所示。焊丝直径均为 4.8mm，伸出长度为 30mm，均无倾角；不同材料采取不同的焊接参数，见表 3-6。

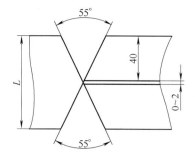

图 3-11　建筑用钢焊接所选择
的坡口形式与尺寸

表 3-6　建筑用钢板材料双丝埋弧焊的焊接参数

钢板材料	焊接电流/A		电弧电压/V		焊丝间距/mm	焊接速度/(m/h)
	前丝	后丝	前丝	后丝		
Q345GJD	600~720	680~800	32~35	34~40	<20	32~110
Q390D	600~720	680~790	33~35	34~37	<20	50~78
Q420D/Z25	409~625	454~600	27~30	33~36	28	38~44

3. 厚壁容器双丝窄间隙埋弧焊实例

对厚度为 60mm 的 Q345R 钢材利用双丝窄间隙埋弧焊方法进行焊接，焊丝选择为 H09MnSH，焊剂为 PF-200（日本神户制钢的牌号）。结合环缝的焊接特点，设计坡口为变形的 X 形坡口，坡口的间隙宽度为 20~24mm，坡口角度为 2°~3°，如图 3-12 所示。

对坡口底部的第一条焊道利用单丝埋弧焊的方法完成，相应的焊接参数见表 3-7。其他焊缝用双丝埋弧焊来完成。在焊接过程中，前丝直流供电，并且向焊接方向的后方倾斜，指向坡口一侧的侧壁（与侧壁相距为 3.5~4mm）；后丝交流供电，并且垂直向下，与坡口一侧的侧壁相距为 6~8mm；两焊丝在伸长量为 35mm 的情况下，间距为 10~12mm。其焊接参数见表 3-7。

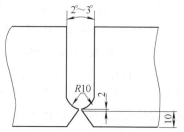

图 3-12　厚壁容器焊接所选择
的坡口形式与尺寸

表 3-7　Q345R 钢环缝的单丝与双丝埋弧焊焊接参数

层数	焊丝直径/mm		焊接电流/A		电弧电压/V		焊接速度/(m/h)
	前丝	后丝	前丝	后丝	前丝	后丝	
1（单丝）	3.2	—	400~430	—	30~32	—	28
其余层（双丝）	3.2	3.2	380~400	400~420	30~32	30~33	34

3.3　多丝埋弧焊

3.3.1　多丝埋弧焊的定义与特点

通常意义上讲，多丝埋弧焊指同时使用两根以上焊丝完成一条焊缝的埋弧焊方法。在这里，为了与双丝埋弧焊相区别，对于多丝埋弧焊，焊丝数量至少为三根，而三丝弧焊的应用最为广泛。

对于多丝焊，可以把焊接所需的能量分配到不同的焊丝上，因此使用较细的焊丝、较小的电流及较快的速度就可实现焊道的一次性完成。另外，相邻焊丝之间可视为前丝的预热及后丝的后热。因此，多丝焊不仅使焊接生产率大幅度提高，还能提高焊缝的质量。同时，在多丝焊过程中，通过调节焊丝之间的排列方式、焊丝间距、焊丝倾角与电弧功率等，可获得所需的焊缝形状与尺寸，这也是多丝埋弧焊的特色之一。

与双丝埋弧焊类似，多丝埋弧焊根据电源的数量与焊丝的排列方式等也可分成多电源纵列式多丝埋弧焊与单电源并联多丝埋弧焊等。对于多电源纵列式多丝埋弧焊，尽管焊丝的布置方法有很多，但实际上每种布置方法可看成多个单丝埋弧焊装置的组合；对于单电源并联多丝埋弧焊，它可被视为单电源并联双丝埋弧焊的推广，只不过焊丝数量从两个改为多个而已，在此不再赘述。

3.3.2　多丝埋弧焊的焊接参数

多电源多丝埋弧焊的电源只能采取直流与交流联用。一般来说，前丝由直流供电，而后丝与中丝由交流供电，只不过交流焊丝越多，电弧间磁干扰的消除越困难。在一些特殊场合，全部焊丝可均由交流供电，如管道内环缝的焊接等。

多丝焊的焊丝可分别加以不同的电源形式、焊接电流、电弧电压与焊丝倾角等，以使其具有不同的作用。对于三丝焊，前丝通常垂直于钢板或向前倾斜，并且选用大的焊接电流和较小的电压，以达到获得较大熔深的目的；后丝通常向后倾斜，选用小的焊接电流与较大的电压，以形成光滑的焊缝表面；中丝可垂直于钢板或向前倾斜，并且焊接参数选为前、后丝之间，起到进一步增加熔深与改善焊道成形的作用，如图3-13所示。

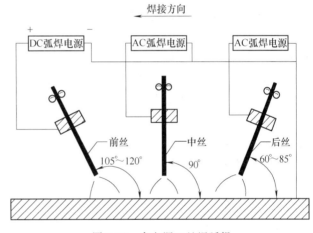

图3-13　多电源三丝埋弧焊

下面以对接焊缝与角焊缝为例给出工业上常用的三丝埋弧焊典型焊接参数，见表3-8和表3-9。

表3-8　热固化焊剂铜衬垫 V 形坡口对接三丝埋弧焊的焊接参数

板厚/mm	坡口尺寸		焊丝间距/mm	焊丝位置	焊丝直径/mm	焊接电流/A	电弧电压/V	焊接速度/(m/h)
	倾角/(°)	钝边/mm						
20	80~85	9~10	50~55	前	5	2100~2200	30~31	65~66
	80~85	9~10	110~115	中	5	1200~1300	39~40	
	80~85	9~10	—	后	5	900~1000	44~45	
32	50~55	9~10	35~40	前	5	1200~1250	34~35	25~26
	50~55	9~10	110~115	中	5	1150~1180	41~42	
	50~55	9~10	—	后	6.5	1120~1150	47~48	
40	50~55	50~55	35~40	前	5	1350~1400	34~35	20~21
	50~55	50~55	110~115	中	5	1150~1200	44~45	
	50~55	50~55	—	后	6.5	1300~1340	50~51	

表 3-9　平角角焊缝三丝埋弧焊的焊接参数

焊脚/mm	焊丝位置	焊丝直径/mm	焊接电流/A	电弧电压/V	焊接速度/(m/h)
8	前	4.0	580~620	28~30	60~61
	中	3.2	530~560	32~34	
	后	5.0	340~360	27~29	
10	前	4.0	640~660	28~30	51~52
	中	3.2	540~560	32~34	
	后	5.0	340~360	27~29	

3.3.3　多丝埋弧焊的应用举例

在对多丝埋弧焊的实例介绍过程中，着重点落于焊接工艺方面，而对于焊前准备、操作技术、焊后热处理等只进行简单说明或忽略。

1. Q345GJC 钢三丝埋弧焊实例

随着三丝埋弧焊技术的成熟，三丝埋弧焊开始用于焊接厚板低合金钢（Q345 钢及以上级别钢种）构件，改变了以往主要使用单丝与双丝埋弧焊的情况，这使得在保证焊缝质量的同时，生产率得以成倍地提高。采用纵列式三丝埋弧焊与单、双丝埋弧焊相结合的焊接工艺，对尺寸为 800mm×250mm×75mm 的 Q345GJC 钢进行连接，焊丝材料为 H10Mn2-BG，焊丝直径为 4.8mm，焊剂为 SJ101。

三丝的电源类型为前丝（DC）+ 中丝（AC）+后丝（AC）；前丝与中丝、中丝与后丝的间距均为 12mm；各丝与试板平面的夹角依次为 90°、90° 与 80°。Q345GJC 钢单丝、双丝、三丝埋弧焊对接接头的坡口形式与焊缝道次分布如图 3-14 所示。其中，1~7 道为单丝焊，焊接高度为 15mm；8~11 道为双丝焊，焊接高度为 15mm；12~21 道为三丝焊，焊接高度为 37mm；22~25 道为双丝焊，焊接高度为 8mm。其焊接参数见表 3-10。

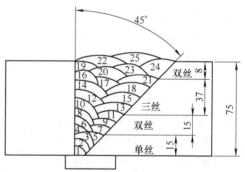

图 3-14　Q345GJC 钢埋弧焊对接接头的坡口形式与焊缝道次分布

表 3-10　Q345GJC 钢埋弧焊的焊接参数

焊道	焊接方法		焊接电流/A	电弧电压/V	焊接速度/(m/h)
1~7	单丝	—	650	32	27
8~11	双丝	前丝	700	32	33.6
		后丝	750	38	
12~21	三丝	前丝	750	32	39.6
		中丝	750	40	
		后丝	700	38	
22~25	双丝	前丝	700	32	34.8
		后丝	750	40	

2. 厚壁直缝钢管五丝埋弧焊实例

在厚壁直缝埋弧焊的生产过程中，五丝埋弧焊一直是焊接工艺研究的热点，目前世界上只有少数国家掌握了这种先进的生产技术。利用四丝加五丝埋弧焊对材质为 X52 的钢管进行了焊接，钢管的直径为 1219mm，壁厚为 22.2mm。所用的焊丝材料为 SU08E（H08C）与 SU34（H10Mn2），焊剂为 SJ101。

坡口形式采用 X 形，如图 3-15 所示。四丝的电源类型为 1 丝（DC）＋其余 3 丝（AC），五丝的电源类型为 1 丝（DC）＋其余 4 丝（AC）。对于五丝埋弧焊，焊丝倾角分别为：1 丝为 10°~20°，2 丝为 0°~10°，3 丝为 5°~15°，4 丝为 18°~28°，5 丝为 30°~40°。焊丝间距可按如下方法进行设置：1~4 丝间距相等，4~5 丝间距增大，间距以 15~30mm 为宜。焊丝的伸出长度一般为焊丝直径的 9~11 倍。

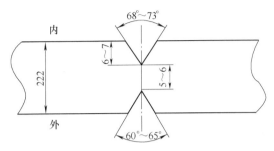

图 3-15　坡口形式与尺寸

内缝采用四丝埋弧焊，外缝采用五丝埋弧焊，其焊接参数见表 3-11。

表 3-11　X52 厚壁钢管多丝埋弧焊的焊接参数

焊接位置	焊丝			焊接电流/A	电弧电压/V	焊接速度/(m/h)
	位置	牌号	直径/mm			
内缝	1 丝	H08C	4.8	1200	33	105
	2 丝	H08C	4.8	1000	36	
	3 丝	H10Mn2	4.0	800	38	
	4 丝	H10Mn2	4.0	680	40	
外缝	1 丝	H08C	4.8	1200	33	105
	2 丝	H08C	4.8	1020	35	
	3 丝	H08C	4.0	820	36	
	4 丝	H10Mn2	4.0	720	38	
	5 丝	H10Mn2	4.0	650	40	

3.4　带极埋弧堆焊

3.4.1　带极埋弧堆焊的原理与特点

1. 工作原理

在实际生产过程中，为了恢复机械零件的外形与尺寸，或者使零件表面具有特殊的性质，常常在零件表面或边缘熔敷一层耐磨、耐蚀、耐热等性能的金属层，这种焊接工艺称为堆焊。堆焊的方法有很多，如冷焊堆焊、埋弧堆焊、等离子弧堆焊、熔化极气体保护电弧堆焊。其中，埋弧堆焊是较佳的适于大型零件焊接的工艺方法。

按所选用的电极形式，埋弧堆焊可分为单丝埋弧堆焊、多丝埋弧堆焊与带极埋弧堆焊。

单丝埋弧堆焊的工作原理与传统的单丝埋弧焊相同，在焊接过程中利用普通的单丝埋弧焊机将焊丝熔敷在焊件表面。它通常用于小面积的堆焊，或者用与母材金属成分相近的堆焊金属来堆焊焊件。为了提高生产率，以单丝埋弧堆焊为基础，发展出了多丝埋弧堆焊，而带极埋弧堆焊是以多丝埋弧堆焊为基础发展起来的，其工作原理如图3-16所示。由于其工作原理与埋弧焊相近（见3.1节），在此不再赘述。

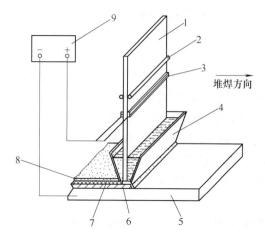

图3-16　带极埋弧堆焊的工作原理
1—带极　2—传动辊子　3—导电器　4—焊剂输
送装置　5—焊件　6—堆焊层　7—焊渣壳
8—焊剂　9—DC弧焊电源

2．优点

带极埋弧堆焊是目前大面积堆焊中应用最广的堆焊方法，它的特点如下。

1）焊道宽度大。带极端同时有两个或两个以上的电弧燃烧，当电弧在相互吸引力的作用下向带极中央移动并合并成单个电弧时，在电极端面离焊件表面最近点又燃烧多个电弧。这相当于电弧来回漂移，近似于焊丝的摆动，使焊道变宽。

2）稀释率低、熔敷效率高。由于焊道的变宽，使得焊接能量分散，致使作用在母材金属单位体积上的热量少，因此带极埋弧堆焊的熔深浅，熔合比小，熔敷效率高。

3）焊接电流大。对于丝极埋弧堆焊，焊接电流的增加会使熔深增加而焊缝变窄，容易产生裂纹；对于带极埋弧堆焊，由于作用在焊道表面的热量分散，使得焊道宽度与熔深的比值增大，增强了焊缝的抗裂纹能力，故与丝极埋弧堆焊相比，带极埋弧堆焊可使用更大的焊接电流。

4）焊道形状与熔深可控。带极埋弧堆焊熔融金属的流动方向垂直于带极宽度方向，因此带极偏转一定的角度，就可使焊缝移位。用此法即可控制焊道形状与熔深。

5）堆焊层表面光滑、平整，成形美观。

6）适用于大面积堆焊。

3．缺点

尽管存在诸多优点，但常规的带极埋弧堆焊还存在如下一些不足。

1）相邻焊道搭接处往往形成咬边与夹渣。

2）当堆焊参数波动过大时，焊缝边缘成形恶化，脱渣性变差。

3）带极宽度不能太大。随着带极宽度的增加，熔渣气腔扩大，限制了电弧的漂移，使堆焊质量难以保证。

4）焊接速度不能过快，否则会造成焊道外形恶化、边缘成形不良或母材金属稀释率提高。

5）带极埋弧堆焊不适合小面积的堆焊。当堆焊面积较小时，可用其他堆焊方法，如单丝埋弧堆焊等施焊。

4．改进的带极埋弧堆焊

为了克服上述不足，或者为了进一步提高带极埋弧堆焊的熔敷效率与生产率等，以带极埋弧堆焊为基础，发展出了诸多的堆焊方法。下面仅对部分常用的焊接工艺方法进行简单介绍。

1）丝极与带极组合的埋弧堆焊。当进行堆焊时，在带极的一侧且离带极一定的距离送进焊丝，带极与焊丝之间的距离根据堆焊参数确定。此方法可解决带极埋弧堆焊时产生的相邻焊道搭接处形成的咬边与夹渣等缺陷。

2）成形带极埋弧堆焊。成形带极堆焊与传统带极堆焊之间的区别如下：传统带极堆焊的带极为直线形，而成形带极堆焊的带极为曲线形状（如半圆形等）。当带极形状为半圆形时，成形带极堆焊不仅可以扩大最佳堆焊速度的范围，还可以保证成形良好的焊道边缘；当带极形状为折边形时，带极堆焊可防止相邻堆焊层熔接处形成夹渣。

3）加填充钢带的带极埋弧堆焊。在堆焊过程中，通过特种机构将钢带送入焊接区域。这样，带极与填充钢带在电弧的作用下同时熔化。这种方法可进一步提高熔敷效率，降低母材金属的熔透程度。

4）添加金属粉末的带极埋弧堆焊。在堆焊过程中，将颗粒状金属粉末通过特定机构添加在焊剂前方，并且铺撒在待堆焊的母材金属表面。在电弧的作用下，添加的金属粉末与带极同时熔化并共同形成金属熔池。这种方法可进一步加强堆焊层的表面性质，如耐磨性等。

5）摆动带极埋弧堆焊。在堆焊过程中，带极除沿堆焊方向进行移动，还沿与堆焊方向垂直或成一定角度进行摆动。此方法的主要优点是改善了焊接热循环，母材金属熔深浅，堆焊效率大大提高。例如，当带极以 $0.4 \sim 2.2 \mathrm{cm/s}$ 的较高速度摆动时，在一次行程内可完成宽度达 400mm 的堆焊层。

6）分列多带极宽层堆焊。此方法主要是向焊接熔池送入多条窄的带极。在实际生产过程中，常用的方法之一是在焊接过程中，当宽的带极通过焊接机头的送入并接近焊件表面时，通过特定的分割带极机构将其分割成多条窄带极，带极的切割与带极的送入是同时进行的。此方法在一次行程内可堆焊的宽度达 $150 \sim 200 \mathrm{mm}$，堆焊效率高，堆焊层质量好。

7）磁控的宽带极埋弧堆焊。当采用宽带极（>100mm）埋弧堆焊时，由于电弧沿电极端面漂移速度减慢，磁偏吹的有害影响加剧，从而限制了宽带极的应用。磁控的宽带极埋弧堆焊利用加外磁场的作用来降低直流带极埋弧堆焊时的磁偏吹，从而保证了宽带极埋弧堆焊焊缝的良好成形。这种焊接工艺可使带极埋弧堆焊的带极宽度增加到 180mm。

8）烧结的带极埋弧堆焊。与传统的带极埋弧堆焊相比，这种焊接工艺的带极是采用粉末烧结法制成的。烧结制造的带极由于具有多孔性而使电阻增加。当电流通过时，由于热量的增加使带极的温度升高，进而提高了堆焊的效率。

9）药芯带极埋弧堆焊。与传统的带极埋弧堆焊相比，这种焊接工艺的带极有药芯。药芯带极有无缝药芯带极与有缝药芯带极两种。药芯带极埋弧堆焊能显著提高熔敷效率和合金填充率。

3.4.2　带极埋弧堆焊的焊接参数

有关带极埋弧堆焊的焊前准备（焊件表面的清理、焊剂的烘干等）、堆焊层的焊后加工及热处理、堆焊的操作技术等这里不做介绍，可参考相关资料。这里主要介绍带极埋弧堆焊的焊接参数选择方法。

带极埋弧堆焊的焊接参数主要有带极尺寸、焊接电流、电弧电压、焊接速度、带极的伸出长度、焊剂层的厚度等。

（1）带极尺寸 堆焊时常用的带极厚度一般为 0.1~1.0mm，宽度为 25~80mm。

（2）焊接电流 焊接电流一般为直流反接，主要由带极的宽度来决定，电流过高时熔深增加，电流过小时则会发生未焊透等缺陷。一般来说，最小的焊接电流 I_{min}（单位为 A）与带极宽度 $b_带$（单位为 mm）的关系为 $I_{min} = （10~12）b_带$。

（3）电弧电压 电弧电压对堆焊焊道的表面形状与光滑程度有非常大的影响。最合适的电弧电压主要取决于带极的材料和焊剂的类型。碳素钢的电弧电压范围为 28~31V；耐蚀合金的电弧电压范围为 26~32V；耐磨合金的电弧电压范围为 32~35V。

（4）焊接速度 堆焊焊接速度对焊道的形状有一定的影响，它主要取决于带极的参数、带极材料、焊剂材料和焊件的形状等。对于宽度为 20~50mm 的带极，堆焊焊接速度的可选范围为 0.15~0.55cm/s。

（5）带极的伸出长度 带极的伸出长度对带极加热、带极熔敷效率及焊道成形均有一定的影响。对于各种材料和规格的带极，适用的伸出长度为 20~35mm，而最常用的伸出长度为 25~30mm。

（6）焊剂层的厚度 焊剂层的厚度对堆焊过程的稳定性及焊道的成形有一定的影响。堆焊开始时的焊剂层厚度可取为 30~35mm；正常焊接时厚度为略为减小，只要保证不露弧光即可。

总之，应根据焊件堆焊的具体要求来选择合理的焊接参数，并尽量从减小熔深的角度出发，可采取如下措施：提高电弧电压、减小焊接电流、降低焊接速度、采用下坡焊、使带极后倾等。这些措施均能使熔深变浅，熔合比减小，稀释率减小，从而提高堆焊层金属的性能。

3.4.3 带极埋弧堆焊的应用举例

在对带极埋弧堆焊应用实例的介绍过程中，着重点落于焊接工艺方面，而对于焊前准备、操作技术、焊后热处理等只进行简单说明或忽略。

1. A508-Ⅲ钢带极埋弧堆焊实例

A508-Ⅲ钢为核容器用钢，用于制造核电站的稳压器壳体。为了提高稳压器的耐蚀性，需在稳压器壳体表面堆焊奥氏体不锈钢。采用带极埋弧堆焊方法对 A508-Ⅲ钢进行表面处理。带极材料：过渡区为 D309L，表层为 D308L，焊剂为 SHD-202 烧结型电渣焊剂。

在焊接过程中，第一层为过渡层，第二层与第三层为表面层；焊前预热至 150℃，层间与焊道间温度不高于 150℃。其焊接参数见表 3-12。

表 3-12 A508-Ⅲ钢带极埋弧堆焊的焊接参数

焊层	带极材料	带极尺寸/mm（宽×厚）	焊接电流/A	电弧电压/V	焊接速度/(cm/min)	伸出长度/mm	搭接量/mm
1	D309L	30×0.5	750~800	24~27	9~10	30~40	5~10
2、3	D308L	30×0.5	750~800	24~27	9~10	30~40	5~10

2. 300MW 电站锅炉高压加热器管板带极埋弧堆焊实例

300MW 电站锅炉高压加热器由 20 钢或 15Mo3 钢管束组成，管板采用大厚度的 20MnMo

锻件。在 20MnMo 管板上需利用带极埋弧堆焊方法堆焊超过 10mm 厚超低碳钢层。带极采用 60mm×0.5mm 的 DT4A 型超低碳钢材料，焊剂为 HJ350。

堆焊时，焊件呈 2°~3° 的横向倾斜；共堆焊三层，上、下层堆焊的焊道交错成 90°。每层焊缝堆焊前，清理前道焊缝上的熔渣，并用砂轮将焊缝边缘磨成平缓过渡。焊接电源采用直流反接，其焊接参数见表 3-13。

表 3-13　20MnMo 钢带极埋弧堆焊的焊接参数

焊层	焊接电流/A	电弧电压/V	焊接速度/(cm/min)	伸出长度/mm	搭接量/mm
1	750~800	28~30	8~9	25~30	10~12
2、3	750~800	28~30	9~10	25~30	10~12

3. 水轮发电机顶盖不锈钢带极埋弧堆焊实例

在水轮发电机组中，由于顶盖特殊的要求，需在顶盖表面堆焊不锈钢，以提高表面的耐磨性与耐蚀性。利用带极埋弧堆焊的方法，在材料为 ZG20SiMn 钢的表面进行堆焊，试板尺寸为 300mm×150mm×40mm；带极为 H134 型，规格尺寸为 50mm×0.4mm，焊剂为 SJ315。

堆焊厚度约 10mm，共分三层进行堆焊。第一层为过渡层，第二层与第三层为表面层。在堆焊过渡层时，焊前预热至 100℃；由于预热会增加腐蚀倾向，从而在堆焊表面层时不进行预热且焊道间温度不高于 100℃。焊接电源采用直流反接，其焊接参数见表 3-14。

表 3-14　ZG20SiMn 钢带极埋弧堆焊的焊接参数

材料	带极		焊接电流/A	电弧电压/V	焊接速度/(cm/min)	伸出长度/mm	搭接量/mm
	规格尺寸/mm（宽×厚）						
H134	50×0.4		800~850	25~30	19~22	35	5~9

4. Q235F 钢的加粉带极埋弧堆焊实例

加粉带极埋弧堆焊是在传统带极埋弧堆焊的基础上发展起来的，其工作原理如图 3-17 所示。利用加粉带极埋弧焊对 Q235F 钢进行表面堆焊，带极材料为 08 钢，规格尺寸为 60mm×0.5mm；合金粉末的成分（质量分数，%）为：C8.4、Cr56.7、Mn7.89、Si2.86、Fe 余量。

焊接电源采用直流反接，其焊接参数见表 3-15。

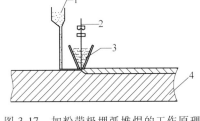

图 3-17　加粉带极埋弧堆焊的工作原理
1—合金粉末　2—带极　3—焊剂　4—焊件

表 3-15　Q235F 钢加粉带极埋弧堆焊的焊接参数

材料	带极		加粉量/(g/cm)	焊接电流/A	电弧电压/V	焊接速度/(cm/min)
	规格尺寸/mm（宽×厚）					
08 钢	60×0.5		7	750	35.5	19

5. 水泥挤压辊药芯带极埋弧焊实例

矿山、冶金及建材等部门的机械设备中有许多部件为磨损件，如承受热疲劳的连铸辊、承受高应力磨粒磨损的水泥挤压机辊等。这些部件的磨损表面采用药芯带极埋弧堆焊具有高效、优质的特点。采用无缝药芯带极埋弧焊对 35CrMo 调质钢辊表面进行堆焊。水泥挤压辊的结构外形与尺寸如图 3-18 所示。其堆焊用药芯带极与焊剂见表 3-16。

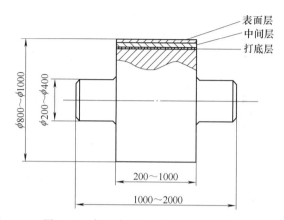

图 3-18　水泥挤压辊的结构外形与尺寸

表 3-16　水泥挤压辊堆焊用药芯带极与焊剂

堆焊层次	无缝药芯带极		焊　剂	
	型号	规格尺寸/mm（宽×厚）	型号	种类
打底层	L1	20×1	JL	熔炼
中间层	L2	20×1	JL	熔炼
表面层	B2	30×1	JB	熔炼

堆焊层共分三层，即打底层、中间层与表面层。焊接电源类型为直流，其堆焊焊接参数见表 3-17。

表 3-17　35CrMo 钢药芯带极埋弧堆焊的焊接参数

层　　次	带极型号	焊接电流/A	电弧电压/V	焊接速度/(cm/min)
打底层	L1	500	30	20
中间层	L2	500	30	20
表面层	B2	550	30	20

3.5　粉末埋弧焊

3.5.1　粉末埋弧焊的定义与特点

1. 定义

对于传统的埋弧焊来说，只有少部分电弧能量用来熔化填充的焊丝，而 80%～90% 的能量用于熔化焊剂与母材金属。因此，在埋弧焊过程中，可采用在坡口中预先铺放一些金属粉末（如铁粉末或碎焊丝等），或者使金属粉末在焊接过程中吸附在焊丝上等方法，使过剩的电弧热量用于熔化附加的金属粉末，此熔敷金属可作为焊缝金属的一部分，以起到增加熔敷效率与提高生产率的作用，这种工艺方法即为粉末埋弧焊。这种焊接方法很适合表面堆焊和厚壁坡口焊缝的填充层焊接。

2．特点

与传统的埋弧焊相比，粉末埋弧焊具有如下的特点。

1）由于金属粉末的熔化需要一定的能量，因此电弧的热利率高，熔合比小，可使焊缝的形状参数得以改善。

2）焊接过程中的熔敷效率高，焊接速度快，使生产率大大提高。

3）合理的金属粉末送入方式，可减少焊剂的消耗量。

4）金属粉末中可加入有益的合金元素（如镍、钼等），使焊缝的性能得到改善。

5）焊接热效率的提高使得接头的热影响区减小，改善了焊接接头的韧性。

3．粉末的加入

与传统的埋弧焊的相比，粉末埋弧焊只是增加了金属粉末的送入，而附加金属粉末的送入方法有很多，下面仅对其中的三种进行介绍。其中的第三种方法主要适用于添加粉末的双丝或多丝埋弧焊。

1）粉末的预先敷设。在焊剂输送管前方配置一个金属粉末输送管，在埋弧焊过程中，金属粉末通过粉末输送管直接敷设在焊剂层前方的坡口表面，如图 3-19 所示。这种方法的优点是设计简单，缺点是送入焊接区的金属粉末量难以精确计算，熔敷效率较低。

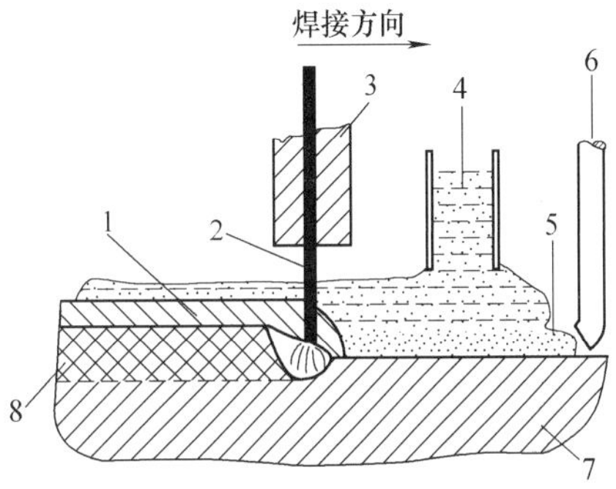

2）粉末的焊丝吸附。金属粉末输送管位于焊剂输送管之后，金属粉末通过金属粉末输送管被送到焊丝周围；金属粉末在由供电焊丝产生磁力的作用下被吸附于焊丝表面，进而被送入熔池，如图 3-20 所示。在焊接过程中，金属粉末在电弧周围熔化，焊剂的消耗量随电弧功率的减小而减少。

3）粉末的直接送入。对于双丝或多丝埋弧焊，金属粉末输送管可位于两焊丝间，金属粉末靠输送管送到两个电弧之间焊接熔池中，如图 3-21 所示。此种方法适用于双丝的横列

图 3-19　预先敷设的粉末埋弧焊
1—熔渣　2—焊丝　3—导电器　4—焊剂输送管
5—金属粉末　6—粉末输送管　7—焊件　8—焊缝

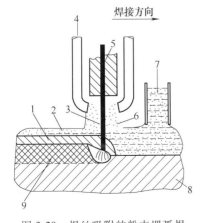

图 3-20　焊丝吸附的粉末埋弧焊
1—熔渣　2—焊剂　3—焊丝　4—粉末输送管　5—导电器
6—金属粉末　7—焊剂输送管　8—焊件　9—焊缝

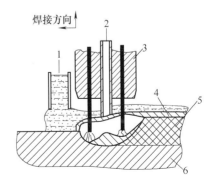

图 3-21　直接送入的粉末埋弧焊
1—焊剂输送管　2—金属粉末　3—导电器
4—熔渣　5—焊缝　6—焊件

式排列或纵列式排列；对于纵列式排列的双丝埋弧焊，此方法具有更明显的优点。由于金属粉末的送入区域位于两焊丝之间，因此前丝可使熔池更深，而随后丝熔化的金属粉末会熔入熔池中并形成焊缝，从而提高焊接热效率，而且焊剂消耗量较少。

3.5.2　粉末埋弧焊的焊接工艺

由于粉末埋弧焊是以传统埋弧焊为基础发展而来的，因此很多有关粉末埋弧焊的焊接工艺与传统埋弧焊相同，这里未提及的请参考有关资料。

（1）坡口形式　当设计坡口时，应考虑两个方面：一是保证坡口底部的金属粉末能全部熔化；二是防止底部钝边的烧穿造成金属粉末的流失。因此，可采用有垫板的坡口，或者采用无间隙、钝边尺寸大于 7mm 的 V 形或 X 形坡口，如图 3-22 所示。

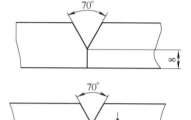
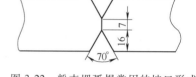

图 3-22　粉末埋弧焊常用的坡口形式

（2）金属粉末　加入的金属粉末成分可视对焊缝性能的要求而定，如在铁粉里加入镍、钼等。因为小的颗粒才能被电弧的机械力推开，使金属颗粒散布在电弧周围，所以金属颗粒较合理的尺寸范围为 0.08 ~ 0.22mm。金属颗粒的牌号应与焊接时所用的焊丝牌号相同，以确保焊缝的性能。

（3）粉末加入量　粉末加入量对焊缝的性能与焊缝成形有较大的影响，其具体的加入量应根据坡口形状和焊接参数来确定（见表 3-18）。粉末加入量过少，则对生产率的提高不明显；过多，则会影响熔深，甚至造成未熔合与焊缝成形不良。

（4）电流与电压　粉末埋弧焊的焊丝通常选用粗焊丝，如直径为 6.4mm 的焊丝等。焊接电流较传统埋弧焊高 10% ~ 15%。当电弧电压过高时，电弧作用范围大，熔深浅，容易产生未熔合；当电弧电压过低时，电弧作用范围小，可能会出现加入的金属粉末未熔化的现象。

表 3-18　粉末埋弧焊的焊接参数

板厚/mm	坡口形式	焊接位置	铁粉加入量/（g/cm）	焊丝直径/mm	焊接电流/A	电弧电压/V	焊接速度/（m/h）
18	V 形（见图 3-22）	正面	1.8	6.4	1050	36	21
		背面	—	6.4	900	38	21
38	X 形（见图 3-22）	正面	2.6	6.4	1250	38	15
		背面	2.9	6.4	1300	38	16.2

3.5.3　粉末埋弧焊的应用举例

在对粉末埋弧焊实例的介绍过程中，着重点落于焊接工艺方面，而对于焊前准备、操作技术、焊后热处理等只进行简单说明或忽略。

1. Q235 钢的粉末埋弧焊实例

利用粉末埋弧焊对板厚为 25mm 的 Q235 钢（低碳钢）进行连接，其中金属粉末采用预先敷设的方式送入。焊丝为 SU08A（H08A）；焊剂为 SJ101；金属粉末以铁粉为主，并适当添加 Mn、Ti、Si、Mo 等元素，使其接近母材金属成分并能改善焊缝性能。

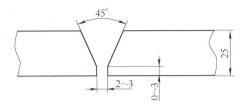

图 3-23　本例所采取的坡口形式与尺寸

本例所采取的坡口形式与尺寸如图 3-23 所示。打底焊采用 CO_2 焊条电弧焊完成，要求采用单面焊双面成形技术透过背面，使打底薄且均匀地平铺一层。其焊接参数见表 3-19。

表 3-19　Q235 钢粉末埋弧焊的焊接参数

母材	板厚/mm	焊接电流/A	电弧电压/V	焊接速度/(cm/min)	焊接伸出长度/mm
Q235	25	730~750	40~41	18	30~40

2. Q355 钢的粉末埋弧焊实例

利用粉末埋弧焊对尺寸为 500mm×300mm×20mm 的 Q355 钢（低合金钢）进行连接，其中金属粉末采用预先敷设的方式送入。焊丝为 SU08A（H08A）；焊剂均为 HJ431；金属粉末的成分为（质量分数,%）：C0.22、Si0.29、Mn4.60、S0.023、P0.030、Ti0.55、Ni0~0.1、Fe 余量。

采用 V 形坡口，直流反接；其焊接参数见表 3-20。

表 3-20　Q355 钢粉末埋弧焊的焊接参数

编号	V 形坡口			焊丝直径/mm	焊接电流/A	电弧电压/V	焊接速度/(cm/min)
	角度/(°)	间隙/mm	钝边/mm				
1	30	3	4	4	750	34	35
2	45	4	4	4	725	34	35
3	30	4	5	4	750	34	35
4	45	4	5	4	770	34	35
5	30	3	7	4	700	33	35
6	45	3	7	4	800	36	35

3. 连铸辊轮表面熔敷的粉末埋弧焊实例

连铸辊轮的长度为 2080mm，直径为 300mm。利用粉末埋弧焊的方法在辊轮的表面进行熔敷，其中粉末按焊丝吸附的方式送入。焊丝采用 OK Flux12.20，焊剂为无合金的碱性焊剂。其所用粉末、焊丝与母材金属的成分见表 3-21。

表 3-21　粉末、焊丝与母材金属的成分（质量分数）　　　　（单位:%）

材　　料	C	Si	Mn	Ni	Cr	Mo	V	Fe
粉末	0.08	0.4	0.8	9.1	30.7	2.0	—	余量
焊丝	0.1	0.1	1.0	—	—	—	—	余量
母材金属	0.23	0.4	0.4	0.2	1.3	1.1	0.3	余量

辊轮在焊前预热至 250℃；对辊轮表面进行双层熔敷，第一层厚度为 4.5mm，第二层厚度为 3.5mm。其焊接参数见表 3-22。

表 3-22　辊轮表面熔敷粉末埋弧焊的焊接参数

位置	焊丝直径 /mm	焊接电流 /A	电弧电压 /V	焊接速度 /(mm/min)	粉末填充速度 /(kg/h)	焊丝填充速度 /(kg/h)
第一层	2.5	600~620	28	320	10	7.7
第二层	2.5	600~620	28	320	6	7.7

参 考 文 献

[1] 陈裕川. 焊接手册: 埋弧焊·气体保护焊·电渣焊·等离子弧焊 [M]. 北京: 机械工业出版社, 2007.

[2] 陈祝年. 焊接工程师手册 [M]. 北京: 机械工业出版社, 2007.

[3] 赵伟兴. 埋弧自动焊焊工培训教材 [M]. 哈尔滨: 哈尔滨工程大学出版社, 2006.

[4] 吴敢生. 埋弧自动焊 [M]. 沈阳: 辽宁科学技术出版社, 2007.

[5] 应潮龙. 实用高效焊接技术 [M]. 北京: 国防工业出版社, 1995.

[6] 《焊接工艺与操作技巧丛书》编委会. 埋弧焊工艺与操作技巧 [M]. 沈阳: 辽宁科学技术出版社, 2010.

[7] 人力资源和社会保障部教材办公室. 埋弧焊和气体保护焊 [M]. 北京: 中国劳动社会保障出版社, 2009.

[8] 姜泽东. 埋弧自动焊工艺分析及操作案例 [M]. 北京: 化学工业出版社, 2009.

[9] 中国机械工程学会焊接学会. 焊接手册: 焊接方法与设备 [M]. 北京: 机械工业出版社, 2001.

[10] 姜焕中. 电弧焊与电渣焊 [M]. 北京: 机械工业出版社, 1995.

[11] 武春学, 张俊旭, 朱丙坤, 等. 高效埋弧焊技术的发展及应用 [J]. 热加工工艺, 2009, 38 (23): 173-176.

[12] 李鹤岐, 王新, 蔡秀鹏, 等. 国内外埋弧焊的发展状况 [J]. 电焊机, 2006, 36 (4): 1-6.

[13] 韩彬, 邹增大, 王新洪, 等. 双 (多) 丝埋弧焊方法及应用 [J]. 焊管, 2003, 26 (4): 41-44.

[14] 何德孚, 华大龙, 陈立功. 单电源双丝埋弧自动焊及其应用前景 [J]. 焊管, 2005, 28 (3): 38-41.

[15] 陈群燕, 屈金山, 陈文静, 等. 16Mn 钢双丝自动埋弧焊接头性能研究 [J]. 电焊机, 2008, 38 (11): 63-66.

[16] JANEZ TUSEK. 金属粉末双丝埋弧焊 [J]. 国外机车车辆工艺, 2000 (2): 15-17.

[17] 王庆鹏, 周文瑛, 段斌, 等. 双弧双丝埋弧焊工艺在建筑结构应用的试验研究 [J]. 焊接技术, 2007, 36 (50): 31-33.

[18] 伍小龙, 徐卫东, 汪辉. 厚壁容器的双丝窄间隙埋弧焊 [J]. 压力容器, 2003, 20 (3): 27-31.

[19] 周友龙, 胡久富, 王元良. 14MnNbq 铁路桥梁钢双细丝双弧焊接试验研究 [J]. 电焊机, 2004, 34 (4): 10-13.

[20] 赵世雨, 杜学铭. 直缝焊管多丝埋弧焊焊接工艺 [J]. 管道技术与设备, 2009 (1): 36-37.

[21] 高国兵, 费新华, 虞明达, 等. 三丝埋弧焊技术在厚板焊接中的应用 [J]. 施工技术, 2008, 37 (5): 154-159.

[22] 李东, 黄克坚, 董春明. 厚壁直缝钢管五丝埋弧焊工艺的开发与应用 [J]. 焊管, 2007, 30 (3): 34-36.

[23] 崔荣荣. 低合金钢管板的带极埋弧堆焊工艺 [J]. 化学工业与工程技术, 2009, 30 (3): 40-41.

[24] 王家淳, 孙敦武. 厚壁压力容器不锈钢带极电渣堆焊与埋弧堆焊对比 [J]. 焊接, 1997 (7): 12-14.

［25］ 惠媛媛. A508-Ⅲ钢的不锈钢带极堆焊工艺［J］. 热加工工艺，2009，38（17）：151-152.

［26］ 李华. 水轮发电机顶盖不锈钢带极宽带埋弧堆焊［J］. 焊接技术，2009，38（10）：21-22.

［27］ 马宏泽，蒋力培，俞建容. 加粉带极埋弧堆焊工艺［J］. 焊接，1998（12）：16-19.

［28］ 夏天东，周游，李浩河. 一种高效焊接技术—添加合金粉末埋弧焊［J］. 中国机械工程，1999，10（5）：580-582.

［29］ 杨军. 粉末埋弧焊工艺应用与改进［J］. 电焊机，2005，35（3）：62-65.

［30］ 夏天东，李浩河，周游. 用添加合金粉末埋弧焊工艺焊接 16MnR 钢［J］. 焊接，1998（10）：9-15.

［31］ HALL S H，JOHANSSON K E. 大型零件的高效涂层工艺——粉末填充埋弧焊［J］. 中国表面工程，2009，22（5）：13-15.

第4章 窄间隙焊

随着现代工业设备的日趋大型化，厚板、超厚板结构的应用越来越广泛。在舰艇、压力容器、锅炉、铁轨等金属结构产品的制造和大型工程建造现场作业中，过去普遍采用大坡口多层多道 MAG/MIG 焊或埋弧焊。随着焊接结构厚度的不断增加，消耗的焊材也在增多，焊接接头存在较大的变形。对于厚板焊接，最大的问题是接头力学性能、焊缝质量和焊接效率之间的矛盾。1963 年，美国 Battelle 研究所提出了一种窄间隙焊（narrow gap welding，NGW）技术，这种技术最大的特点是厚板焊缝截面积显著缩小，从而降低了焊接工程量和生产成本，即便在较小的焊接规范下，也可以保证较高的焊接生产率。本章将针对窄间隙焊技术的原理、特点、各种典型技术及应用进行详细的阐述。

4.1 窄间隙焊的原理及特点

4.1.1 窄间隙焊概述

窄间隙焊（narrow gap welding，NGW）的概念是美国 Battelle 研究所于 1963 年在《铁时代》杂志上首先提出的。顾名思义，窄间隙焊就是焊接坡口要比传统焊接坡口窄。坡口间隙多大才算是窄间隙焊，这受具体结构形式、焊接方式方法，甚至从业人员的观念所限，长时间以来并没有一个统一的标准。例如，以往将坡口较深、间隙侧壁角度相对较小的厚板埋弧焊和电渣焊也列为窄间隙焊的范畴，造成了概念混乱和误解。

针对这个问题，20 世纪 80 年代，日本压力容器研究委员会施工分会第八专门委员会审议了窄间隙焊的定义，并做出了如下规定：窄间隙焊是将板厚大于 30mm 的钢板，按小于板厚的间隙相对放置开坡口，再进行机械化或自动化弧焊的方法（板厚小于 200mm 时，间隙小于 20mm；板厚超过 200mm 时，间隙小于 30mm）。

传统厚板（30~60mm）的窄间隙焊，坡口尺寸一般都在 15mm 以下，甚至出现了坡口间隙仅为 5~6mm 的超窄间隙焊。

需要指出的是，窄间隙焊并不是一种传统意义上的焊接方法，而是一种特殊的焊道熔敷技术。目前，多种焊接方法都可用于窄间隙焊，如窄间隙 TIG 焊（NG-TIG 焊）、窄间隙 GMAW（NG-GMAW）、窄间隙埋弧焊（NG-SAW）。Nomura 和 Sugitani 的文献给出了日本窄间隙电弧焊的分类，如图 4-1 所示。

窄间隙焊广泛应用于各种大型重要结构，如船舶、锅炉、核电、桥梁等厚大件的生产。

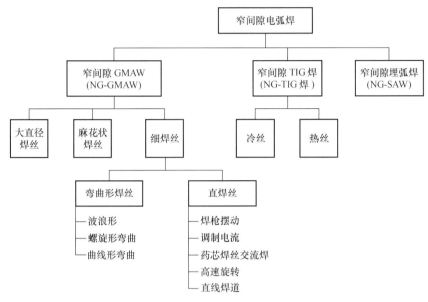

图 4-1 日本窄间隙电弧焊的分类

发达国家窄间隙焊的应用比较多，特别是日本，无论是窄间隙焊的研究还是应用，都远远地走在了世界前列。日本于 1966 年就开始了窄间隙焊的研究，之后其技术一直领先于其他各国，研究成果占全世界的 60% 以上。根据 Lucas 在 1984 年的文献报道，日本 NG-GMAW 的应用占窄间隙焊的 78%，NG-SAW 占 18%，NG-TIG 焊占 4%，而在欧洲，应用的主要是 NG-SAW 和 NG-TIG 焊，NG-GMAW 应用较少。

我国应用最多的是粗丝大电流窄间隙埋弧焊，主要是在电站与核电领域陆续引进了窄间隙热丝 TIG 焊，而 NG-GMAW 在国内的应用，则是 2005 年之后才开始的。

NG-SAW 应用较广的原因如下。

1）埋弧焊对焊丝在坡口内的作用位置不敏感，工艺规范宽，粗丝大电流热输入高，侧壁熔合好，工艺可靠性高，无飞溅。

2）NG-SAW 焊接设备的可靠性和产品化程度较高，国内也可自主开发。

3）由于 NG-GMAW 侧壁熔合问题一直未得到有效解决，因此也促进了 NG-SAW 的应用。

4.1.2 窄间隙焊的特征及分类

1. 特征

V. Y. Malin 在 1983 年提出了窄间隙焊的下述特征：

1）窄间隙焊是利用了现有弧焊方法的一种特别技术。

2）多数采用 I 形坡口，或者坡口角度很小（0.5°~7°）的 U 形、V 形坡口，坡口角度大小视焊接中的变形量而定。

3）多层焊接。

4）自上而下的各层焊道数目基本相同（通常为 1 道或 2 道）。

5）采用小或中等热输入进行焊接。

6）有全位置焊接的可能。

2. 分类

窄间隙焊有如下几种：气体保护弧焊方法（GMAW 和 TIG 焊）、埋弧焊方法（SAW）、气电立焊方法（EBW）、焊条电弧焊方法（SMAW）、自保护电弧焊接（FCAW）方法等。各个方法将在下面的各节中详细叙述。

4.1.3 窄间隙焊的优点及不足

1. 优点

窄间隙焊的优点如下。

1）坡口断面积小，可减少填充材料，降低能耗，节省成本。窄间隙坡口角度很小，与传统大角度 U 形、V 形坡口相比，坡口断面积减少 50% 以上，如图 4-2 所示。

表 4-1 列出了直径为 4300mm、壁厚为 205mm 的反应堆壳体环缝接头采用不同焊接方法的焊材消耗量比较。从表 4-1 中可以看出，NG-SAW 比传统 SAW 的焊丝消耗量减少 45%，焊剂消耗量减少 63%。NG-GMAW 的焊材消耗量最少，比传统 SAW 减少 50% 以上，比 NG-SAW 减少了近 14%。

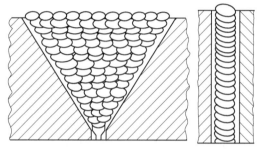

图 4-2　等厚度 V 形坡口和窄间隙坡口

表 4-1　反应堆壳体环缝接头采用不同焊接方法的焊材消耗量比较

焊接方法	焊丝消耗量/kg	焊剂消耗量/kg
传统 SAW	793	990
NG-SAW	445	370
NG-GMAW	385	—

2）焊接时间缩短，生产率明显提高。

3）一般应用于中、小热输入焊接，如图 4-3 所示。热输入量小，可使热影响区小，组织细小，接头韧性改善，降低预热温度，综合力学性能优良。

4）减少变形。

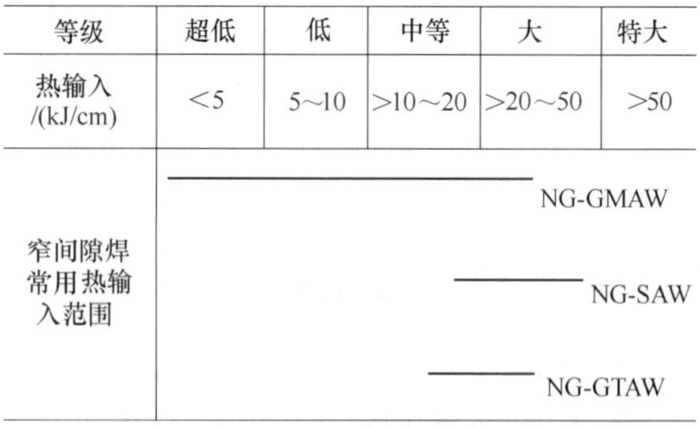

2. 缺点

窄间隙焊的不足主要体现在如下方面。

1）对坡口的加工和装配精度要求很高，一定程度上导致了成本增加。

等级	超低	低	中等	大	特大
热输入/(kJ/cm)	<5	5～10	>10～20	>20～50	>50
窄间隙焊常用热输入范围			NG-GMAW NG-SAW NG-GTAW		

图 4-3　各种焊接方法热输入对比

2）在狭窄坡口内的气、丝、水、电的导入困难，焊枪复杂，加工精度要求高，难度大，通用性不强。

3）焊丝对中要求高，若对中不好，侧壁打弧，焊丝回烧，则几乎不能进行焊接。

4）窄间隙焊缝往往由几十层焊道形成，一旦某一层有缺陷，返修很困难。

5）要求具有较高的焊接技能。

4.2　窄间隙 TIG 焊（NG-TIG 焊）

　　NG-TIG 焊继承了 TIG 焊焊缝质量好、可控参数多、适用材料广、适合各种位置焊接及全位置焊的优点，常用于一些重要合金结构件，如压力容器、核电站主回路管道、超高临界锅炉管道等的焊接。

　　对于厚度小于 20mm 的厚板，采用 NG-TIG 焊，可开 6~8mm 的 U 形或 V 形坡口，利用传统焊枪，加大钨极伸出长度和保护气体流量就可以进行焊接。对于厚度大于等于 20mm 的厚板，就必须使用特殊的窄间隙 TIG 焊枪，以便伸入坡口中进行焊接。

　　在 NG-TIG 焊中，为保证热输入充分，避免坡口侧壁熔合不良，可采用脉冲焊或磁控电弧摆动的方式进行焊接，也可以采用钨极（焊枪）机械摆动的方式。对厚板焊接，为保证侧壁熔合效果，一般必须采用钨极（焊枪）摆动措施。另外，尽管 NG-TIG 焊填充效率较传统大坡口 TIG 焊有了显著提高，但与其他窄间隙焊方法相比，填充效率仍然偏低；也可采用热丝填丝方法（参见第 1.2 节），这方面的技术已经成熟。

　　目前，世界上有多家公司已经开发出了成熟的窄间隙 TIG 焊接设备，常用的有 Polysude、ESAB、Liburdi、Babcock-Hitachi 等公司的产品。

4.2.1　HST 窄间隙热丝 TIG 焊

1. 原理及设备

　　HST 窄间隙热丝 TIG 焊是由日本 Babcock-Hitachi 公司开发的焊接技术，热丝电流和焊接电流采用交替脉冲方式，以避免磁偏吹对焊接的影响。HST 窄间隙热丝 TIG 焊接原理及设备如图 4-4 所示。

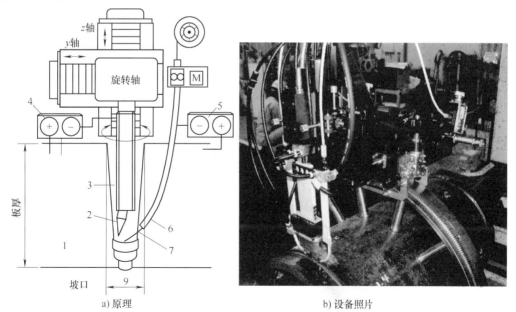

a）原理　　　　　　　　　　　　　　b）设备照片

图 4-4　HST 窄间隙热丝 TIG 焊接原理及设备

1—焊件　2—钨极　3—导电嘴　4—熔接电源　5—热丝电源　6—送丝管　7—焊丝

HST 窄间隙热丝 TIG 焊采用电极转摆方式来保证坡口的侧壁熔合效果。在焊接过程中，特殊形状的电极左右摆动，电弧依次对坡口两侧加热。同时，在转摆的过程中，系统实时监测电弧电压，可有效地实现弧高调节及窄间隙坡口的对中，监测到的电弧电压变化还可用于调节摆动的宽度，以适应坡口宽度的变化，如图 4-5 所示。

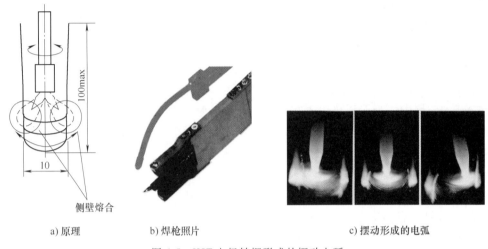

a) 原理　　　　　　b) 焊枪照片　　　　　　　c) 摆动形成的电弧

图 4-5　HST 电极转摆形成的摆动电弧

对 HST 窄间隙热丝 TIG 焊，如果母材厚度小于 30mm，利用传统焊枪仅将钨极加长即可焊接；当母材厚度大于 30mm 时，要采用图 4-5b 所示的专用焊枪。在专用焊枪中，钨极端部被弯成特定的形状，以便能够转动时靠近坡口的两侧。

日本 AICHI 公司也开发了类似的窄间隙热丝 TIG 焊技术，只不过其钨极端部不弯曲，而是将钨极端头磨出一定斜度（见图 4-6），在焊接过程中，将钨极始终对准坡口中心并旋转钨极，从而使焊接电弧发生偏转，以保证侧壁熔合良好。

HST 窄间隙热丝 TIG 焊接采用直径为 1.2mm 的焊丝，从焊接前方送丝。当提高熔敷速度进行高效焊接时，可从焊接后方送丝，填充焊丝几乎与钨极平行。该方法不受母材金属的限制，因为偏吹小，也适用于焊接铝、铜等有色金属。其适合的材料厚度及坡口尺寸如图 4-7 所示。

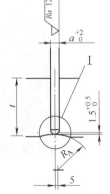

材料厚度t/mm	a/mm	R_A/mm
15～30	12	60
>30～75	13	100
>75～120	14	100
>120	15	100

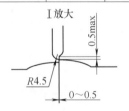

图 4-6　带有斜度的钨极　　　　　　图 4-7　HST 方法适合的材料厚度及坡口尺寸

HST 窄间隙热丝 TIG 焊接设备的规格参数见表 4-2。

表 4-2　HST 窄间隙热丝 TIG 焊焊接设备的规格参数

适合焊接焊件的最大厚度/mm	150(全位置)	焊接速度/(mm/min)	50~300
	200(水平位置)	每层焊道数/道	1
焊件坡口宽度/mm	9~10	焊丝直径/mm	1.2
熔敷速度/(g/min)	60	送丝速度/(m/min)	0.2~6.8

2. 焊接参数和接头性能

壁厚为 106mm 的 SUS316HTP 钢管的焊接参数与火力发电用的锅炉过热器上的异种金属 STBA24+SUS312HTB 管接头 HST 窄间隙热丝 TIG 焊的焊接参数见表 4-3。

表 4-3　HST 窄间隙热丝 TIG 焊的焊接参数

焊件		壁厚为 106mm 的 SUS316HTP 钢管	火力发电用的锅炉过热器上的异种金属 STBA24+SUS312HTB 管接头
焊件尺寸(外径×壁厚)/mm		546×106	57×12
焊丝尺寸/mm		ϕ1.2	ϕ1.2
电弧电流/A	峰值电流	425	270
	基值电流	50	50
	平均电流	310	205
	焊丝峰值电流	200	125
脉冲频率/Hz		70	100
熔敷速度/(g/min)		22	13
焊接速度/(mm/min)		100	250

注：SUS316 是日本牌号，相当于我国的 06Cr17Ni12Mo2；SUS312 是日本牌号。

4.2.2　传统窄间隙热丝 TIG 焊

弯曲钨极或削尖钨极进行摆动焊接的窄间隙热丝 TIG 焊的钨极转动机构比较复杂，制造成本较高。比较常用的是采用直钨极，焊枪整体采用脉冲及机械摆动的方法。法国的 Polysude 公司、瑞典的 ESAB 公司、加拿大的 Liburdi 公司和我国的华恒公司都是采用这种结构形式。法国 Polysude 公司的机械摆动式全位置窄间隙 TIG 焊系统如图 4-8 所示。为了提高焊接效率和质量，整个窄间隙 TIG 焊系统多数配备了热丝单元、摆动控制单元、双重气体保护单元、弧压传感弧长控制单元及用于全位置焊接的运动单元等。关于摆动焊接技术将在 4.5

图 4-8　法国 Polysude 公司的机械摆动式
全位置窄间隙 TIG 焊系统

节介绍。

　　窄间隙热丝 TIG 焊在压力容器、核电、火电等厚壁件焊接领域得到了广泛的应用。图 4-9 所示为 180mm 厚的 P91 锅炉用钢窄间隙热丝 TIG 焊的多层单道焊缝。

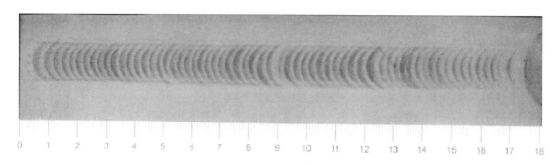

图 4-9　P91 锅炉用钢窄间隙热丝 TIG 焊的多层单道焊缝

　　NG-TIG 焊坡口间隙通常为 7~9mm，最大可焊厚度为 200mm，焊道布置主要有每层单道不摆动、每层单道摆动、每层两道不摆动三种形式，如图 4-10 所示。从效率和质量考虑，应用较广的主要是前两种。NG-TIG 焊适用于不锈钢管道对接或厚壁接管与安全端的异种钢焊接。

a) 每层单道钨极摆动　　　b) 每层两道钨极不摆动　　　c) 每层单道钨极不摆动

图 4-10　NG-TIG 焊道布置形式

4.2.3　MC-TIL 法窄间隙热丝 TIG 焊

　　为了提高 TIG 焊接效率，很早以前就开始研究提高填丝熔化速度的热丝 TIG 焊方法。但是，在全位置焊条件下，单纯依靠提高焊丝熔化速度是不行的，随着熔敷金属质量的增加，在重力作用下，熔敷金属会向下流淌。为了防止这种现象，必须根据填丝的送进量相应地提高焊接速度。给填丝通以直流电，并利用它产生的磁场使 TIG 电弧偏向焊接前进的方向，进而达到提高焊接速度和熔敷速度的目的，这就是 MC-TIL 法的目的。该技术由日本 Kobel 公司开发。

　　MC 是 magnetic control（磁控）的缩写，意思是利用磁场来控制电弧。图 4-11 所示为 MC-TIL 法的原理，分为前方送丝和后方送丝两种。当送丝位置发生变化时，只需改变通入焊丝的电流极性就能够保证 TIG 电弧偏向前进方向。TIG 电弧的偏移量，由 TIG 焊接电流和通入填丝的电流大小来决定。根据 TIG 电流的大小，只要相应地变化填充焊丝的电流值，就能得到适宜的电流状态。图 4-12 所示为电弧偏移角度的测定结果。

　　当采用 MC-TIL 法焊接时，在全位置 360° 位置上都采用同一焊接规范，操作比较简单。

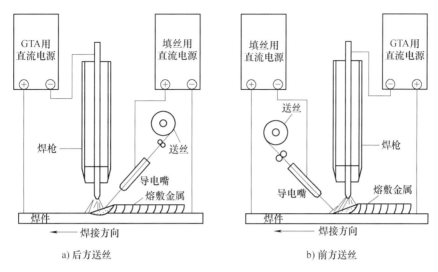

a) 后方送丝   b) 前方送丝

图 4-11 MC-TIL 法的原理

采用双重气体保护。

外径为 500mm、壁厚为 50mm 碳素钢钢管的 MC-TIL 法的焊接参数见表 4-4。

4.2.4 窄间隙 TIG 焊的应用——压水堆核电站主回路管道的焊接

压水堆核电站主回路管道是超低碳奥氏体不锈钢大厚壁管道,在高温、高辐射的环境下服役,对焊缝质量要求非常高。核电站主回路管道的焊接大多采用宽坡口焊条电弧焊工艺,焊接一道坡口需要两名高级焊工焊接一个月的时间,焊接周期长、效率低、劳动强度大。同时,焊条电弧焊受工作环境及焊工状态等诸多不确定因素的影响,焊缝质量难以控制。

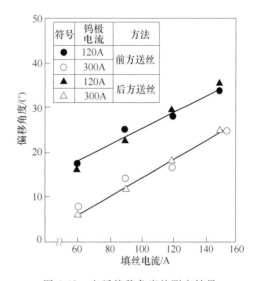

符号	钨极电流	方法
●	120A	前方送丝
○	300A	
▲	120A	后方送丝
△	300A	

图 4-12 电弧偏移角度的测定结果

表 4-4 外径为 500mm、壁厚为 50mm 碳素钢钢管的 MC-TIL 法的焊接参数

焊层	焊接电流/A	电弧电压/V	焊接速度/(cm/min)	熔敷速度/(g/min)
1	130	9.5	7	8
2	180	10	16	8
3				
4	300	10	14	18
32				
33	250	10	6	8
34				

某 1000 MW 核电机组的主管道安装坡口共有 24 个，主管道的材质为 Z3CN20-09M（法国 AFNOR 牌号），由离心铸造而成，属于奥氏体不锈钢，碳含量很低，具有良好的焊接性，不易产生冷裂纹。

图 4-13 所示为水平固定管道（5GT）焊接试验，图 4-14 所示为垂直固定管道（2GT）和 45°管道（6GT）焊接试验。

图 4-13　5GT 焊接试验（母材为 Z3CN20-09M，厚度为 95mm，外径为 935mm）

a) 2GT　　　　　　　　　　　　　　　　　b) 6GT

图 4-14　2GT 和 6GT 焊接试验

主管道坡口形式的设计是由材料的机械特性及其在焊接过程中的收缩性能来确定的。整个焊道由单道焊来完成，通过坡口角度形状的设计来控制焊缝收缩，以确保焊接部位的宽度始终保持一致。通过对主管道进行大量的工艺试验，对坡口形式逐步改进，使焊缝宽度控制在 8~10mm，最终确定的核电站主管道窄间隙自动焊的坡口形式和尺寸如图 4-15 所示。

为了解决大直径、大厚壁不锈钢管道焊缝背面氩气保护问题，从适用性、操作方便及氩气保护工装的成本等多方面因素考虑，设计出了适合大直径、大厚度不锈钢管道背面充氩工装，如图 4-16 所示。

（1）水平固定管道（5GT）焊接　母材金属牌号为 Z3CN20-09M，外径为 840mm，壁厚为 75mm；焊丝牌号为 ER316LSi（AWS 标准），直径为 0.8mm；保护气体为 Ar（体积分数为 99.99%）；焊接参数见表 4-5。

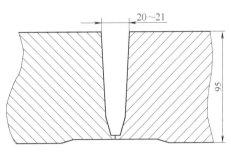

图 4-15　坡口形式和尺寸

图 4-16　充氩工装

表 4-5　水平固定管道（5GT）的焊接参数

焊接区间	焊缝宽度/mm	峰值电流 I/A	基值电流 I/A	峰值电压 U/V	峰值送丝速度/（in/min）	基值送丝速度/（in/min）	焊接速度/（in/min）	脉冲频率/Hz	占空比（%）	气路1流量 Q/（L/min）	气路2流量 Q/（L/min）	背面气体流量 Q/（L/min）
定位焊	6.1±0.2	180±5	80±5	9.0±0.2	0	0	26±0.1	1.8	50	30±5	60±10	20±5
根焊道	6.1±0.2	180±5	85±10	9.5±0.2	20±5	10±5	26±0.1	1.8	50	30±5	60±10	20±5
	6.8±0.2	200±10	100±10	9.5±0.2	40±5	20±5	26±0.1	1.8	50	30±5	60±10	20±5
	7.5±0.2	230±10	130±10	9.5±0.2	50±5	30±5	26±0.1	1.8	50	30±5	60±10	20±5
填充焊道	7.8±0.2	250±10	150±20	9.6±0.2	50±5	30±5	25±0.1	1.8	50	30±5	50±10	—
	8.1±0.2	270±10	160±20	9.6±0.2	60±5	40±5	25±0.1	1.8	50	30±5	50±10	—
	8.5±0.2	290±10	190±20	9.6±0.2	60±5	40±5	25±0.1	1.8	50	30±5	50±10	—
	8.6±0.2	300±10	200±20	9.8±0.2	60±5	40±5	25±0.1	1.8	50	30±5	50±10	—
	9.2±0.5	310±10	210±20	9.8±0.2	60±5	40±5	25±0.1	1.8	50	25±5	—	—
	9.2±0.5	270±30	170±30	9.8±0.5	40±20	20±20	26±0.1	1.8	50	25±5	—	—
盖面焊道	9.5±0.5	240±20	140±30	10.0±0.3	40±10	20±10	26±0.1	1.8	50	25±5	—	—

注：1in＝25.4mm。

（2）垂直固定管道（2GT）焊接　母材金属牌号为Z3CN20-09M，外径为680mm，壁厚为65mm；焊丝牌号为ER316LSi（AWS标准），直径为0.8mm；保护气体为Ar（体积分数为99.99%）；焊接参数见表4-6。

表4-6　垂直固定管道（2GT）的焊接参数

焊接区间	焊缝宽度/mm	峰值电流 I/A	基值电流 I/A	峰值电压 U/V	峰值送丝速度/(in/min)	基值送丝速度/(in/min)	焊接速度/(in/min)	脉冲频率/Hz	占空比(%)	气路1流量 Q/(L/min)	气路2流量 Q/(L/min)	背面气体流量 Q/(L/min)
定位焊	6.1±0.2	180±5	80±5	9.2±0.2	0	0	26±0.1	1.8	50	30±5	60±10	20±5
根焊道	6.1±0.2	180±5	85±10	9.6±0.2	20±5	10±5	26±0.1	1.8	50	30±5	60±10	20±5
	6.8±0.2	200±10	100±10	9.6±0.2	40±5	20±5	26±0.1	1.8	50	30±5	60±10	20±5
	7.5±0.2	230±10	130±10	9.6±0.2	50±5	30±5	26±0.1	1.8	50	30±5	60±10	20±5
填充焊道	7.8±0.2	250±10	150±20	9.8±0.2	50±5	30±5	25±0.1	1.8	50	30±5	50±10	—
	8.1±0.2	270±10	160±20	9.8±0.2	60±5	40±5	25±0.1	1.8	50	30±5	50±10	—
	8.5±0.2	290±10	190±20	9.8±0.2	60±5	40±5	25±0.1	1.8	50	30±5	50±10	—
	8.6±0.2	300±10	200±20	10±0.5	60±5	40±5	25±0.1	1.8	50	30±5	50±10	—
	9.3±0.5	310±10	210±20	10±0.2	60±5	40±5	25±0.1	1.8	50	25±5	—	—
	9.3±0.5	270±30	170±30	10±0.2	40±20	20±20	26±0.1	1.8	50	25±5	—	—
盖面焊道	9.5±0.5	240±20	140±30	10.2±0.3	40±10	20±10	26±0.1	1.8	50	25±5	—	—

注：1in = 25.4mm。

经对两个位置的工艺评定试件的外观检验表明，焊缝外形均匀美观，表面无气孔、夹渣、咬边、裂纹等缺陷。焊缝内部质量经γ射线检测，无夹渣、未熔合、未焊透和裂纹等缺陷，气孔未超标，评片为RCC-M标准Ⅰ级，完全符合标准要求。射线检测（RT）检验合格后，按照标准要求对两个试件进行了破坏性试验，试验结果也满足标准要求，进一步验证了窄间隙自动焊工艺是可行的。理化试验结果见表4-7。

表4-7　理化试验结果

焊接位置	2GT	5GT	标准要求
熔敷金属常温抗拉强度/MPa	580、595	595、585、610、630	520~670
熔敷金属高温抗拉强度/MPa	420	455、465	≥320
焊接接头抗拉强度/MPa	530、520、535、540、530、530	515、495、490、520、510、505	≥480
焊缝冲击吸收能量/J	125、134、138、127、115、120、126、130、149	136、129、150、106、104、113、127、128、113	≥60
热影响区冲击吸收能量/J	221、193、216、210、215、219、205、201、217	187、168、207、124、135、143、160、171、187	≥60
面弯	合格	合格	3d/180°
背弯	合格	合格	3d/180°
侧弯	合格	合格	3d/180°
宏观	合格	合格	符合MC1320
微观	合格	合格	符合MC1320
晶间腐蚀	合格	合格	符合MC1320

（续）

化学元素	$w(C)$ (%)	$w(Si)$ (%)	$w(Mn)$ (%)	$w(P)$ (%)	$w(S)$ (%)	$w(Ni)$ (%)	$w(Cr)$ (%)	$w(Mo)$ (%)	$w(Co)$ (%)	$w(Cu)$ (%)	δ (%)
标准要求	≤0.03	0.65~0.90	1.00~2.50	≤0.025	≤0.025	12~14	18.000~20.000	2.000~3.000	≤0.150	≤0.150	5.000~15.000
2GT	0.023	0.72	1.686	0.020	0.011	11.55	18.16	2.001	0.030	0.058	8.2
5GT	0.013	0.79	1.707	0.018	0.012	12.08	18.24	2.559	0.029	0.057	9.4

管道焊缝轴向收缩量与焊接层数的关系如图 4-17 所示。在焊接过程中，前 30 层内，焊接层数对焊缝轴向收缩影响较大，随着焊接层数的增加，焊缝轴向收缩量增大；30 层以后，焊接层数对焊缝轴向收缩的影响逐渐减小。

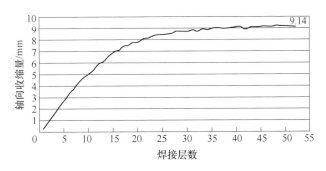

图 4-17　管道焊缝轴向收缩量与焊接层数的关系

4.3　窄间隙 GMAW（NG-GMAW）

熔化极气体保护焊（GMAW）是利用电弧热将焊丝熔化形成熔滴，熔滴过渡到熔池中与母材熔化的金属共同形成焊缝。通常需要气体保护电弧、熔滴和熔池。根据保护气体的不同，GMAW 可分为熔化极惰性气体保护焊（MIG 焊）和熔化极活性气体保护焊（MAG 焊）。前者使用 Ar 或 He，后者使用 CO_2 或 $Ar+CO_2$ 的混合气。GMAW 可以采用实心焊丝或药芯焊丝，药芯焊丝的熔敷效率高、电弧稳定性好，熔透性能好，但焊后或层间需要清渣。

GMAW 使用直流（DC）电源或交流电源，熔滴以短路过渡、脉冲或喷射形式过渡。正是由于 GMAW 具有生产率高、焊缝性能好、适用材料广、施焊位置灵活、可以采用半自动焊或自动焊等特点，使其在生产中得到了广泛的应用。

窄间隙熔化极气体保护焊（NG-GMAW）是 1975 年后开发成功的，这一工艺采用特殊的焊丝弯曲结构，以使焊丝保持弯曲，从而解决了坡口侧壁的熔合问题。如前所述，在各种窄间隙焊接方法中，NG-GMAW 的气体保护、焊丝对中和缺陷形成等各种问题最具代表性，其质量控制是窄间隙焊研究的重点和难点。由于这种方法适焊板厚大（可达 400~600mm）、焊缝质量好、效率高、不需要层间清渣，使其成为应用最广泛的一类窄间隙焊接方法。

当板厚大于35mm时，需要使用特制的NG-GMAW焊枪，这类焊枪与NG-TIG焊枪类似，前端都呈现扁平状，以便能够伸入窄间隙坡口中（坡口间隙<12mm），水、电、气、丝等都需要通过这个扁平焊枪前端导入坡口内部，焊枪结构复杂，加工精度要求高，成本高。

4.3.1　NG-GMAW 的发展

NG-GMAW最早始于20世纪70年代，该技术的主要开发商之一是Babcock Hitachi KK，所制造的设备在1977年由Babcock和Wilcox大量地应用在了电站和核电的压力容器的焊接中。Babcock Hitachi攻克了侧壁未熔合的难关。GMAW在窄间隙中应用的最大挑战是熔滴位置必须精确控制，这需要短弧长和短路过渡，但会在侧壁和焊枪上形成飞溅，而且容易导致电弧在侧壁放电，使得电弧攀爬到侧壁上，并回烧到导电嘴。Babcock Hitachi通过采用脉冲焊接以维持短弧长，同时利用滑块将焊丝在送入导电嘴之前折曲成波浪形，电弧在折曲的焊丝端头燃烧，周期性地变换方向，指向不同侧壁，从而增大对侧壁的热输入，消除了侧壁未熔合缺陷。工艺试验结果表明，对于100mm厚的SA516 Gr70材料，焊缝的抗拉强度为584MPa，在材料经过625℃加热、4h保温的焊后热处理后，焊缝强度为475MPa。Matsuda比较了NG-GMAW和NG-SAW焊缝中的氢含量，结果显示，NG-SAW中的氢含量是NG-GMAW的5倍。

日本神户制钢（Kobel Steel）采用麻花焊丝法开发了NG-GMAW技术并进行了焊接试验。结果表明，经过620℃加热、保温12h的焊后热处理后，焊缝强度达到579MPa。

NG-GMAW在一些关键的项目中被广泛使用。例如，法国DCAN船厂在潜艇外壳（厚度为100mm）的制造中使用了NG-GMAW技术，日本的压水反应堆（PWR）制造也采用了此技术。NG-GMAW的应用大部分集中在20世纪80年代的日本，国外之后对NG-GMAW研究得较少。我国主要是一些高校于2003年开始进行了相关装备和工艺的研究，其中包括哈尔滨工业大学、江苏科技大学和武汉大学等，但未见在工厂应用的报道。国外NG-GMAW的应用主要集中在三菱重工（Mitsubishi Heavy Industries）、巴比库克-日立（Babcock Hitachi）、新日铁（Nippon Steel）、阿海珐核电（Areva NP）和川崎重工（Kawasaki Heavy Industries）等厂商。

NG-GMAW的焊接速度为180~350mm/min，熔敷速度取决于焊丝直径和焊接参数，为1.9~9.1kg/h。例如，焊接内径为1m、壁厚为150mm、坡口间隙为12mm的环缝，则需要55kg的焊丝，焊接时间为6~28h。

GMAW可用于全位置焊接，理论上NG-GMAW也可如此，但从目前的报道来看，NG-GMAW仅限于平焊、向下立焊和横焊。

4.3.2　NG-GMAW 的分类

在NG-GMAW的焊接过程中，由于侧壁与焊丝夹角很小，容易造成电弧对坡口侧壁热输入的不足，导致侧壁熔合不良，这是NG-GMAW非常突出的问题。据相关文献报道，NG-GMAW主要分为两类，一类是通过控制电弧或焊丝来实现电弧对侧壁的加热，另一类主要通过焊接参数控制实现窄间隙焊。前者又分为麻花状焊丝旋转、波浪式焊丝、机械摆动式、旋转电弧式等，后者包括大直径焊丝、脉冲控制、药芯焊丝交流焊等。NG-GMAW的分类见表4-8。

表 4-8　NG-GMAW 的分类

焊丝不变形 NG-GMAW		焊丝变形 NG-GMAW		
—	大伸出长度方法 （1P/L,2P/L）	—	电弧不摆动
—	大直径焊丝交流 GMAW 方法 （1P/L,2P/L）	—	电弧不摆动
两根及两根以上焊丝	双丝窄间隙焊（Twin wire） （1P/L）	双丝窄间隙焊（Tandem wire） （1P/L）	电弧旋转
两根及两根以上焊丝	—	麻花状焊丝方式 （1P/L）	电弧旋转
—	导电嘴旋转方法 （1P/L）	螺旋形焊丝方式 （1P/L）	电弧旋转
—	导电嘴机械式摆动	BHK 方式 （1P/L）	电弧摆动
—	导电嘴机械式摆动	折曲焊丝方式 （1P/L）	电弧摆动

注：P 表示焊道，L 表示焊层。

1. 导电嘴摆动式 NG-GMAW

导电嘴弯曲，与焊枪轴线之间夹角为 3°～15°。在电动机的作用下，沿着焊缝横截面任意摆动。可以设定摆动停留时间、摆动频率和摆动速度。其原理如图 4-18 所示。

2. BHK 方式

利用机械摆动器将焊丝在送入送丝轮之前形成波浪形，从而实现电弧摆动，如图 4-19 所示。在窄间隙坡口中，电弧在焊丝端头燃烧，周期性地变换方向，指向不同侧壁，从而增大对侧壁的热输入。摆动幅度、频率及速度均独立于送丝速度设定。

这种方式仍然需要特制导电嘴，但由于其不需要特殊焊丝，并且理论上适焊厚度没有限制，是目前应用最为广泛的 NG-GMAW 焊接方式。

也可以利用成形齿轮啮合，使焊丝在送入送丝轮之前变成波浪形，这种方式称为折曲焊丝式。

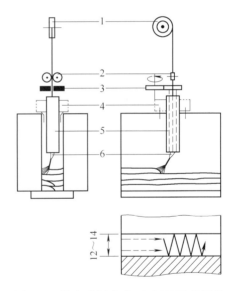

图 4-18　导电嘴摆动式 NG-GMAW 的原理
1—送丝盘　2—送丝轮　3—旋转机构　4—保护气罩　5—导丝管和保护气管　6—导电嘴

与 BHK 方式类似，在焊丝送出导电嘴之后形成摆动电弧，摆动频率为 250～900Hz，适合的坡口形式为 V 形窄间隙坡口，角度为 1°～ 4°。其原理如图 4-20 所示。

3. 旋转电弧方式

（1）导电杆旋转　焊丝从偏心导电嘴的偏心孔伸出，在电动机和齿轮副的带动下旋转，从而增加电弧在侧壁燃烧的时间，如图 4-21 所示。这种方法的原理比较简单，但齿轮副传动稳定性较差，并且焊丝与偏心导电嘴之间既有径向磨损又有周向磨损，使导电嘴磨损非常严重。后来，又开发出了利用空心电动机代替齿轮副的方式，但导电嘴的磨损问题没有得到解决。也有学者提出了利用焊丝锥形旋转的方式，如图 4-22 所示，解决了导电嘴磨损问题。这种方式使用直径为 1.2mm 的焊丝，旋转频率为 100～150Hz。

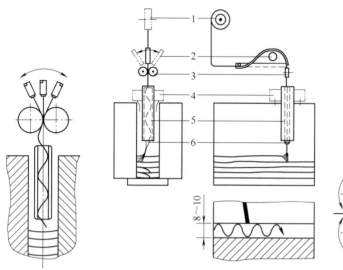

图 4-19　BHK 方式的原理　　　　图 4-20　折曲焊丝式的原理

1—送丝盘　2—焊丝摆动机构　3—送丝轮　4—保护气罩

5—导丝管和保护气管　6—导电嘴

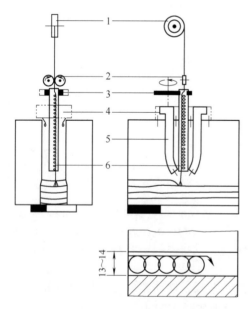

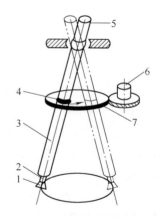

图 4-21　导电杆旋转方式的原理　　　　图 4-22　焊丝锥形旋转方式的原理

1—送丝盘　2—送丝轮　3—旋转机构　4—保护气罩　　　　1—电弧　2—焊丝　3—导电杆　4—轴承

5—导丝管和保护气管　6—导电嘴　　　　5—电缆接头　6—电动机　7—偏心齿轮

（2）焊丝螺旋送进式旋转电弧　这种方式是让焊丝呈螺旋状弯曲，从而使电弧产生旋

转。其原理如图 4-23 所示。同样采用直径为
1.2mm 的实心焊丝，旋转频率为 120~150Hz，焊
丝端部旋转直径为 2.5~3mm。可以焊接坡口间
隙为 9~12mm、厚度达 200mm 的焊缝。

4. 麻花状焊丝方式

麻花状焊丝方式也称双绞丝焊接方式，如图
4-24 所示。利用两根绕在一起的焊丝纠结成麻花
状，伸入坡口间隙中，电弧轮流在两条焊丝端头
燃烧，宏观上呈现旋转的效果，从而增大了对侧
壁的热输入，但这种方式需用特制焊丝和导电嘴，
并且麻花状焊丝对导电嘴磨损较大，因此这种方
式仅在日本少数企业得到了应用，并未普及。

5. 双丝窄间隙

利用导电嘴弯曲成一定角度（Twin wire）或
焊丝弯曲（Tandem wire）的方式，使两根焊丝
分别指向不同的坡口侧壁，从而增加对侧壁的热
输入，如图 4-25 所示。通常使用直径为 0.8~
1.2mm 的焊丝。

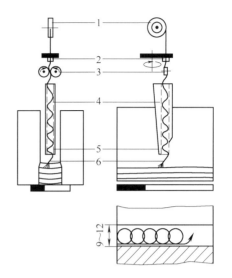

图 4-23　焊丝螺旋送进式旋转
电弧的原理

1—送丝盘　2—焊丝摆动机构　3—送丝轮
4—保护气罩　5—导丝管和保
护气管　6—导电嘴

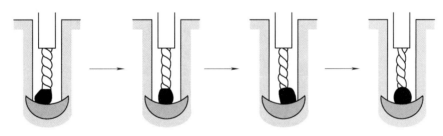

图 4-24　麻花状焊丝方式的原理

6. 磁场控制摆动电弧窄间隙焊

通过外加磁场的方法也可以实现电弧摆动的效果。针对横向磁场控制电弧摆动的研究虽
然很多，但因为熔滴过渡对焊缝成形影响很大，所以都是应用于窄间隙 GTAW 的。
Y. H. Kang 和 J. B. Vishvesh 采用根部间隙为 10mm 的坡口，分别对磁控摆动电弧窄间隙
GMAW 进行了研究，不同磁场强度时窄间隙中电弧摆动的情况如图 4-26 所示。试验结果表
明，随着电弧摆动频率的增加，侧壁熔深增加，但在 10Hz 以上继续增加摆动频率对侧壁熔
深几乎没有影响。随着磁场强度的增加，电弧摆动幅度增大，电弧进一步靠近侧壁，侧壁熔
深增加。这种方法需要磁场发生装置，并且坡口中的磁场受外界条件影响较大。

7. 直流正接窄间隙焊

在直流反接（DCEP）焊接，特别是在电流较大时容易形成指状熔深，从而在焊缝中心
产生裂纹。为解决这个问题，美国和日本等国家先后提出了直流正接（DCEN）焊接方法。
哈尔滨锅炉厂有限责任公司和哈尔滨焊接研究院有限公司也对窄间隙直流正接进行了研究。
正极性焊接时熔深较浅，焊缝成形系数大，结晶裂纹的倾向有所减小。电流为 550A，根部

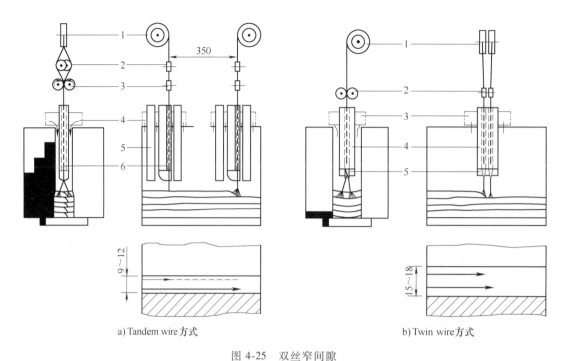

a) Tandem wire方式   b) Twin wire方式

图 4-25 双丝窄间隙

1—送丝盘 2—焊丝偏移机构 3—送丝轮 4—保护气罩 5—保护气喷嘴 6—送丝嘴和导电嘴

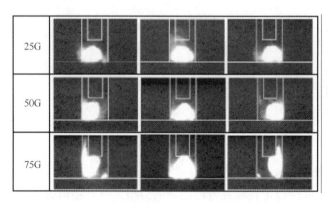

图 4-26 不同磁场强度时窄间隙中电弧摆动的情况

间隙为 13mm 时，正极性的成形系数为 0.7，而反极性时仅为 0.9，并且由于熔化极焊接时阴极产生的热量高于阳极，熔敷速度比反极性时提高 50%。窄间隙中正极性焊接过程稳定，熔滴以较快的速度规律性地过渡，飞溅很少，焊缝成形均匀。

直流正接窄间隙焊接时，电弧张角较大，电弧由底部转移到侧壁燃烧，过渡形式由滴状过渡变为射流过渡。随着间隙的减小，射流现象越发明显，过程越发稳定。间隙减小，直流正接时的电弧张角变大，射流过渡时焊丝前端的液锥变长，而直流反接时张角和液锥长度几乎不变。

直流正接方法对设备几乎没有特殊要求，完全可以利用现有的焊接设备，但最大的缺点是最佳规范参数范围较窄，各参数之间必须配合得很恰当才能保证接头的质量，而且热输入较大，多为 30~40kJ/cm。因此，这种方法在重要的结构焊接中未得到广泛应用。

8. 脉冲电流窄间隙焊

这种方法多为粗丝，间隙为 7~11mm 时采用单道焊，脉冲频率为 50~100Hz，可以有效地改善焊缝成形和防止焊接裂纹，但这种方法热输入较大。为保证熔合良好，热输入一般大于 30kJ/cm，不适用于力学性能要求较高的接头焊接。

在此基础上，日本学者森垣开发了一种新的窄间隙脉冲焊方法，其特点是脉冲电流变化的同时电压也随之变化。峰值时电压同时升高，电弧拉长，加大了母材的熔化范围；基值时电压随之降低，为短路过渡，热输入降低，促进熔池凝固。因为这种方法热输入较低，基值电流时可以促进熔池的凝固，所以多用于横焊，但对电源的要求较高，实际应用也不多。

9. 超窄间隙 MIGW

在前面叙述的 NG-GMAW 的基础上，有学者提出了超窄间隙 MIGW 方法，直接采用 I 形焊接坡口，间隙进一步缩窄为 5mm 左右，焊接时仅有焊丝伸进坡口间隙中去，利用电弧热量熔化侧壁和坡口底部完成焊接，极大地提高了生产率。

但是，超窄间隙 MIGW 对焊丝在坡口中的位置非常敏感，在某些扰动因素作用下，一旦在焊丝与侧壁之间产生打弧现象，则电弧沿着焊丝迅速上爬回烧，焊接过程不能继续。这是由于坡口侧壁与焊丝平行且距离很近，如果产生侧壁打弧，则电弧长度小于其原来在焊丝端头与底面之间的距离。根据电弧自身调节作用可知，此时电流加大，以期使电弧回到原来的稳定工作点，但由于焊丝与侧壁距离不变，而电流加大，结果只能是焊丝迅速回烧。因此，如何避免这一现象就成了超窄间隙焊面临的重要问题。有学者提出，在坡口侧壁粘贴阻燃焊剂片，防止电弧上爬，同时焊剂片熔化后还能起到冶金作用，如图 4-27 所示，但副作用是，一方面增加了工序和成

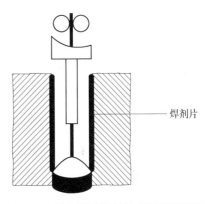

焊剂片

图 4-27　粘贴阻燃焊剂片的超窄间隙焊

本，同时又会带来脱渣等一系列问题。还有学者提出利用特殊的脉冲电流波形解决侧壁打弧问题，但又会造成设备投入加大的新问题。加之超窄间隙 MIGW 对焊件坡口装配精度要求很高，目前这种方法在工业生产中尚未得到大规模推广应用。

4.3.3　NG-GMAW 焊接参数的影响

1. 焊缝成形系数的影响

窄间隙焊大都采用多层焊，每层的焊缝形状不仅影响该层的接头质量，还直接影响后续的焊接过程。一个重要的衡量指标是焊缝成形系数（熔宽/熔深）。在侧壁的影响下，窄间隙焊缝容易产生热裂纹。森幸熊认为，焊缝成形系数越大，越容易产生热裂纹，D. H. Mortvedt 通过试验研究了焊缝成形系数和热输入 Q 对焊接热裂纹的影响，如图 4-28 所示。对于相同的焊缝成形系数，热输入越大，越容易产生裂纹，但当焊缝成形系数小于 0.8 时，即便很高的热输入也不会出现裂纹。所以，在窄间隙焊中应当控制焊缝成形系数，增大侧壁熔深，避免产生指状熔深。

另一个重要的指标是焊缝表面下凹量。已经证明，如果多层焊缝的每层焊道表面具有凹形面，并且与坡口侧壁间过渡圆滑，就可以得到没有层间缺陷的焊接接头。普遍认为，表面

下凹量越大越好。

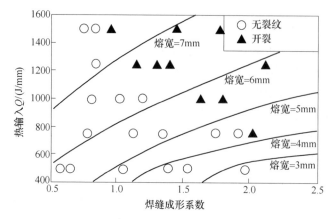

图 4-28　焊缝成形系数和热输入 Q 对焊接热裂纹的影响（根部间隙为 5mm）

2. 根部间隙的影响

窄间隙焊中最重要的参数是根部间隙。根部间隙对焊接过程的影响如图 4-29 所示。在根部间隙为 8~9mm 处，侧壁熔深达到最大值，焊接规范区间也最宽。通过试验发现，当间隙大于 8mm 时不容易产生热裂纹，而且从装配精度、焊接效率等角度考虑，窄间隙 GMAW 的间隙一般以 8~10mm 为宜。

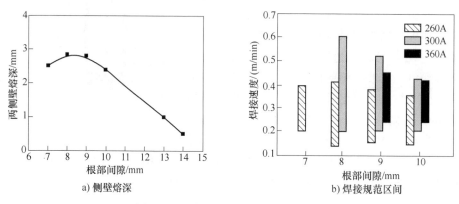

图 4-29　根部间隙对焊接过程的影响

3. 电弧电压的影响

在焊接参数中，对焊缝影响最大的是电弧电压。电弧电压升高弧长增加，可以增大熔宽，但电弧电压过高，会造成咬边，严重的会造成侧壁起弧，混入杂质，烧毁导电嘴，使焊接无法进行。小野英彦采用高速摄影对高电压、低电流时产生咬边的机理进行了研究，直流反接电弧不摆动时，电弧大部分集中于底部，在侧壁上熔深较小，更多的是预热作用，但熔化金属流动性较强，在电弧力的作用下沿侧壁流向熔池后方，可以达到侧壁较高的位置，熔化较多的侧壁金属。当表面张力不能支撑大量的熔融金属，凝固时就会产生下溢现象，形成咬边。

4. 保护气体的影响

保护气体的选择对焊缝成形十分重要，保护气体对焊缝成形和飞溅的影响见表 4-9。采用纯 Ar 保护气体，不仅焊缝呈指状熔深，极易产生裂纹，而且流动性差，不利于窄间隙焊缝表面下凹的形成；$Ar+CO_2$ 混合气体保护使焊缝具有较小的焊缝成形系数，良好的表面成形，较小的飞溅，这些特性都非常适合窄间隙焊，而加入 O_2 会使飞溅增加，所以一般熔化极窄间隙焊的保护气体多为 $Ar+CO_2$。

表 4-9 保护气体对焊缝成形和飞溅的影响

对比项目	气体类型				
	CO_2	$Ar+CO_2$	Ar	$Ar+O_2$	$Ar+CO_2+O_2$
焊缝外观	良好	良好	不良	起氧化皮	较好
熔透程度	深	较小	较小	较小	较浅
焊缝宽度	正常	较大	最大	较大	较大
焊缝高度	正常	较低	较低	较低	较低
熔化率	高	较小	最小	不变	较小
飞溅程度	高	较小	最小	较大	较大

通过喷嘴形状控制气体的流出，也可以调节焊缝成形系数。小野英彦采用直流正接摆动电弧，添加保护气体控制表面弯曲程度，取得了很好的效果。随着保护气体流量的增加，焊缝表面弯曲量增大，如图 4-30 所示。

a) 保护气体流量=0　b) 保护气体流量　c) 保护气体流量　d) 保护气体流量　e) 保护气体流量
=9L/min　　　　=13L/min　　　=18L/min　　　=23L/min

图 4-30 保护气体流量对焊缝成形的影响

4.3.2 节中所提到的 NG-GMAW 的焊接参数及条件范围见表 4-10。

表 4-10 NG-GMAW 的焊接参数及条件范围

方式	焊接材料			焊接电源	工作条件						焊接位置
	焊丝种类	焊丝直径/mm	保护气体（体积分数）		坡口形状	电源极性	焊接电流/A	电弧电压/V	焊接速度/(cm/min)	摆动频率/Hz	
BHK	实心	1.2	$Ar+CO_2$（20%）	DC 脉冲	I 形（9mm）	DC+	280~300	28~32	22~25	—	平焊
折曲焊丝式	实心	1.2	$Ar+CO_2$（20%）	DC 脉冲	V 形（1°~4°）	DC+	260~280	29~30	18~22	250~300 次/min	平焊
麻花状焊丝	实心	2.0×2 根	$Ar+CO_2$（10%~20%）	DC 陡降特性	I 形（14mm）	DC+	480~550	30~32	20~35	—	平焊
导电嘴旋转	实心	1.2	$Ar+CO_2$（20%）	DC 脉冲	I 形（16~18mm）	DC+	300	33	25	150max	平焊
螺旋形焊丝	实心	1.2	$Ar+CO_2$（20%）	DC 脉冲	I 形	DC+	300~360	31~35	20~30	120~150	平焊

4.3.4　BHK 窄间隙焊

火力发电、原子能发电机化学成套装置的大型焊接结构，多采用厚度为 50~250mm 的钢板。过去，这些厚钢板主要采用埋弧焊和电渣焊，目前在日本已经被窄间隙 GMAW 取代。BHK 方法使接头性能提高，特别是韧性。因操作容易，废品率下降，因而得到了广泛的应用。该方法基本上是气体保护电弧的多层单道焊接，采用 I 形坡口，间隙为 8~9mm，可用于焊接厚度大于 200mm 的特厚板，已用于制造核反应堆压力容器等要求可靠性高的产品上。

BHK 方式由日本 Babcock Hitachi KK 公司开发，主要是利用波浪形焊丝来使电弧摆动，再依靠焊接电源、气体压力来控制焊道表面形状，从而解决了侧壁熔合问题。BHK 方式的原理及焊枪实物如图 4-31 所示。使用直径为 1.2mm 的实心焊丝，依靠送丝轧辊导向，周期性地连续使焊丝变成波浪形，并送进焊丝，随着焊枪下端焊丝被电弧熔化，电弧也就自动地摆动起来了。

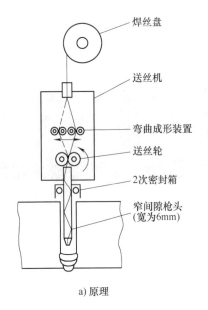

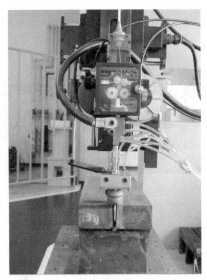

a) 原理　　　　　　　　　　　b) 焊枪实物

图 4-31　BHK 方式的原理及焊枪实物

焊枪插入坡口深处，使焊丝通入焊接区。由于焊枪端部容易沾满飞溅，妨碍送丝，容易导致电弧不稳，产生气孔、焊道表面粗糙等现象发生，因而这种方法容易造成未焊透等缺陷。为了解决上述问题，可采用脉冲电源，这种电源容易得到射流过渡，飞溅少。另外，因为是多层单道焊接，焊道的端部形状呈凹形，进而在焊接后续焊道时容易产生未焊透。为了防止产生这种缺陷，可利用焊枪端部保护气体产生的压力，在保护熔池的同时，使表面形状不再呈凹形。

根据产品的种类、拘束程度及有关技术的不同，可采用不同的坡口形式，其代表性的坡口形式如图 4-32 所示。根部间隙一般为 8~9mm，考虑表面间隙的收缩，必须确保坡口顶部间隙的尺寸。BHK 方式的焊接参数见表 4-11。

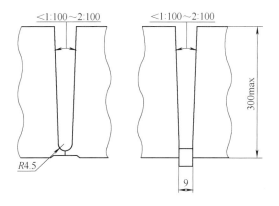

板厚/mm	长度/mm	管接头/mm
≤30	10	9
>30～75	11	10
>75～150	13	11
>150	15	12

图 4-32 坡口形式

表 4-11 BHK 方式的焊接参数

项目	单丝型	双丝型	轻便型		鞍型
			平、横焊	立焊	
焊接电流/A	180～300	180～300	180～300	120～160	120～250
电弧电压/V	29～31	29～31	29～31	27～30	27～30
焊接速度/(mm/min)	200～280	200～280	200～280	70～100	80～150
保护气体(体积分数,%)	Ar80+CO$_2$20				
气体流量/(L/min)	主喷嘴的气体流量为 20～30,副喷嘴的气体流量为 40～60				

图 4-33 所示为 NG-GMAW 焊接的 300mm 厚钢板的焊缝横截面,所采用的焊接参数见表 4-12。

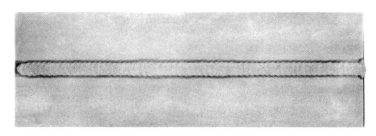

图 4-33 NG-GMAW 焊缝横截面 (板厚为 300mm)

表 4-12 NG-GMAW 的焊接参数

板厚/mm	300	焊接速度/(cm/min)	22
坡口尺寸/mm	I 形坡口,间隙为 9	摆动频率/Hz	80
焊丝直径/mm	1.2	摆动幅度/mm	4
焊接电流/A	260	保护气体(体积分数)	80%Ar+20%CO$_2$
脉冲频率/Hz	120	保护气体流量/(L/min)	25+50
电弧电压/V	30	焊道数量/道	≈70

图 4-34 所示为横焊现场及焊缝的横截面照片。

a) 横焊现场

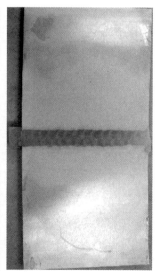

b) 接头横截面

图 4-34　横焊现场及焊缝横截面照片

4.3.5　高速旋转电弧窄间隙焊

在超厚窄间隙焊接过程中，确保坡口两侧得到均匀的熔深是一项主要条件。为此，在坡口内使电弧做有效的摆动是必要的。为实现电弧摆动，可采用细焊丝，并预先让其强制弯曲，通过周期性地改变弯曲方向而实现焊丝摆动，典型的如 4.3.4 节所讲述的 BHK 方式。但是，在这种方式中，由于导电嘴的磨损、焊丝的材料特性、焊丝盘卷本身的死弯等，会造成焊丝不规则摆动，容易引起焊接缺陷。

日本钢管公司（JFE）研制了一种不使焊丝强制弯曲，而是使焊丝在一定范围内摆动的高速旋转电弧焊接方法。该方法借助特定的机构使电弧的旋转速度达到电源频率的两倍，从而得到均匀稳定的坡口两侧熔深。另外，它是利用检测坡口内的旋转电弧电压来进行非接触式对中控制的一个焊接系统。

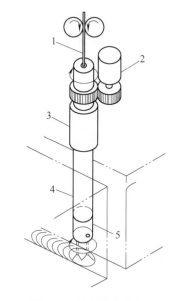

图 4-35　旋转机构的原理
1—焊丝　2—旋转电动机
3—轴承座　4—导丝嘴　5—导电嘴

1. 原理

旋转机构的原理如图 4-35 所示。焊丝从导电嘴的中心送入，依靠导电嘴的偏心孔使焊丝偏心送进。导电嘴由轴承支持住，并借助一电动机使其按同一方向高速旋转。因此，焊丝端部的电弧以导电嘴孔的偏心量为半径在熔池上方旋转。

在电弧高速旋转过程中，按电弧的物理效果向四周分散，使焊道形成机理和熔滴过渡现象产生明显的改进效果。

1）焊道形状变得平扁，四周熔深增加。图 4-36 所示为不同旋转频率下的焊道形状。MAGW 的特点是熔深集中在中心部位，由于电弧旋转，熔深向四周分散，从而得到了宽而浅的扁平焊道形状。

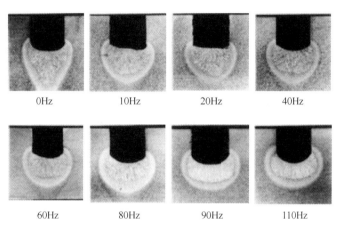

| 0Hz | 10Hz | 20Hz | 40Hz |

| 60Hz | 80Hz | 90Hz | 110Hz |

图 4-36 不同旋转频率下的焊道形状

2）熔化速度增加。旋转频率与焊丝熔化速度的关系如图 4-37 所示。可以看出，随着旋转频率的增加，熔化速度也在加快。当旋转频率为 100Hz 时，熔化速度增加了将近 20%。通过高速摄像拍摄发现，焊丝端部熔滴的脱离方向是朝向旋转的外侧的。可以推测，这是由于旋转产生的离心力增加了熔滴的脱离力而造成的。

2. 焊接装置及应用

焊嘴的外径及长度要根据坡口的宽度与板厚来选择，但外径的最小值为 8mm，长度的最大值为 200mm。当导电嘴端部焊丝孔的偏心量为 2mm、焊丝伸出长度为 20mm 时，可得到直径为 6~7mm 的旋转电弧。气体保护喷嘴为扁平喷嘴，同时装有两个喷嘴。当焊接到坡口表层附近时，再加上一个箱形喷嘴。利用滑动电刷向旋转的导电嘴送入焊接电流，

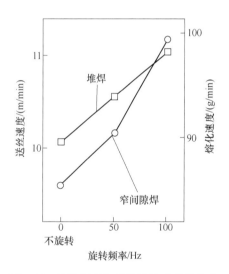

图 4-37 旋转频率与焊丝熔化速度的关系
注：焊接电流为 300A，电弧电压为 32.5V。

由旋转装置和导电嘴组成的焊接机头安装在能沿坡口宽度方向（x 轴）和焊枪高度方向（y 轴）自动对中的装置上，而这些部分又装在焊接小车上并一起行走。焊接装置的构成及性能见表 4-13。

用该装置进行了两种材料的焊接试验，焊接参数见表 4-14，力学性能的测试结果见表 4-15。

该方法于 1982 年开始用于焊接施工现场，主要用于发动机密封底座、活塞缸等重型机器部件及高层建筑钢架等的焊接，施工用板厚度为 45~130mm。这一焊接装置既能保证焊接过程的稳定性，又具有焊枪自动对中功能，实现了焊接操作的无人化，焊接效率和接头质量都达到了令人满意的效果。

表 4-13 焊接装置的构成及性能

构成	性能
焊嘴和导电嘴	最小直径为 8mm 焊丝直径为 1.2mm 长度为 100~200mm
旋转系统	直流电动机,电压为 75V,转速为 3000r/min 最大旋转频率为 150Hz
供电系统	电刷
保护喷嘴	扁平喷嘴、管式喷嘴
电源	DCEP(脉冲),500A(负载持续率为 100%)
送丝系统	最大送丝速度为 15m/min
焊缝跟踪系统	x 轴行程为 150mm,y 轴行程为 250mm
控制器	旋转控制、电弧传感控制、焊接顺序控制

表 4-14 焊接参数

母材金属 (日本)	焊接电流 /A	电弧电压 /V	焊接速度 /(cm/min)	焊丝伸出长度 /mm	旋转直径 /mm	旋转频率 /Hz	焊丝(日本)	保护气体 (体积分数)	预热层温 /℃
PK42	300	33	25	25	7.6	50	YM-25 (直径为 1.2mm)	80%Ar+20%CO_2 (流量为 50L/min)	100~200
HT80BM	300	33	25	20	7.0	50	MCS88 (直径为 1.2mm)	80%Ar+20%CO_2 (流量为 50L/min)	100~200

表 4-15 力学性能的测试结果

母材金属 (日本)	抗拉强度 /9.8MPa	侧弯曲	冲击吸收能量/9.8J			说明
			焊缝	熔合线	热影响区	
PK42	47.6	良好	21.4	25.16	6.94	试验温度为 0℃ 焊后热处理工艺为 625℃×3.5h
	47.5	良好	20.15	—		
HT80BM	97.0	良好	5.8	4.6	12.5	试验温度为 -32℃
	97.0	良好	6.2	—		

图 4-38 所示为旋转电弧 NG-GMAW 焊接重型压力容器,图 4-39 所示为使用高速旋转电弧方法焊接厚度为 235mm 的多层单道焊缝的横截面照片。

3. 旋转电弧的焊缝跟踪原理

在焊接前进方向的左侧有一侧壁 L,旋转电弧焊接时焊丝端部与侧壁 L 接近,其距离为 δ,这时 δ 与电弧电压的关系如图 4-40 所示。从图 4-40 中可以看出,随着 δ 的减小,V_{LP} 急剧下降。

基于这一基本的电弧现象,JFE 研制了高速旋转电弧焊接的自动对中控制法。所检出的电弧电压波形,依靠差动放大器将脉动电流成分放大后,以焊接方向将焊丝旋转位置的每个半周期划分成波形,再将划分的波形在积分器中积分后求出增值电压 ΔV,将这一 ΔV 输入,使焊枪沿坡口宽度方向移动的驱动电动机就可以实现坡口对中控制。焊枪高度方向的对中控

图 4-38 旋转电弧 NG-GMAW 焊接重型压力容器

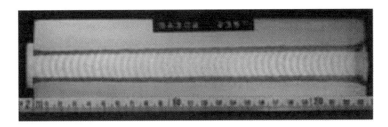

图 4-39 多层单道焊缝的横截面照片（厚度为 235mm）

制是依靠将电弧电压的平均值与标准电压值进行比较，并将其差值进行修正的方法实现的。

4.3.6 国内的研究情况

1. 旋转电弧 NG-GMAW

哈尔滨工业大学从 2005 年开始对旋转电弧窄间隙焊进行了研究，研制了新的旋转电弧窄间隙焊枪。该焊枪采用独有的双圆锥摆动设计，实现了可调节圆周旋转，克服了连续焊接导电嘴磨损问题。适应坡口尺寸：根部间隙为 6mm，上部间隙 ≤12mm。哈尔滨工业大学研制的旋转电弧 NG-GMAW 焊枪如图 4-41 所示。采用该旋转电弧窄间隙焊枪成功地焊接了低碳钢窄间隙平焊焊缝，如图 4-42 所示。所采用的焊接参数见表 4-16。

江苏科技大学的王加友等人也开发了类似的旋转电弧窄间隙焊装置及设备。

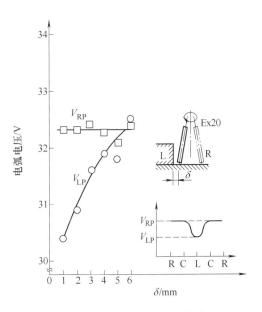

图 4-40 δ 与电弧电压的关系

图 4-41　哈尔滨工业大学研制的旋转电弧 NG-GMAW 焊枪

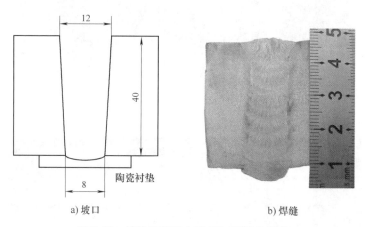

a) 坡口　　　　　　　　　　　　b) 焊缝

图 4-42　低碳钢旋转电弧 NG-GMAW 焊缝

表 4-16　旋转电弧 NG-GMAW 多层焊的焊接参数

层数	送丝速度 /（m/min）	电弧电压 /V	旋转频率 /Hz	焊丝伸出长度 /mm	Ar+20%CO₂ 的流量/（L/min）	焊接速度 /（mm/min）
1	5.5	30	35	20	25	350
2	5.0	30	35	20	25	350
3~4	5.0	29.0	50	20	25	350
5~8	5.5	30.5	50	20	25	350
9~10	6.0	31.5	50	20	25	350
11~13	6.5	33.0	50	20	25	350

2. 旋转射流 NG-GMAW

旋转射流 NG-GMAW 由上海交通大学的周昀等人开发，这种方法以 T. I. M. E. 焊接技术为基础，保护气体为 Ar、O₂ 和 CO₂ 的混合气体，在大电流下产生旋转射流过渡，从而达到使电弧旋转的目的。当热输入为 25kJ/cm、间隙为 10mm 时，焊缝熔宽可以达到 17mm。这种方法的焊接规范区间较窄，与 T. I. M. E. 技术一样，对保护气体的成分和比例要求严格，热输入较大。

3. 双丝 NG-GMAW

哈尔滨工业大学在旋转电弧 NG-GMAW 的基础上，开发了双丝 NG-GMAW 技术。其两根焊丝通过弯曲或斜孔导电嘴伸出，两根焊丝分别由独立的电源供电，除焊接速度，其他参数可以独立调节。两根焊丝各自指向一侧侧壁，为避免电弧间的干扰，其间距为 50 ~ 100mm，形成两个熔池，相当于一次行程熔敷两道互相搭接的角焊缝。由于热输入较小，主要用于焊接高强度钢和热敏感性较高的材料，其原理及焊枪如图 4-43 所示。

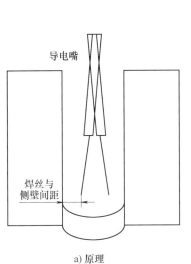

a) 原理

b) 焊枪

图 4-43　双丝 NG-GMAW 的原理及焊枪

采用开发的双丝窄间隙焊枪，进行了多层焊接试验。坡口尺寸如图 4-44 所示。为了防止打底层产生未熔合，仍旧使用陶瓷衬垫。焊接时保证焊丝与侧壁间的距离为 2.5 ~ 3.0mm，前后间距 5 ~ 10mm，其他焊接参数见表 4-17。图 4-45 所示为其焊缝截面形状。从图 4-45 中可以看出，焊缝成形美观，层间及侧壁结合良好；采用了脉冲焊，没有形成指状熔深。

表 4-17　双丝 NG-GMAW 多层焊的焊接参数

层数	脉冲频率 /Hz	脉冲电压 /V	脉冲宽度 /ms	基值电流 /A	送丝速度 /(m/min)	焊接速度 /(mm/min)
1	210	34	2.6	80	10	350
2 ~ 4	210	34	2.6	80	10	525
5 ~ 8	210	34	2.6	80	10	475

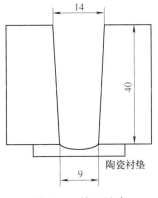

图 4-44　坡口尺寸

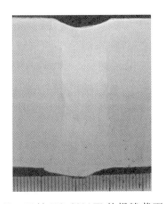

图 4-45　双丝 NG-GMAW 的焊缝截面形状

4. 超窄间隙焊

贴覆焊剂带超窄间隙焊由兰州理工大学的朱亮等人开发，它是将特定成分的焊剂做成焊剂带，自上而下沿坡口的两侧壁送入电弧区。由于焊剂带绝缘，阻止了电弧沿侧壁的向上攀升，其原理及焊枪结构如图4-46所示。同时，焊剂带在电弧热的作用下熔化，使电弧受到约束，有效地控制了电弧的加热区域，保证了坡口两侧壁的有效熔合。焊剂带的成分主要以大理石和萤石为主，焊剂带熔点高，导电性差，可以抑制电弧沿侧壁攀升，并且还能起到稳弧和造渣、造气的作用。在适当的焊接参数下，可以实现间隙为3.5mm、热输入小于5kJ/cm的超窄间隙焊。

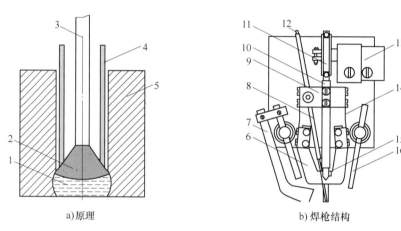

a) 原理　　　　　　　　　b) 焊枪结构

图 4-46　焊剂带约束超窄间隙焊的原理及焊枪结构

1—熔池　2—电弧　3、12—焊丝　4、15—焊剂带　5—焊件　6—板式导电嘴　7—导气管
8—导丝管　9—弹簧片支架　10—导带槽　11—压带轮　13—送带电动机　14—弹簧片　16—导向装置

中村照美于1998年开发了超窄间隙CO_2气体保护焊，间隙为5mm。为了改善焊缝成形，采用脉冲电流和电压来控制电弧在坡口内上下摆动。通常所说的超窄间隙焊就是指这种方法。张富巨等人在此基础上采用超低飞溅率波形控制脉冲逆变电源，开发了超窄间隙GMAW方法。超窄间隙焊的热输入一般小于10kJ/cm，热影响区只有1~2mm，非常适于高强度钢、细晶粒钢和超细晶粒钢的焊接。张富巨试焊了980钢，焊缝没有出现脆硬现象；拉伸试验表明，焊缝与母材金属等强，热影响区的冲击吸收能量仅减少17.9%。

5. 摆动电弧 NG-GMAW

哈尔滨工业大学、江苏科技大学等国内科研机构和公司开发了导电嘴弧形摆动NG-GMAW技术。摆动电弧焊接使电弧在坡口两侧来回摆动，以扩大电弧作用区域，增加电弧对侧壁的作用时间，使分配到坡口侧壁的电弧热量增多，保证对侧壁的充分加热。与前述的几种NG-GMAW技术相比，摆动电弧技术参数与生产实际中常用的机械摆动焊接接近，包括摆动频率、摆动幅度和侧壁停留时间等，而且焊炬的结构简单可靠，目前已经在国内能源装备制造中得到了应用。

导电嘴弧形摆动方式的原理：导电杆下端加工成微弯状，导电嘴安装在微弯导电杆的下端，因此导电嘴与导电杆的轴线形成了一定的角度；当导电杆围绕轴线来回转动时，导电嘴便进行弧形摆动，从而实现焊丝摆动。电弧摆动方案及摆动轨迹如图4-47所示。

哈尔滨工业大学利用摆动电弧NG-GMAW对50mm厚船舶用10CrNi3MoV高强度钢进行

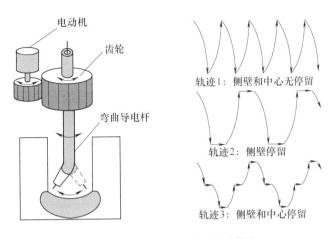

图 4-47 电弧摆动方案及摆动轨迹

焊接。为了保证焊缝背部成形，在坡口根部使用陶瓷衬垫支撑。保护气体（体积分数）为 92%Ar+8%CO_2，焊丝为直径 1.2mm 的 WM960S。表 4-18 列出了主要焊接参数。50mm 厚钢板的焊接层数为 13 层，其中 1 层为打底层，2~12 层为填充层，13 层为盖面层，得到的焊缝成形如图 4-48 所示。由图 4-48 可见，焊缝成形良好，热影响区约为 3mm，这比传统大坡口多层多道焊接方法要小得多。焊缝熔宽为 9~12mm，焊层厚度为 3~5mm，侧壁熔深为 1~2mm。

表 4-18 主要焊接参数

层数	送丝速度/ （m/min）	电压 /V	摆动速度/ （rad/s）	焊接速度/ （mm/min）	摆动角度/ （°）	侧壁停留 时间 /ms
1	6	27	—	160	—	—
2~3	6	27	1.4	160	34	300
4~12	7	28.5	1.4	160	34	300
13	6.5	27.7	1.4	160	34	300

图 4-48 焊缝成形

4.4 窄间隙埋弧焊（NG-SAW）

4.4.1 概述

1. NG-SAW 简介

窄间隙埋弧焊（NG-SAW）出现于 20 世纪 80 年代，很快被应用于工业生产，其主要应用领域是低合金钢厚壁容器及其他重型焊接结构。NG-SAW 的焊接接头具有较高的抗延迟冷裂能力，其强度性能和冲击韧性优于传统宽坡口埋弧焊接头。与传统埋弧焊（SAW）相比，总效率可提高 50%~80%；可节约焊丝 38%~50%，节约焊剂 56%~64.7%。NG-SAW 已有各种单丝、双丝和多丝的成套设备出现，主要用于水平或接近水平位置的焊接，并且要求焊剂具有焊接时所需的载流量和脱渣效果，从而使焊缝具有合适的力学性能。一般采用多层焊，由于坡口间隙窄，层间清渣困难，对焊剂的脱渣性能要求高，尚需发展合适的焊剂。

NG-SAW 工艺具有高的熔敷速度、低的飞溅和电弧磁偏吹，能获得焊道形状好、质量高的焊缝，以及设备简单等优点。由于在填充金属、焊剂和技术方面取得的最新进展，使日本、俄罗斯和欧洲等国家和地区在焊接碳素钢、低合金钢和高合金钢时广泛采用了 NG-SAW 工艺。

NG-SAW 用的焊丝直径为 2~5mm，很少使用直径小于 2mm 的焊丝。据报道，最佳焊丝直径为 3mm。直径为 4mm 的焊丝推荐给厚度大于 140mm 的钢板使用，而直径为 5mm 的焊丝则用于厚度大于 670mm 的钢板。

NG-SAW 焊道熔敷方案的选择与许多因素有关。

（1）单道焊　单道焊仅在使用专为窄坡口内易于脱渣而开发的自脱渣焊剂时才采用。然而，尽管使用较高的坡口填充速度，单道焊方案较多道焊方案仍有一些不足之处。除需要使用非标准焊剂，它还要求焊丝在坡口内非常准确地定位，对间隙的变化有较严格的限制。对焊接参数，特别是电弧电压的波动及凝固裂纹的敏感性大，限制了这一工艺的适应性。单道焊在日本使用得较多。

（2）多道焊　日本以外的其他国家广泛使用多道焊，其特点是坡口填充速度慢，但其适应性强，可靠性高，产生的缺陷少。尽管焊接成本较高，这一方案的最重要之处在于，允许使用标准的或略为改进的焊剂，以及传统 SAW 的焊接工艺。

2. NG-SAW 的焊接特性

（1）优点

1）埋弧焊时电弧的扩散角大，焊缝成形系数大，电弧功率大，再配合适当的丝-壁间距控制，无须像熔化极气体保护焊那样，必须采用较复杂的电弧侧偏技术，即埋弧焊方法的电弧热源及其作用特性，可直接解决两侧的熔合问题，这是埋弧焊在窄间隙焊技术中应用比例最高的重要原因。

2）在焊接过程中，能量参数的波动对焊缝几何尺寸的影响敏感程度低。这是由于埋弧焊方法的电弧功率高，同样的电流波动量 ΔI，在埋弧焊时所引起的波动幅度要小得多。

3）埋弧焊过程中不会产生飞溅，这是埋弧焊在所有熔化极弧焊方法中所独有的特性，也正是窄间隙焊技术所全力追寻的目标。因为深窄坡口内一旦产生较大颗粒的飞溅，无论是送丝稳定性、保护的有效性，还是窄间隙焊枪的相对移动可靠性都将难以保证。

4）当采用多层多道方式焊接时，通过单道焊缝成形系数的调节，可以有效地控制母材金属焊接热影响区和焊缝区中粗晶区和细晶区的比例。通常，焊缝成形系数越大，热影响区和焊缝区中的细晶区比例越大。这是由于焊道熔敷越薄，后续焊道对先前焊道的累积热处理作用越完全，通过一次、两次甚至三次固态相变，使焊缝和热影响区中的部分粗晶区转变成细晶区，这对提高窄间隙焊技术中焊接接头组织的均匀性和力学性能的均匀性具有极其重要的意义。

（2）缺点　埋弧焊方法的局限性也原原本本地遗传给了 NG-SAW 技术，主要体现在以下三个方面。

1）由于狭窄坡口内单道焊接时极难清渣，因此夹渣是 NG-SAW 的常见缺陷。

2）埋弧焊方法的诸多技术优势起源于大电弧功率，这将使得 NG-SAW 时焊接热输入增大，焊接接头和热影响区的韧性难以提高，重要的 NG-SAW 接头常常需要焊后热处理方可满足使用性能要求。

3）难以实施平焊以外的其他空间位置的焊接。

3. 工业上成熟的 NG-SAW 技术

到目前为止，在工业上比较成熟的 NG-SAW 技术有以下几种。

（1）NSA 技术　它是日本川崎制钢公司为碳素钢和低碳钢压力容器、海上钻井平台和机器制造而开发的 NG-SAW。采用直焊丝技术及有陶瓷涂层的特殊的扁平导电嘴。此技术采用单焊道，并采用单焊丝或串列双丝。焊丝直径为 3.2mm，配以 $MgO-BaO-SiO_2-Al_2O_3$ 为基本成分的特殊设计的 KB-120 中性焊剂，使其具有较好的脱渣性。

（2）Subnap 技术　它是由日本新日铁为碳素钢和低合金钢的焊接开发的 NG-SAW。它采用直焊丝、单焊道和单焊丝或串列双丝。焊丝直径为 3.2mm。为获得较好的脱渣性，特殊设计了主要成分分别为 $TiO_2-SiO_2-CaF_2$ 和 $CaO-SiO_2-Al_2O_3-MgO$ 的两种焊剂。

（3）ESAB 技术　它是瑞典 NG-SAW 设备和焊接材料制造商 ESAB 为压力容器和大型结构件的碳素钢和低合金钢的焊接而开发的。该技术采用双焊道，并采用固定弯丝。

（4）Ansaldo 技术　它是由意大利米兰的 Ansaldo T P A Breda 锅炉厂 NG-SAW 设备制造商和用户开发的。它采用固定弯曲单焊丝，每层熔敷多焊道。

（5）MAN-GHH 技术　它是由德国 MAN-GHH Sterkrade 为核反应堆室内部件的制造而开发的。它采用单焊丝双焊道。

为进一步提高 NG-SAW 的填充效率，在单丝 NG-SAW 的基础上又开发出了双丝、多丝焊接技术。焊丝排列可以采用串列，也可以采用并列的方式，但以串列者居多。以串列双丝焊为例，可以采用双丝各指向一个坡口侧壁的方式，这样可使每层焊缝只需焊接一道，并且保证侧壁具有良好的熔合效果。同时，多丝焊接时，每条焊丝的化学成分可以不同，从而可方便地调整焊缝金属的化学成分和组织。

图 4-49 所示为双丝 NG-SAW 设备。

4. 设备应用

目前，市场上已有成熟的、商品化的单丝、双丝和多丝 NG-SAW 设备，如日本的川崎制钢、瑞典的 ESAB、中国的哈尔滨焊接研究院有限公司等企业所开发的设备都有工程应用的实例。

图 4-50 所示为某核反应堆穹顶法兰环焊缝 NG-SAW 现场。容器内径超过 5m，壁厚为 400mm，高度为 40m，总质量为 3000t。接头熔深达到了 670mm，因此采用坡口间隙

图 4-49　双丝 NG-SAW 设备（ESAB 公司产品）

最小为 35mm 的三道焊。采用的坡口形式及焊缝横截面照片如图 4-51 所示。

4.4.2　精密控制双丝 NG-SAW

美国 AMET 公司针对生产中常用的双丝 NG-SAW 设备存在的问题，开发了新型精密控制的双丝 NG-SAW 焊接系统。

图 4-50 某核反应堆穹顶法兰环焊缝 NG-SAW 现场

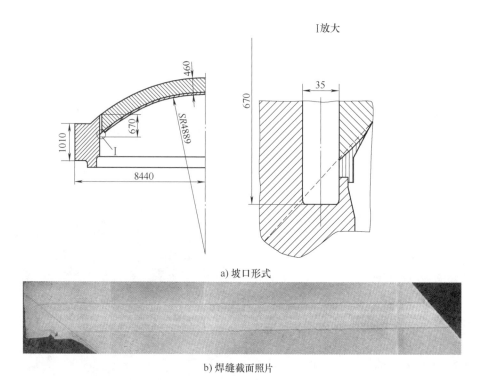

a) 坡口形式

b) 焊缝截面照片

图 4-51 坡口形式及焊缝横截面照片

1. 窄间隙埋弧焊机头

焊接机头是双丝窄间隙埋弧焊系统的关键设备之一，窄间隙坡口的底部宽度较小，一般不超过 20mm，因此要求焊枪厚度较薄，动作灵敏、准确。美国 AMET 的双丝窄间隙埋弧焊焊接机头如图 4-52 所示。该机头的最大可焊坡口深度为 400mm。机头的主要组成部分包括前枪、后枪、焊剂输送机构、焊剂回收机构、焊剂料斗、激光跟踪头和送丝机。

焊枪采用三层保护处理，以实现对焊枪的保护。导电嘴采用特殊的铜合金制成，导电能力优良，整体刚度大，工作时不产生自由形变；它在设计时采取了分瓣、加长设计的理念，以实现导电嘴与焊丝之间大面积的紧密接触，保证导电的稳定性。焊枪设计为上下两个枪体，焊接过程中上枪体固定，而下枪体可以沿上枪体上的销轴摆动，实现焊接电弧向侧壁的偏转。对于共熔池双丝埋弧焊，焊丝间距一般为 15 ~ 25mm。前枪、后枪间距可以通过调距螺杆在 5 ~ 50mm 内任意调整。两枪夹角进行了可调性设计，调整范围为 15° ~ 30°。

图 4-52 美国 AMET 的双丝窄间隙埋弧焊焊接机头

2. 控制系统

采用多处理器同步控制技术和 ARC-LINK 数字化通信技术，控制系统在同一时钟平台上对每台焊接电源进行控制，可准确地控制每台电源在任意时刻输出电流的大小、频率、相位、波形等参数，严格保证电弧间电参数的相对稳定性，明显减轻了电弧间的干扰。

两个电弧可以在控制器中分别编程控制，支持两个电弧具有不同的电流极性、电流相位、直流补偿等电参数。控制系统还支持多段焊接程序连续焊接，工艺人员可以分别对每段程序的焊接时间、电弧极性、电流大小、焊接速度和焊枪摆角等进行设置。

系统还采用激光焊缝跟踪系统，实现对窄间隙坡口的识别与跟踪，严格保证多层多道焊的焊枪位置，防止咬边等缺陷的发生。控制系统的体系结构如图 4-53 所示。

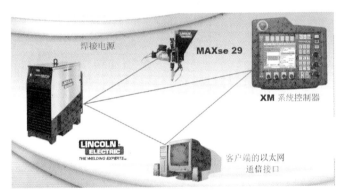

图 4-53 控制系统的体系结构

3. 应用实例

（1）13MnNiMo54（BHW35，德国牌号）钢　材料厚度为 145mm；焊剂为 SJ101；焊丝直径为 4mm，材料为 H08Mn2MoA。BHW35 钢焊接性相对较差，焊接冷裂敏感性强。焊前需预热，焊后需进行热处理。焊接时采用小的热输入，并提高预热温度，降低试件冷却速度。采用的坡口形式及尺寸如图 4-54 所示。

埋弧焊前，焊件背面采用焊条电弧焊封底。正面窄间隙坡口采用埋弧焊填充盖面，第一层采用单丝直流反接打底焊，焊接电流为 550A，电弧电压为 30V，焊接速度为 600mm/min；其余各层采用双丝 NG-SAW 焊接，每层两道。焊后进行热

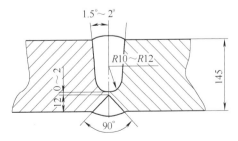

图 4-54 坡口形式及尺寸

处理。其焊接参数见表4-19。

表4-19 BHW35钢的焊接参数

焊丝间距/mm	焊丝到坡口侧壁距离/mm	焊枪摆角/(°)	预热温度 T/℃	层间温度 T/℃	焊接电流 I/A		电弧电压 U/V		焊接速度 v/(mm/min)		电流极性	
					前弧	后弧	前弧	后弧	前弧	后弧	前弧	后弧
20	4	2	150	150~350	600	450	30	32	650	650	DC 正接	AC

焊接完成的焊缝如图4-55所示。

焊接完成后的接头整体拉伸试验结果及热影响区和焊缝的冲击试验结果分别见表4-20和表4-21。

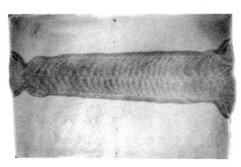

图4-55 焊接完成的焊缝

表4-20 接头整体拉伸试验结果

编号	试验温度 T/℃	下屈服强度 R_{eL}/MPa	抗拉强度 R_m/MPa	断后伸长率 A(%)	断面收缩率 Z(%)
CHL1	常温	645	730	23.5	66.5
CHL2	常温	670	740	22.5	67.5
CHL3	常温	685	760	22.5	65.5
CHL1	400	520	645	22.0	65.5
CHL2	400	535	660	21.5	62.0
CHL3	400	550	670	23.5	64.5

表4-21 热影响区和焊缝的冲击试验结果

编号	缺口位置	冲击吸收能量/J	编号	缺口位置	冲击吸收能量/J
HC1	焊缝	140135	RC1	热影响区	266266
HC2	焊缝	123130	RC2	热影响区	270265
HC3	焊缝	162159	RC3	热影响区	258250

(2) Q235钢 环焊缝焊接试验件（材质为Q235）外径为1000mm，壁厚为145mm，窄间隙坡口深度为135mm。坡口形式及尺寸如图4-56所示。选用SU26（H08Mn）焊丝，焊丝直径为4.0mm，焊剂为SJ101。

焊前将焊件预热到150℃，第一层采用单丝直流反接打底焊，焊接电流为575 A，电弧电压为30V，焊接速度为450mm/min；中间层和盖面层均采用双丝埋弧焊。Q235钢的焊接参数见表4-22。

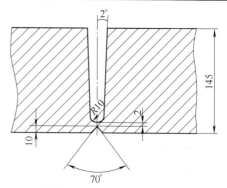

图4-56 坡口形式及尺寸

表4-22 Q235钢的焊接参数

焊丝间距/mm	焊丝到坡口侧壁的距离/mm	焊枪摆角/(°)	预热温度 T/℃	层间温度 T/℃	焊接电流 I/A		电弧电压 U/V		焊接速度 v/(mm/min)		电流极性	
					前弧	后弧	前弧	后弧	前弧	后弧	前弧	后弧
17	4	2	150	150~350	550	400	28	32	650	650	DC 正接	AC

该精密控制双丝 NG-SAW 系统已经在国外得到了应用。例如，加拿大的 Babcock Wilcox 公司将其用于核工业重型容器的制造；美国的 Tower Tech Systems 和 Katana Summit 公司将其用于风力发电基塔的制造等。风力发电塔的焊接现场如图 4-57 所示。

4.4.3　SUBNAP 方法

SUBNAP （submerge arc welding narrow gap process 的缩写）是日本新日铁公司（NIPPSON）开发的窄间隙埋弧焊方法，它包括三种类型，其特征见表 4-23。

图 4-57　风力发电塔的焊接现场

表 4-23　SUBNAP 方法的特征

方法	坡口	板厚/mm	特征	要点
多层单道焊	U 形窄坡口	≈150	当板厚大于 70mm 时，节约焊接时间和材料的效果最好	1）焊接规范严格 2）采用脱渣性好的专用焊剂
多层双道焊	U 形窄坡口	≈300	用于 180mm 以上厚板，效果最好	1）脱渣容易 2）焊接参数范围宽 3）热输入小，韧性好 4）采用脱渣性和焊缝成形良好的专用焊剂
多层焊	小角度 X 形坡口	≈80	当板厚为 40~80mm 时，节约焊接时间的效果最好	1）在反面清理或焊接反面第一道焊缝处，需要去除未熔合区 2）采用脱渣性好的专用焊剂

其焊机采用传统的埋弧焊机即可，焊枪需要改造以使导电杆（直径为 8~10mm 的圆形导电杆或 8~10mm 宽的矩形导电杆）伸入窄坡口中。焊剂采用新日铁的 NF-1（中性熔炼焊剂）和 NF-250 焊剂（碱性熔炼焊剂）。

在这三种具体的方法中，有必要对多层单道焊进行严格的规范控制，即多层单道焊时，从焊接时的角变形和脱渣性来考虑，坡口角度应大于 3°；从焊剂的堆布、回收和清渣操作的难易程度来考虑，推荐坡口底部的宽度大于 12mm（纵列多丝焊时大于 14mm）。这样，用直径为 6~8mm 的钢棒制成扁錾，轻轻打击，焊渣便可脱落。多层单道焊时，打底焊道的焊接参数必须有利于防止产生热裂纹。第二层以后的焊接参数主要考虑以下两点：①在某一个坡口宽度时，焊道成形好，并且必须将两坡口壁连接起来；②不产生咬边，并且脱渣容易。能否将两坡口壁连接起来，对于特定坡口宽度来说，取决于是否有充分的熔敷速度（取决于焊接热输入），以及是否有足够的熔宽（取决于电弧电压）。但另一方面，当熔敷速度和熔宽过大时，则会产生咬边、脱渣性变差等缺陷。

一般来说，单丝多层单道焊时，若采用小电流、低速度（如 400A、20cm/min），焊接打底焊道时，只要母材金属碳的质量分数不大于 0.2%，是可以避免裂纹的，但当母材金属碳的质量分数大于 0.2% 时，必须考虑用焊条电弧焊堆焊隔离层或撒上切断的短焊丝。

对于特定的坡口宽度，焊接速度的容许变动范围平均约为 3cm/min。另外，焊接时，必须注意不要使焊剂的堆积高度过大。在窄间隙的情况下，气体的逸出比普通坡口稍微困难些，焊剂堆积过高，会使电弧不稳，并易使焊道成形不良。

当采用多层单道 SUBNAP 纵列多丝焊时，只要电弧电压稍低一些，焊丝间距小一些（厚度小于 15mm 时，一般取 7~12mm），就能焊出凹形且较宽的优质焊道，如图 4-58 所示。常用的 SUBNAP 多层双道的焊接参数见表 4-24 和表 4-25。

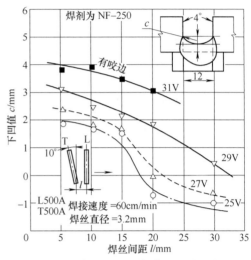

图 4-58　焊丝间距对焊道下凹的影响

表 4-24　SUBNAP 多层双道的焊接参数

坡口	焊丝数量	焊丝直径/mm	层		焊丝	焊接参数		
						焊接电流/A	电弧电压/V	焊接速度/(cm/min)
	AC，单丝	4.0	背面焊道	1（1道）	单丝	500	27（32）	25
				2→最后（2道）		600	28（33）	30
			正面焊道	1（1道）		500	27（32）	25
				2→最后（2道）		600	28（33）	30
	AC/AC，双丝	3.2	背面焊道	1（1道）	单丝	500	27（32）	25
				2→最后（2道）	前丝	500	27（29）	50（55）
					后丝	500	27（29）	
			正面焊道	1（1道）	单丝	500	27（32）	25
				2→最后（2道）	前丝	500	27（29）	50（55）
					后丝	500	27（29）	

注：表中（　）内为使用焊剂 NF-1 的规范，其余为使用 NF-250 的规范。

表 4-25　不锈钢 SUBNAP 多层双道的焊接参数

坡口	焊丝直径/mm	层数	焊接参数			
			道	焊接电流/A	电弧电压/V	焊接速度/(cm/min)
	4.0	1层2道	1	450	32	45
			2~3	500	32	40
			4-最终	550	32	35

当焊接高强度钢和不锈钢时，可以使用烧结型低氢焊剂 BF-350（用于 SUS304）和 NB-80A（用于 HT80 高强钢）。

当母材金属碳含量高时，由于母材金属熔入焊缝金属的碳含量提高，使得窄间隙焊的打底焊道断面形状恶化，对热裂纹敏感，因此必须予以重视。特别是在多层单道 SUBNAP 的情况下，因焊道受到坡口宽度的限制，对焊道成形不利，更应予以重视。

当采用多层双道焊时，由于从打底焊直到表面层能使用相同的焊接参数，采用纵列多丝焊也能将焊接热输入控制得很小，焊道多而薄，焊缝金属热处理后将使其大部分能得到高而稳定的韧性。

4.4.4　KNS 方法

即使是在单层单道或宽坡口内焊接时脱渣性良好的焊剂，当将其用于窄间隙焊时，其脱渣性通常变坏。窄坡口时脱渣性变坏的主要原因是渣的侧面紧密黏附于坡口内表面，使得坡口内表面对渣产生约束。因此，对窄间隙焊用的焊剂来说，要求优秀的焊道成形和脱渣性是必备的条件，特别要求渣的形状能使渣侧面和坡口内表面的接触面积小。另外，为改善焊道成形和坡口内表面的脱渣性，渣凝固后的收缩量要大。一般来说，这种渣在窄间隙焊时脱渣性比较好。

KNS 方法主要是采用了脱渣性良好的焊剂。KNS 方法所用的焊接材料见表 4-26。另外，KNS 方法和传统埋弧焊没什么区别。能够使用传统的焊机，无须特殊的电源和装置，但因为要伸入窄坡口中，导电嘴和焊嘴有必要做些改动。

表 4-26　KNS 方法所用的焊接材料

钢板	焊丝	焊剂	钢板	焊丝	焊剂
碳素钢	US-36	MF-100N	（1～1.25）Cr-0.5Mo	US-511	MF-200N
	US-49A	MF-300N		US-511LV	
0.5Mo	US-49	MF-100N	2.25Cr-1Mo（A387C12）	US-521A	MF-200N
		MF-200N		US-521N	
		MF-300N	3Cr-1Mo	US-531A	MF-200N
70HT～80HT	US-80	PFH-80N	Mn-Mo-Ni	US-56B	MF-200N

注：表中的焊丝和焊剂均为日本神户制钢的产品牌号。

表 4-27 列出了采用焊剂 MF-100N 和 MF-200N 时的焊接参数。

表 4-27　采用焊剂 MF-100N 和 MF-200N 时的焊接参数 （焊丝直径为 4.0mm）

坡口宽度/mm	焊剂为 MF-100N			焊剂为 MF-200N		
	焊接电流/A	电弧电压/V	焊接速度/（cm/min）	焊接电流/A	电弧电压/V	焊接速度/（cm/min）
11	400～450	31～33	25～30	—	—	—
12	450～500	33～35	25～32	400～500	26～28	20～30
13	500～550	34～36	25～32	450～500	26～28	20～30
14	500～550	34～36	25～32	500～550	26～28	20～30

（续）

坡口宽度/mm	焊剂为 MF-100N			焊剂为 MF-200N		
	焊接电流/A	电弧电压/V	焊接速度/（cm/min）	焊接电流/A	电弧电压/V	焊接速度/（cm/min）
15	600～650	35～37	25～32	500～550	26～29	20～30
16	600～650	36～38	25～30	500～550	26～29	20～30
17	600～650	37～39	23～27	—	—	—
18	600～650	37～39	23～27	—	—	—

4.4.5　大厚度 NG-SAW 设备

大厚度 NG-SAW 设备可用于厚壁压力容器的主环缝焊接，是厚壁压力容器焊接的关键技术，是生产企业承接核电设备中的压力壳、大型煤制气成套设备中煤液（汽）化反应器、大型乙烯设备中的加氢反应器等产品生产制造必不可少的生产装备。

哈尔滨焊接研究院有限公司研制的数字化控制的大厚度窄间隙埋弧焊焊接设备，其执行机构采用交流伺服电动机驱动，全闭环控制；大厚度焊接专用焊枪，能够焊接 600mm 的坡口深度，并可确保焊枪能长时间连续工作；整机具有完善的自动控制功能；横向跟踪和高度跟踪传感器采用光电编码器；焊接参数预置、监测、修改、存储、故障自诊断等实现全数字化控制；焊接区域监控显示；配有大盘焊丝（150kg 以上）远距离同步辅助送丝机构。其焊接机头如图 4-59 所示。

1. 焊枪

哈尔滨焊接研究院有限公司开发的大厚度 NG-SAW 专用焊枪为板状式结构，如图 4-60

图 4-59　大厚度 NG-SAW 焊接机头　　　图 4-60　大厚度 NG-SAW 专用焊枪

所示。主要由加长枪体、导电臂、焊枪偏摆机构、焊剂输出机构等组成，能够焊接 600mm 的坡口深度。整个枪体具有良好的导电性能、足够的机械强度及韧性。在 600mm 深坡口高温连续焊接中，焊枪不变形、偏摆灵活可靠，焊剂的输出和焊丝的运行流畅，并可确保焊枪长时间连续工作。

2. 控制系统

其控制系统采用西门子公司生产的 S7 系列可编程控制器作为主控单元，全部采用闭环控制，具有焊接参数预置、在线修改、实时显示、参数超差自动报警等功能；同时，控制系统提供焊接参数的实时记录、存储功能，确保操作者严格按照工艺要求的焊接参数进行生产，从而保证重大产品的缝接质量。这对于核电、军工等重大产品的焊缝质量管理意义重大，可以实现焊缝质量追溯。其操控面板及摄像监视屏如图 4-61 所示。

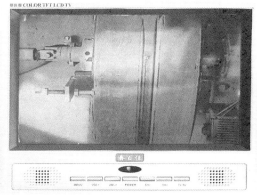

图 4-61　大厚度 NG-SAW 设备的操控面板及摄像监视屏

3. 地面送丝装置

其地面自动送丝装置具有送丝速度自动同步的功能，辅助送丝速度自动与主机送丝机的送丝速度保持同步，无须人工干预，实现了长距离（> 10m）自动辅助送丝，确保焊接过程中电流稳定，适于焊丝盘芯孔直径为 300mm、外径为 1200mm、盘厚度为 120mm 的大盘焊丝盘。该设备的地面送丝装置如图 4-62 所示。

该设备已经在中国第一重型机械股份有限公司、武汉东方电气有限公司、上海电气电站设备有限公司上海汽轮机厂等单位成功应用，焊接的产品主要是加氢反应器、核电蒸发器、核电汽轮机转子等重大产品。其应用现场如图 4-63 所示。

图 4-62　大厚度 NG-SAW 设备的地面送丝装置

图 4-63　大厚度 NG-SAW 设备的应用现场

4.5　摆动电弧焊

摆动电弧焊是一种常用的焊接操作技术，在一些焊接场合，如焊道比较宽情况下，通过电弧摆动可以避免由于电弧加热范围有限而导致的成形缺陷，在窄间隙焊中也可以通过电弧摆动解决侧壁熔合不良的问题，而在薄板焊接时，电弧摆动使得热量在更大范围内散布，减弱了热量集中程度，可以避免焊穿。此外，通过摆动操作，还能够有效防止产生咬边、焊瘤、夹渣等焊接缺陷，并且对横焊、立焊、仰焊及单面焊双面成形有良好的作用。

4.5.1　摆动电弧焊的作用

1. 合理分配电弧热量

当焊接厚板时，为使坡口各部分有适当的熔化，需要根据坡口形状对电弧热在坡口各部分做出合理的分配。例如，半月形摆动操作主要适用于 I 形坡口或 V 形坡口第 2 层以后的焊接。这是因为月形摆动能够形成宽度较大的焊缝，并且电弧热能够适当分配到焊缝周边区域，所形成的焊缝形状良好，可以有效防止咬边及焊瘤缺陷的产生。

电弧热的分配比例由各位置处的摆动速度来决定。对半月形摆动，在摆动线的中央部位速度较快，随着向两端的移动，摆动速度逐渐减慢；在摆动的端部有短暂的停留，使热量的分配以向周围传送为主。

栗形和三角形摆动主要适用于 V 形坡口的初层及角焊缝接头中。在栗形摆动线的尖角部位及三角形摆动线的顶点位置，也就是坡口的底部会使热量集中，可以防止熔透不良及熔渣卷入等；同时，电弧沿着坡口侧面移动，使坡口内有适量的熔敷金属。

2. 控制熔化金属的流动

在电弧焊过程中，随着电弧的移动，母材金属产生逐次局部熔化，同时也在逐次凝固形成焊缝。然而，有时也会由于电弧热输入的增大使熔化量增加，进而产生熔化金属从焊缝脱落的现象。

平焊位置上的熔池脱落是由于板的背面熔化过大而引起的。在仰焊、立焊、横焊位置焊接时，还会有熔化金属从熔池正面脱落的现象发生。为防止这种现象的发生，只能是减少熔化金属量，以较低的热输入进行多层焊接，但熔池小必然会带来焊接生产率的降低。

要想使母材金属尽可能多地熔化而又不会脱落，可以利用电弧力的作用，以电弧力抑制熔化金属的重力。更为积极的方法是使母材金属形成局部的熔化和凝固，即采用摆动电弧法和脉冲电弧焊方法，使电弧沿着焊接方向进行往复摆动，如图 4-64 所示。这就如同以较高的焊接速度进行反复焊接一样，能够使局部产生更充分地熔化。实际上，图 4-64 中的摆动也包含了这种作用，这在单面焊及全位置焊中发挥了积极的作用。

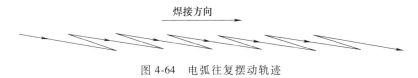

图 4-64　电弧往复摆动轨迹

3. 控制焊缝成形

电弧摆动，特别是横向摆动，相当于加宽了电弧加热范围。与无摆动电弧相比，焊缝更加宽而浅，因此能够焊接宽坡口焊缝，也特别适用于表面堆焊。

4.5.2　摆动电弧焊的分类

摆动焊分为手动摆动焊和自动摆动焊两种类型。最为简单的是手工焊接时的手动摆动。焊接时，焊工以一定的周期、一定的摆动轨迹对焊枪进行摆动。典型的手动电弧摆动轨迹有半月形、栗形和三角形等，如图 4-65 所示。

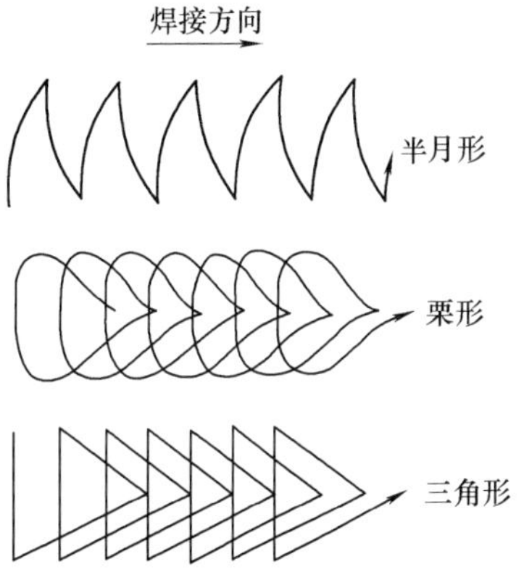

对自动摆动焊，根据摆动方式不同，有机械摆动、电控摆动、磁控摆动和启动摆动等方法。

（1）机械摆动　采用机械的方法使焊枪通过靠模产生机械运动，通过将焊接方向上的运动与垂直方向上的运动适当地组合，就可以产生相当复杂的摆动轨迹。这种方法原理简单，可靠性高，使用比较广泛。

（2）电控摆动　机头采用电控方法，焊枪的运动通过电动机带动丝杠来实现。通常利用微处理器控制电动机，并与脉冲电流相互配合。这种方法柔性大，当需要

图 4-65　典型的手动电弧摆动轨迹

改变摆动轨迹时不需要对机械部分进行改动，而是通过设计微处理器软件来实现，具有变化灵活、可选择性强等优点。可以调节的参数主要有摆动频率、运动速度、摆动距离、两端停留时间等。电控摆动是目前主流的电弧摆动方法，并且逐步替代机械摆动。

机械式或电控式电弧摆动器已经是成熟的产品，摆动器一般和焊接小车做成一体或安装在焊接操作机机头上（通常称为机头十字滑架）。焊接时，焊枪装夹在摆动臂上，一边前进一边焊接。图 4-66 所示为几种典型的电控式电弧摆动器。

图 4-66 几种典型的电控式电弧摆动器

（3）磁控摆动 与机械或电控摆动不同，采用磁控摆动方法，焊枪自身不进行摆动，而仅仅是焊接电弧产生摆动。如图 4-67 所示，对电弧区施加一个横向磁场，由于电弧是柔性的且是电流良导体，弧柱受到电磁力的作用就会偏向电磁力指向一侧。利于这个原理，使电弧在某一方向上产生一定角度的倾斜，并使这一倾斜能够周期性地重复。这种方式比较简单，只需要在普通焊枪的前部加上产生磁场的装置即可，因此特别适用于窄间隙坡口等焊枪整体摆动很难实现的情况，但应用磁控摆动时需要注意焊接材料的铁磁性和焊接高温对磁场的影响。一般来说，当焊接铝合金等非铁磁性材料时，可以对称施加磁场，但对于低碳钢等强铁磁性材料，也可以仅施加单边磁场。

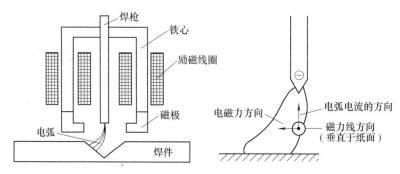

图 4-67 磁控摆动原理

图 4-68 所示为常用的几种磁控摆动形式。必须指出的是，电弧在磁场驱动下运动速度很快（可达 $100 \sim 200 \text{m/s}$），因此磁控电弧看起来呈现"跳跃"式摆动，即从一边摆向另一边速度很快，而不像机械或电控摆动那样存在中间行走（加热）过程，因此电弧摆动幅度不宜太大，以免造成焊道中间加热不足，成形不良。另外，也正是由于磁控摆动的这种属性，实际焊道看起来像是两排 TIG 焊点的交叠，如图 4-69 所示。这样，一方面打断了一次结晶的连续性，使得焊缝中心错向，低熔共晶组织不易在焊道中心呈现连续偏析，有利于减少铝合金等材料的热裂倾向；另一方面，焊道交叠形貌对保证窄坡口两侧的均匀熔合也有不利的影响。

除上述各种方法，还可以通过气体的喷射气流使电弧产生摆动，将小直径的控制气喷嘴设计在保护气喷嘴内，控制气的气流按一定方向喷射出来使电弧产生偏向，当控制气流交互变化方向时，就会使电弧产生摆动，如图 4-70 所示，但这种方法应用得并不广泛。

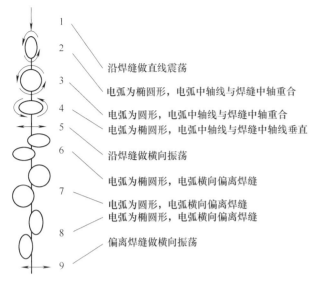

图 4-68　常用的几种磁控摆动形式　　　　图 4-69　磁控摆动形成的焊道形貌

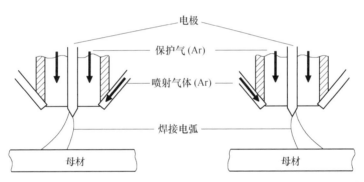

图 4-70　气控电弧摆动

参 考 文 献

［1］　日本焊接学会方法委员会. 窄间隙焊接［M］. 尹士科，王振家，译. 北京：机械工业出版社，1988.

［2］　HORIA K，WATANABEA H，MYOGAA T，et al. Development of hot wire TIG welding methods using pulsed current to heat filler wire-research on pulse heated hot wire TIG welding processes［J］. Welding International，2004，18（6）：456- 468.

［3］　SATORU ASAI，KEISHI TAKI. Using narrow-gap GTAW for power-generation equipment［J］. PRACTICAL WELDING TODAY，2003（4）.

［4］　唐识. 核电站主管道窄间隙脉冲 TIG 自动焊工艺［J］. 工艺与新技术，2010，39（5）：27-32.

［5］　王海东，任伟，裴月梅，等. 压水堆核电站主回路管道窄间隙自动焊工艺研究［J］. 电焊机，2010，40（8）：21-27.

［6］　赵博. 窄间隙 MAG 焊电弧行为研究［D］. 哈尔滨：哈尔滨工业大学，2009.

［7］　范成磊，孙清洁，赵博，等. 双丝窄间隙熔化极气体保护焊的焊接稳定性［J］. 机械工程学报，2009，45（7）265-269.

［8］　赵博，范成磊，杨春利. 窄间隙 GMAW 的研究进展［J］. 焊接，2008（2）：11-15.

［9］　郑韶先，朱亮，张旭磊，等. 焊剂带约束电弧超窄间隙焊接的气保护方法［J］. 兰州理工大学学报，2007，33（5）：25-28.

［10］　张富巨，马丹，张国栋，等. BHW35 钢超窄间隙熔化极气体保护自动焊接［J］. 电焊机，2006，36（6）：59-62.

［11］　周方明，王江超，周涌明，等. 窄间隙焊接的应用现状及发展趋势［J］. 焊接技术，2007，36（4）：4-7.

［12］　张良锋. 双丝窄间隙 GMAW 设备及工艺研究［D］. 哈尔滨：哈尔滨工业大学，2007.

［13］　郭宁. 旋转电弧窄间隙横向焊接熔池行为与控制研究［D］. 哈尔滨：哈尔滨工业大学，2009.

［14］　蔡东红，宁海峰，贺罡，等. 精密数字控制双丝窄间隙埋弧焊接系统［J］. 电焊机，2010，40（2）：16-21.

［15］　IWATA SHINJI, MURAYAMA MASATOSHI, KOJIMA YUJI. Application of Narrow Gap Welding Process with High Speed Rotating Arc to Box Column Joints of Heavy Thick Plates［R］. JFE TECHNICAL RE-PORT, 2009, 14.

［16］　MODENESI P J. Statistical Modelling of the Narrow Gap Gas Metal Arc Welding Process［D］. Cranfield：CRANFIELD INSTITUTE, 1990.

［17］　NAGRA. Technical Report 09-05［R］. 2010.

［18］　杨春利，林三宝. 电弧焊基础［M］. 哈尔滨：哈尔滨工业大学出版社，2003.

［19］　白钢，朱余荣. 窄间隙焊采用脉冲旋转喷射过渡焊技术的开发［J］. 焊接技术，1998，27（1）：2-4.

［20］　王加友，国宏斌，杨峰. 新型高速旋转电弧窄间隙 MAG 焊接［J］. 焊接学报，2005，26（10）：65-67.

［21］　张富巨，卜旦霞，张国栋. 980 钢超窄间隙熔化极气体保护焊研究［J］. 电焊机，2006，36（5）：51-54.

［22］　中村照美，平岡和雄. GMA 溶接におけるワイヤ突出し部の非定常熱伝導解析［J］. 溶接学会論文集，2002，20（1）：53-62.

［23］　贾凤翔. 不锈钢焊接钢管［M］. 太原：山西科学技术出版社，2008.

第5章 复合及多热源焊接

提高电弧焊生产率最简单的办法是将多个热源叠加在一起，如前文所述的 Tandem 双丝焊、多丝埋弧焊及焊管行业的 2~3 钨极 TIG 焊等。多个热源叠加，从效率上获得的是 1+1>2 的效果。不同热源之间的复合（hybrid）技术是当前的研究热点，它们陆续在生产中得到了应用，最典型的，如激光-电弧复合、等离子弧-MIG 复合，以及新近开发的超声波-电弧复合等。本章将对这些复合和多热源技术的原理、特点及应用进行阐述。

5.1 激光-电弧复合焊

5.1.1 激光-电弧复合焊的特点及激光与电弧的相互作用

1. 激光-电弧复合焊的优势

与传统的焊接方法相比，激光焊由于具有功率密度高、焊接速度快、焊缝深宽比大、热输入小、热影响区小及焊后变形小等显著优点，已得到了广泛的应用。然而，单纯的激光焊存在一定的局限性：①受光束质量、激光功率的限制，激光束的穿透深度有限，现有的高功率、高光束质量的激光器价格昂贵；②在高功率激光焊过程中，等离子体控制困难，由于激光焊过程中形成的等离子体对于激光的吸收和反射，降低了能量利用率，导致焊接过程稳定性恶化；③激光焊熔池凝固速度快，易于产生气孔、冷裂纹，同时合金元素容易偏析，易产生热裂纹缺陷。针对这些问题，20 世纪 70 年代末，英国学者 Steen 首先提出了激光-电弧复合焊的概念，并成为焊接领域研究的热点。广义的激光复合焊主要包括激光-电弧复合焊（LB-GTAW、LB-GMAW、LB-PAW 等）、激光-感应热源复合焊、激光-电阻缝焊（LB-RSW）复合焊及双激光束复合焊等。其中，激光-电弧复合焊技术的研究和应用最为广泛。

激光-电弧复合焊指为了满足材料加工的要求，将激光热源与电弧热源相结合对材料进行加工的一种技术。作为先进的连接技术，激光-电弧复合焊具有独特的技术优势。

1）降低焊接成本。熔融金属表面的反射率要比固态金属表面的反射率低。当激光辐射到母材金属的液态熔池时，母材金属能够吸收更多的激光能量，从而提高熔化深度。复合热源焊与同等功率的单独激光焊相比，熔深平均提高 50% 以上，在保证同等熔深条件下可以提高焊接速度 1~2 倍。这就意味着降低了激光器的功率等级要求，提高了效率，从而降低了焊接成本。

2）改善焊缝成形。激光-电弧复合焊所形成的较大熔池，可以改善熔化金属与固态母材金属的润湿性，消除焊缝咬边现象，而且激光和电弧的能量都可以单独调节，将两种热源适当组合即可获得不同的焊缝深宽比。

3）减少焊接缺陷和改善微观组织。复合热源焊接时能够有效地减缓熔池金属的凝固速度，使相变能够较充分地进行，有利于焊接熔池中气体的逸出，从而提高焊缝质量，减少气孔、裂纹、咬边等缺陷的产生。

4）增加适应性。电弧的加入增加了焊件表面熔合区宽度，使得激光-电弧复合焊降低了对装配间隙、对中和错边的敏感性。激光-GMA 复合焊比激光-GTA 复合焊提高工艺适应性的效果更为明显。

5）焊接过程更稳定。当进行激光-GTA 复合焊时，激光等离子体为电弧稳定燃烧提供了充足的带电粒子，使得电弧燃烧稳定并吸引电弧，当高速焊接时不易发生电弧漂移或拉断现象。当采用激光-GMA 复合焊时，由于激光和电弧之间的作用使焊接过程变得非常稳定，甚至可以实现无飞溅焊接。

6）焊接效率大大提高。激光-电弧复合焊能够提高焊接速度，而且与传统弧焊相比，热输入较小，因此热影响区较小，这就意味着焊后变形量较小，相应的焊后处理工作量减少，工作效率提高。

7）更适用于焊接一些特殊材料。当采用直流反接时，电弧可在激光焊之前清洁焊缝表面，去除氧化膜，从而更有利于焊接铝合金。

2. 激光与电弧的相互作用

一般来讲，激光与电弧的联合应用有两种方式，如图 5-1 所示。一种方式是沿焊接方向，激光与电弧以一定距离前后串形排布，两者之间分离（见图 5-1a），不存在激光等离子体与电弧等离子体的相互作用，可以认为是激光与电弧之间一前一后焊接（tandem welding）。这种排布形式主要是利用电弧的预热或后热改善材料对激光能量的吸收率，以及焊缝成形及接头的组织性能。

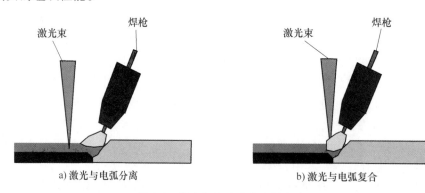

a) 激光与电弧分离　　　　　　　　　　b) 激光与电弧复合

图 5-1　激光与电弧联合应用方式

另一种方式是激光与电弧复合（见图 5-1b），作用在同一区域，激光等离子体与电弧等离子体之间存在相互作用，也就是常说的激光-电弧复合热源焊接（hybrid welding）。激光与电弧的相互作用主要表现在以下三个方面。

1）电弧预热提高材料对激光能量的吸收率。金属材料的光学特性与温度有密切的依赖关系，金属对激光能量的吸收能力随着温度的升高呈非线性增长。由于电弧加热焊件面积较大，对焊件有预热作用。当材料的温度从室温提高到熔化温度 T_m 时，激光能量吸收率可达

90%以上。

2）激光控制电弧。激光与电弧复合后，由于激光使金属熔化、蒸发，为电弧提供了良好的导电通道，使引弧的阻力减小，场强降低，增加了电弧的稳定性。激光-电弧的伏安特性如图 5-2 所示。激光使电弧弧柱的电阻减少，场强降低，增强电弧的稳定性。这主要是因为激光匙孔形成的等离子体具有较低的电阻，同时比电弧保护气体更容易电离，而电弧具有自动维持最小能量损失的能力，电弧将沿着激光光致等离子体的方向放电，使得电弧阳极扎根于匙孔处。在激光-电弧复合热源的耦合过程中，激光的匙孔效应可有效地压缩和吸引电弧，使焊接的熔深增大。其能量效应大于两种热源单独作用时的能量效应。

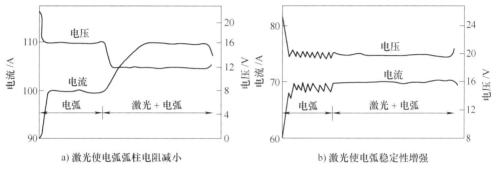

a）激光使电弧弧柱电阻减小　　　　　　b）激光使电弧稳定性增强

图 5-2　激光-电弧的伏安特性

3）激光-电弧等离子体的相互作用。这种相互作用来源于激光与电弧等离子体的特性差异，因为激光光致等离子体在温度和带电粒子密度方面远高于普通电弧等离子体，两者在空间位置相遇会发生强烈的相互作用。在复合焊接条件下，激光等离子体与电弧等离子体之间存在一个导电通道，两种等离子体通过此通道进行带电粒子的传输并发生相互作用。这种作用导致等离子体强度、形貌发生改变，强烈影响激光和电弧的焊接性。

5.1.2　激光与电弧的复合方式

根据辅助电弧与激光束轴向的不同，激光-电弧复合焊的复合方式有旁轴式复合和同轴式复合两种。旁轴式复合指激光束与电弧以一定的角度作用在焊件的同一位置，即激光从电弧的外侧穿过到达焊件表面；同轴式复合指激光与电弧同轴作用在焊件的同一位置，即激光穿过电弧中心或电弧穿过环状激光束中心到达焊件表面。旁轴式复合装置简单，易于实现，同时参数调节方便，但由于电弧与激光束有一定角度，会引起复合热源在焊件上作用区域为非对称分布，当焊接电流增加到一定程度时，激光与电弧的作用点严重分离，影响焊接过程的稳定性；同时，在旁轴式复合条件下，激光束要穿过电弧区域才能到达焊件表面，在焊接电流较大情况下，电弧对激光束屏蔽严重。而采用同轴式复合，可以避免前述问题的出现，在增加熔深方面要优于旁轴式复合，但同轴式复合装置的设计复杂，装置的操控难度大，对于工艺的要求高。

根据复合热源中电弧种类的不同，激光与电弧的复合方式主要有以下几种：激光-GTA、激光-GMA、激光-等离子弧及激光-双电弧等。

1. 激光-GTA 复合

激光-GTA 复合是最早研究的一种复合形式，其原理如图 5-3 所示。与单纯的激光焊及电弧焊相比，激光功率、电弧电流大小和输出形式、电弧高度、保护气体流量，以及激光束与电弧的夹角、排布方向、作用间距等都是影响复合效果的主要因素。低电流、高焊速和长电弧时，激光-GTA 复合焊的焊接速度可达到单激光焊的两倍。研究证明，当 CO_2 激光功率为 0.8kW、GTA 电弧的电流为 90A、焊接速度为 2m/min 时，可相当于 5kW 的 CO_2 激光焊的能力。当 CO_2 激光束的功率为 5kW、GTA 电弧的电流为 300A、焊接速度为 0.5～5m/min 时，获得

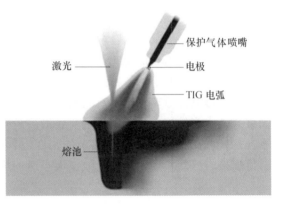

图 5-3　激光-GTA 复合的原理

的熔深是单独使用 5kW 的 CO_2 激光焊时的 1.3～1.6 倍。

GTAW 的非熔化极特性使其有利于与激光实现同轴式复合，有利于气体的溢出，对减少焊缝中的气孔非常有帮助。电弧形成的较大熔池在激光束前方运动，增大了熔池与固态金属之间的湿润性，可防止形成咬边。激光-GTA 复合焊主要用于薄板高速焊接，也可用于不等厚度材料的焊接。

另一方面，在激光-GTA 复合过程中，电弧依靠高压和高频起弧引燃，钨极烧蚀严重；熔池金属的汽化使得钨极高温且对钨极电化学污染严重，这些都会导致电弧燃烧的不稳定。这些特性在一定程度上限制了激光-GTA 复合焊技术在厚件焊接上的应用。

2. 激光-GMA 复合

图 5-4 所示为激光-GMA 复合的原理。此种复合方式应用比较广泛，主要在于其利用了填丝焊的优点，增加了焊接适应性。与激光-GTA 复合方式相比，其焊接板厚更大，焊接间隙适应性更好。通过调节电弧与激光不同的作用位置，可以有效提高间隙的容忍度，减少焊缝边缘的处理工作量。电弧能量的输入降低了冷却速度，从而降低了冷裂倾向；同时，熔融金属的加入可以改善单一激光焊时焊缝的化学成分及微观组织，降低热裂倾向。通过调整焊接参数，激光-GMA 复合焊可以改变熔滴的过渡方式，减少单纯 GMAW 的飞溅量及焊后处理工作量，使焊接过程更加稳定。由于激光-GMA 复合方式存在熔滴过渡问题，其焊接过程控制比较复杂。激光-GMA 复合方式适用于大厚板及铝合金等高反射率金属的焊接。

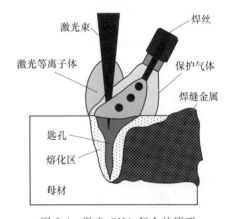

图 5-4　激光-GMA 复合的原理

目前，各国焊接研究工作者在激光-GMA 同轴复合焊方面已经取得了一定的进展。激光-GMA 同轴式复合焊焊枪专用设备在工业生产应用中已经出现，日本三菱重工研制出了 YAG 激光与电弧同轴式复合焊系统，主要用于复杂结构件，如汽车车身等的焊接。大众汽车工程公司的 T. GRAF 等人开发了用于汽车车身制造的激光-MIG 复合焊枪，它安装在弧焊机器人手臂上，几何尺寸小，适合任何空间位置的焊接，在各个方向上的调节精度都能达到 0.1mm。

德国 Fraunhofer 激光技术研究中心在此方面的研究处于比较领先的地位，S. Kairle 等人 2000 年就已将该技术用于油箱的焊接生产中。所用复合焊枪采用旁轴式结构，激光与 MIGW 焊枪的夹角为 15°～30°，焊枪通过管具紧密固定，激光与电弧外面再用环形水冷铜套进行保护。这种设计被称之为"复合焊接集成喷嘴"，其原理如图 5-5 所示。它让激光与电弧最大限度地靠近，从而使两热源的复合能在狭小的结构空间中实现。该焊枪在使用中更加灵活，更易实现三维空间焊接。此外，当保护气体通过横向进气管进入复合喷嘴夹层时，夹层中的匀气网对进气进行充分匀合，这样进入焊接区的气流状态稳定，流向与焊件表面几乎垂直，能有效地保

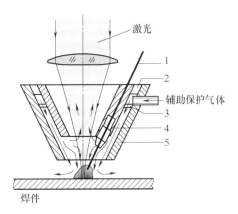

图 5-5　复合焊接集成喷嘴的原理
1—焊丝　2—绝缘装置　3—混气孔
4—内喷嘴及导电喷嘴　5—外喷嘴

护焊接熔池；同时，还有适量气体向上逸出，避免了激光束空间的空气对工艺气体的污染。

利用"集成喷嘴"原理，Fraunhofer 激光技术中心研制了适用不同客户需求的激光-GMA 复合焊焊枪，如图 5-6 所示。利用它完成了 2.4～14.4mm 厚不锈钢管的单道纵向焊接工艺。实践证明，在管道生产中，复合焊的焊接速度可 10 倍于原来的传统电弧焊。

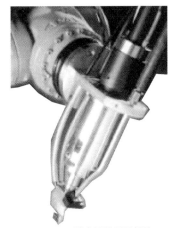

a) CO_2 激光用的重型焊枪　　　b) Nd:YAG 激光用的超细焊枪
图 5-6　激光-GMA 复合焊焊枪

图 5-7 所示为 Fronius 公司的激光-MIG 复合焊系统。其关键部件包括 GMA 焊枪、激光光学系统、水冷系统及空气清洁系统。该系统的优点是结构灵活小巧，激光与电弧调节部分一体化，能方便地与机器人手臂连接，易于操作和控制。

同步调制激光电弧复合焊（hybrid welding with synchronized modulation of laser and arc）技术，简称为 HybSy。HybSy 有以下几个特点：①激光-电弧复合控制机电一体化；②工艺协同作用进一步扩展；③复合焊接速度更快；

图 5-7　Fronius 公司的激光-MIG
复合焊系统

④加工材料适应范围更广；⑤三维加工能力更强。初步的试验研究表明，堆焊 6mm 厚中强度钢板时，在相同工艺条件下，HybSy 要比传统复合焊熔深提高 40%。

对于厚度小于 12mm 的钢板焊接，复合焊最大的优势就是有很好的适应性，对于 1mm 的间隙，即使焊件边缘很不规则，在没有辅助措施的情况下，复合焊仍能得到较好的焊缝质量。复合焊的另外一个优势就是对错边有较大的适应性。图 5-8 所示为激光-GMA 复合在不同错边情况下焊接 10mm 厚钢管的焊缝截面，在最大错边量达 4mm 的情况下仍可获得良好的焊缝。

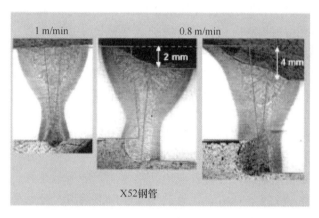

图 5-8　激光-GMA 复合在不同错边情况下焊接 10mm
厚钢管的焊缝截面

注：单边为 10° 的 V 形坡口对接焊缝；CO_2 激光功率为 10.5kW，填充焊丝为 G3Si1，焊丝直径为 1.2mm，送丝速度为 5.2m/min。

对于厚度大于 12mm 的大厚板的焊接，一直是激光-GMA 电弧复合焊的研究重点。日本材料加工研究所采用功率为 5kW 的 CO_2 激光与电流为 400A 的 GMA 复合焊接 12mm 厚的低碳钢板，在全熔透的情况下，焊接速度可达 0.8m/min。德国 Fraunhofer 激光技术中心采用 CO_2 激光-GMA 复合焊，单道焊缝熔深达到 15mm，如图 5-9 所示。图 5-10 所示为 Nd-YAG 激光-GMA 复合焊高速焊接 2mm 厚铝合金接头的焊缝截面。激光功率为 2.7kW，热输入为 730J/cm，焊接速度达到 8.1m/min。

图 5-9　CO_2 激光-GMA 复合焊焊接 15mm
厚 S355NL 钢的典型焊缝截面

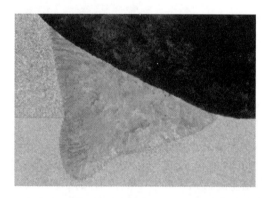

图 5-10　Nd-YAG 激光-GMA 复合焊高速
焊接 2mm 厚铝合金接头的焊缝截面

3. 激光-等离子弧复合

Coventry 大学于 1992 年首先开始等离子弧与激光复合热源焊接技术的研究，其激光-PA 同轴复合焊原理如图 5-11 所示。采用等离子弧有许多优点，如刚度好、温度高、方向性强等。由于电极在喷嘴内部，减少了高温金属蒸气对电极的污染。与 TIG 电弧相比，等离子弧的加热区更窄，对外界的敏感性更小。由于等离子弧能量密度更大，弧长更长，非常有利于进行复合焊接。激光-等离子弧复合焊在薄板对接、镀锌板搭接、铝合金焊接及切割、表面合金化等方面都有应用研究。

激光-PA复合方式可以采用旁轴式，也可以采用同轴式。旁轴式复合方式与激光-TIG的旁轴式复合方式基本相似。同轴式复合方式根据目前文献的报道主要有两种。一种是环状电极产生等离子弧，激光束从等离子弧的中间穿过，如图5-11a所示。等离子弧在此主要有两个功能：①为激光焊提供额外的能量，提高整个焊接过程的效率和可操作性；②等离子弧环绕在激光周围，可以产生热处理的效果，减少冷却时间，也就减少了硬化和残余应力的敏感性，改善了焊缝的微观组织性能。另一种是则是以空心电极方式将CO_2激光与等离子弧进行同轴式复合，激光束从空心的钨极中间穿过，如图5-11b所示。

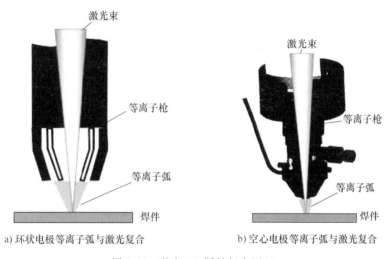

a) 环状电极等离子弧与激光复合　　　　b) 空心电极等离子弧与激光复合

图5-11　激光-PA同轴复合原理

Conventry大学先进连接中心采用400W的CO_2激光器和60A电流的等离子弧旁轴式复合进行碳素钢、不锈钢、铝合金、钛合金等金属薄板（厚板为0.5~1mm）的激光-等离子弧焊研究，解决了激光-GTA焊过程中钨极头处于高温蒸气中，易受污染从而影响电弧稳定性的问题，获得了良好的焊缝质量，并且在相同熔深的情况下，焊接速度比激光焊提高了2~3倍。英国的N. Blundell等人采用激光-等离子弧焊对0.16mm厚的镀锌板进行高速焊接，发现该方法不会产生激光焊中的一些缺陷，而且由于电弧与激光之间的相互作用，使得电弧非常稳定，即使焊接速度高达9m/min，电弧也没有出现不稳定状态。

激光-等离子弧复合方式在薄板及铝合金、镁合金的焊接中具有很大的优势，但由于等离子体电弧焊枪结构相对复杂、特殊，与激光集成的难度大，可调节范围有限，导致应用难度增大，因此该复合方式的应用有限。

4. 激光-双电弧复合

激光-双电弧复合焊（hybrid welding with double rapid arc），简称HyDRA，它是将激光与两个MIG电弧同时复合在一起，每个焊枪都可相对另一焊枪和激光束位置任意调整，两个焊枪采用独立的电源和送丝机构，其焊接机头如图5-12所示。在激光作用下，双电弧吸引在一起，三个热源作用于同一个熔池中。由于三个热源要同时作用在一个区域，相互之间位

置的排布尤为重要。研究结果表明，当焊件
间的间隙为零时，焊接速度比一般的激光-
MIG复合焊提高33%，相当于埋弧焊焊接速
度的8倍。热输入比激光-MIG复合焊减少
25%，比埋弧焊减少83%。采用这种复合焊，
对于根部间隙为2mm的V形坡口厚板，焊接
时熔池底部无须支撑；对于5mm厚板22°坡
口，可一道焊完，而且焊接过程非常稳定，
远远超过激光-MIG复合焊的焊接能力。

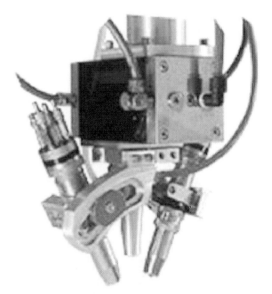

图5-12　HyDRA焊接机头

5.1.3 激光-电弧复合焊的应用

无论是从工艺角度，还是从经济角度来
看，激光-电弧复合焊都有很大的工业应用潜
力和发展前景。欧美各国对激光-电弧复合焊
技术进行了积极的投入和深入的研究，并在
船舶制造、汽车和铁路机车制造、管道安装、
航空航天等相关行业获得了不同程度的工业应用。

1. 船舶制造业

在船舶制造业中，激光-电弧复合焊应用于造船工业的第一条生产线于2002年在德国
Meyer造船厂建成（见图5-13），它主要用于船体平板和加强肋的焊接。采用激光-电弧复合
焊生产工艺后，可实现20m长的角焊缝一次成形，变形程度降低2/3以上，大大减少焊接
后续处理时间和装配难度。

图5-13　德国Meyer造船厂装备的激光-MIG复合焊装置及焊缝

德国的Warnow Werf造船厂建立了YAG激光-GMA复合焊示范生产线。之所以应用
YAG激光主要是基于以下几点：①YAG激光光束传输简单灵活；②高精度定位；③可以降
低成本。其焊接试验工作台如图5-14所示。YAG激光-GMA复合焊主要针对船体甲板、平
面分段部分等的焊接，如平板的对接、肋板的T形接头连接，而且焊接速度比单纯的电弧
焊有较大的提高。

图 5-14 德国 Warnow Werf 造船厂 YAG 激光-GMA 复合焊的焊接试验工作台

2006 年 11 月，芬兰 Aker Yards 造船厂首次成功地应用了 6kW 光纤激光-MAG 复合焊。采用光纤激光器，主要是因为其与 YAG 激光器相比，功率更大，体积更小。在激光功率越来越大的同时，流动基站应保证激光器和电焊机简便快捷地移动。2007 年，意大利 Monfalcone Fincantieri Shipyard 船厂将第一套完整的 10kW 光纤激光-电弧复合焊接装备应用到焊接之中。图 5-15 所示为光纤激光-电弧复合焊接装备应用于船厂的情况。

图 5-15 光纤激光-电弧复合焊接装备应用于船厂的情况

激光-电弧复合焊在提高船舶焊缝质量和焊接效率的同时，也增加了焊缝熔深，实现了中厚板船用钢的一次成形；同时，也减少了传统中厚板多道焊、多次焊接热输入积累所带来的相关问题。德国 Trumpf 公司采用高功率光纤激光-电弧复合焊焊接船的甲板，一次较好地完成了 20m 长、15mm 厚的大厚板焊接，复合高速焊减少了热输入和变形，成形美观，如图 5-16 所示。

图 5-16 德国 Trumpf 公司采用激光-电弧复合焊焊接甲板的现场及所焊焊缝

丹麦的 FORCE Technology 公司在承担的欧洲 HYBLAS 工程中，采用激光-电弧复合焊实现了 30mm 厚的船用钢板连接，图 5-17 所示为其焊缝截面。

此外，西班牙的 Navantia 造船厂、丹麦的 Odense 造船厂同时将激光焊缝跟踪技术应用于复合焊技术之中，实现了复合焊焊接枪头的智能控制。图 5-18 所示为 Navantia 造船厂采用焊缝跟踪系统焊接 10mm 厚加强肋 T 形接头的情形。

图 5-17　30mm 厚钢板激光-电弧复合焊的焊缝截面

图 5-18　Navantia 造船厂焊接 T 形接头的情形

激光-电弧复合焊技术除应用于普通船舶制造，也应用到了海军舰艇的制造中。美国海军连接中心针对 HSLA 钢板，在船板的加强肋焊接过程中对激光-GMA 复合焊的效率、材料特性、焊缝变形等多方面性能进行了系统的试验研究，以期将这一技术应用于美国海军典型船结构材料的焊接。在该结构的焊缝总长度中，50%应用激光-电弧复合焊进行焊接，其变形量仅为双丝焊的 1/10，单道焊熔深可达 15mm，双道焊熔深可达 30mm，当焊接 6mm 厚的 T 形接头时，焊接速度可达 3m/min。2009 年 7 月，美国海军金属加工中心将激光-电弧复合焊引入 DDG-1000 驱逐舰 HSLA-80 T 形接头的焊接中。试验结果表明，复合焊可以大幅度减少变形，缩短装配时间，制造成本节省了 45%。图 5-19 所示为其采

图 5-19　美国海军金属加工中心采用激光-电弧复合焊焊接的驱逐舰 HSLA-80 的 T 形焊缝截面

用激光-电弧复合焊焊接的驱逐舰 HSLA-80 的 T 形焊缝截面。

2. 汽车行业

激光-电弧复合焊技术应用于汽车制造的主要目的是获得快的焊接速度、低的热输入、小的变形及良好的焊缝力学性能。基于此，大众（Volkswagen）和奥迪（Audi）两家厂商已将激光-电弧复合焊技术应用于汽车的批量生产中。

据统计，大众汽车公司约 80%的焊缝采用激光焊技术进行焊接，其中绝大部分焊缝采用激光-电弧复合焊技术。以大众 VW Phaeton 汽车车门的焊接为例，为了在保证强度的同时减轻车门的重量，选择采用冲压、铸件和挤压成形的铝件。车门的焊缝总长度为 4980mm，现在的工艺是 7 条 MIGW 焊缝（总长度为 380mm），11 条激光焊焊缝（总长度为 1030mm），48 条激光-MIG 复合焊焊缝（总长度为 3570mm），其焊接 Phaeton 车的车门和焊缝截面如图

5-20 所示。MIGW 常用于大间隙桥接和简单的坡口准备条件下，激光焊则用于要求高速、深熔、小变形及精确的装配条件下，激光-电弧复合焊则可用于高速焊接焊前装配要求较低的焊缝。激光-电弧复合焊的另一特点是具有很宽的焊接速度调节范围。前述的激光-电弧复合焊车门对接接头的工艺选择范围为焊接速度 1.2~4.8m/min，送丝速度 4~9m/min，激光功率 2~4kW。研究发现，最优化的焊接参数为焊接速度 4.2m/min，送丝速度 6.5m/min，激光功率 2.9kW。激光-电弧复合焊同样用于奥迪 A8 汽车的生产。在奥迪 A8 汽车车架侧顶梁上各种规格和形式的接头，就是采用激光-电弧复合焊工艺，焊缝共计 4.5m 长。图 5-21 所示为激光-电弧复合焊用于奥迪 A8 汽车生产的实际焊接情况。

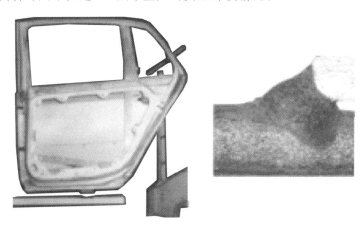

图 5-20 激光-MIG 复合焊焊接 Phaeton 车的车门和焊缝横截面

图 5-21 激光-电弧复合焊用于奥迪 A8 汽车生产的实际焊接情况

复合焊技术除了应用于轿车焊接，也应用到了货车和其他车辆的焊接。为了减轻车身重量，采用 4kW 激光和 3.65kW MIG 复合焊进行 3mm 厚铝镁合金货车顶棚的焊接。其焊接速度可达 4m/min，热输入减少了 85%，焊后变形小，保证了焊缝质量。

3. 铁路机车制造业

铁路机车主要由下支架钢板、外骨架钢板及侧钢板组成。目前，侧钢板的焊接主要采用 SAW 工艺，焊接造成的较大残余应力容易导致整个钢板扭曲变形和每条焊缝的角变形。因此，焊接导致的变形是许多生产中一个突出的问题。之所以将复合焊技术引入到铁路机车的制造中，目的是希望提高这个领域的生产率，消除侧板明显扭曲变形，降低制造成本。

据估计，采用激光-电弧复合焊技术代替目前的 SAW 工艺，至少可以缩短 20% 的制造时间。瑞典 Duroc 铁路公司采用激光-电弧复合焊技术焊接列车的矿石车厢及平台，可焊接长×宽为 8000mm×3000mm 的高强度钢板，厚度为 2～8mm，如图 5-22 所示。采用激光-电弧复合焊技术可大大减少变形，提高强度，减轻自重。在相同强度情况下，复合焊的板厚可减少 2mm，显著提高了机车的承载能力。

 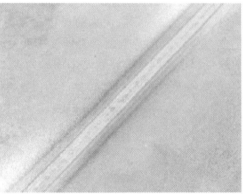

图 5-22　瑞典 Duroc 铁路公司采用激光-电弧复合焊焊接的矿石车厢和焊缝形貌

A6N01S-T5 和 Al-Mg-Si 合金因其良好的挤压特性被广泛用于制造客车挤压成形部件。如果受热作用温度超过 320℃，冷却缓慢则容易生成 Mg_2Si，从而降低接头性能。激光-MIG复合焊可解决这一难题，其热输入较小、作用区域范围小及较快的冷却速度等特点都符合这类合金的要求。图 5-23 所示为英国 TWI 对轨道客车挤压铝合金进行复合焊的焊缝及成品。利用光纤激光-MIG 复合焊接技术焊接 3mm 厚的 6 系铝合金，其焊接速度可达到 5m/min，间隙的适应能力达到 1.5mm 以上。

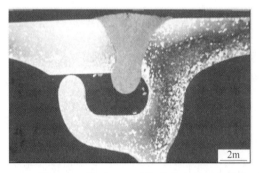 

图 5-23　英国 TWI 对轨道客车挤压铝合金进行复合焊的焊缝及成品

4. 管道及相关行业

石油管道壁厚通常较大，采用传统电弧焊需要设计特殊的坡口，进行多道焊，在反复的起弧收弧阶段易产生缺陷。激光-电弧复合焊则可充分利用电弧焊的桥接能力和激光焊的深熔性，能一次单道焊接成形，从而减少焊接缺陷，提高焊接效率。英国 TWI 的研究人员在北非的天然气管道施工中，采用激光-MIG 复合焊取代传统的手工 MIGW 焊接了壁厚为 15.9mm、外径为 762mm 的 API5LX-60 管线钢，复合焊时的熔深比 MIGW 提高了 20%，而且过程稳定，飞溅比较少，生产率提高了 30%。芬兰的 Jernstrom 采用 CO_2 激光-MIG 复合焊对起重设备伸缩式中空梁进行了焊接，采用 6kW 的 CO_2 激光和 GMA 复合焊焊接 4mm 厚的 RAEX 方管，采用复合焊后，其间隙冗余度可提高到 1mm，焊接速度达 1.8m/min。

Fraunhofer 激光技术研究中心对厚度为 2.4 ~ 14.4mm 的不锈钢储油罐纵缝进行了复合焊，其焊缝质量通过了 Lloyd's Register 中心的鉴定（ASME Section IX Edition 2001 标准）。与传统弧焊相比，复合焊速度提高 10 倍以上。激光-MIG 复合焊焊接管道纵缝的现场和焊缝截面如图 5-24 所示。

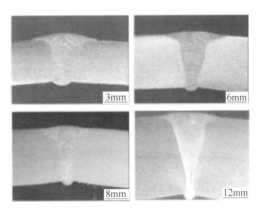

图 5-24　激光-MIG 复合焊焊接管道纵缝的现场和焊缝截面

2007 年，美国加州 General Dynamics NASSCO 造船厂将激光-电弧复合焊技术应用于船体 AH-36 钢管的焊接中。对于壁厚为 12.7mm（0.5in），直径分别为 101.6mm（4in）、152.4mm（6in）、203.2mm（8in）的钢管，采用 4.5kW 的 YAG 激光和 Miller 脉冲 GMA 复合焊即可一次性熔透，而且焊缝质量满足美国 ABS（american bureau of shipping）标准。图 5-25 所示为激光-GMA 复合焊焊接的钢管产品。此外，焊接过程对焊缝边缘也不需要清理，大幅度缩短了焊前准备时间。

除了应用于规则管道的纵缝或环缝焊接，复合焊技术也应用到了三维复杂构件的压力容器焊接中。CRISM Prometey State Research Center 开发了一种新的氮化钢球体容器，该容器就采用了激光-电弧复合焊技术进行了复杂三维曲面的焊接，如图 5-26 所示。

图 5-25　激光-GMA 复合焊焊接的钢管产品　　　　图 5-26　球体容器的激光-电弧复合焊现场

5.2 双钨极 TIG 焊

5.2.1 双钨极 TIG 焊的原理及特点

双钨极 TIG 焊是由日本科研人员在 1998 年首先提出的。图 5-27 所示为双钨极 TIG 焊的焊接原理。两根钨极共同安装在焊枪的喷嘴中，钨极端部加工成尖角，钨极间相互绝缘，各自连接独立的电路，电流可以单独控制。由于是在传统的 TIG 焊基础上采用了两根电极和独立的电源系统，因此称为双钨极 TIG 焊（Twin-electrode TIG welding，TETW）。TETW 焊枪的照片如图 5-28 所示。由于改变了焊枪结构，在利用 TIG 焊过程稳定性优点的同时，改善了焊接电弧的物理特性，适用于要求优质高效焊接的场合。

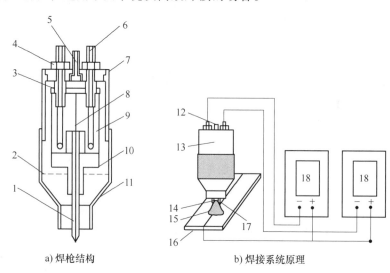

a) 焊枪结构　　　　　　b) 焊接系统原理

图 5-27　双钨极 TIG 焊的焊接原理

1、14、17—钨极　2—铜丝网　3—散气片　4—锁紧螺母　5、12—进气口　6—导电极　7、13—焊枪本体
8—绝缘层　9—导电体　10—钨极夹具　11—喷嘴　15—耦合电弧　16—焊件　18—电源

与传统的焊接方法相比，双钨极 TIG 焊具有如下的优点。

1）熔敷速度快。焊枪采用独立电源供电，平焊和立焊时的熔敷速度可分别达到 50g/min 和 34.8g/min，比传统 TIG 焊提高 20%。

2）坡口的适应性强。X 形坡口仅需 40°左右，比埋弧焊坡口横截面积减小了 15%，从而减少了所需的熔敷金属量。

3）焊接过程稳定。相对于传统的埋弧焊或熔化极电弧焊，双钨极 TIG 焊具有更加稳定的焊接过程。

4）焊缝表面成形好。由于是非熔化极，焊缝表面成形良好，无须背面清根及焊后打磨等工序。

图 5-28　TETW 焊枪的照片

5）改善了生产环境，降低了噪声，减少了重尘。

5.2.2 双钨极 TIG 焊耦合电弧的物理特性

1. 电弧形态

双钨极 TIG 焊中的两个钨极电弧相互作用，形成耦合电弧，电弧在两钨极间出现弧体最高峰。耦合电弧（coupling arc）指两电弧相互作用结合为一体并统一作用于焊件，它与双弧（twin arc）最大的区别在于它是利用并借助了两个电弧之间的作用力，而不是采取措施削弱这种作用力以维持各个电弧的独立性。

典型的耦合电弧形态如图 5-29 所示。

图 5-29 典型的耦合电弧形态

注：焊接电流为 100A+100A，弧长为 3mm，钨极直径为 3mm，钨极间距为 2mm。

影响耦合电弧形态的因素如下。

1）钨极间距。当钨极间距为 2mm 时，耦合电弧顶部尖锐，底部边长很长，呈现出近似的三角形；增大钨极间距后，两电弧间的作用力减弱，使得电弧底部弧体电流发散，直接导致了弧体饱和区域的减小；当钨极间距达到 6mm 时，电弧体间的作用力更小，使耦合电弧体两边的电流密度增大，顶部由尖角趋向平坦，使电弧体轮廓向梯形过渡。

2）钨极的放置方式。当偏钨极由 ∨ 形放置变为 ∧ 形时，电弧体由近似的三角形向五边形过渡，其底部边长已经不是弧体的最宽处。虽然偏钨极对电弧具有导向作用，但两电弧间强烈的相互吸引作用还是会超过偏钨极的导向作用，使电弧向相反方向偏转。

3）焊接电流。不同的电流组合对耦合电弧形态有很大的影响。在 200A+40A 组合下，耦合电弧出现了明显的偏转，并且偏向于小电流一侧；随着电流的逐渐增大，这种偏转的情况逐渐减弱，直到两侧电流相同时，电弧偏转现象消失。将焊接电流大小颠倒，耦合电弧偏转随之反向。很显然，这种偏转现象是两钨极承受的电流不一致造成的。研究还发现，耦合电弧向着小电流一侧偏转，而并非因相互间的吸引力向着大电流一侧靠近。

2. 电弧压力

耦合电弧的电弧压力分布明显不同于传统 TIG 焊电弧，随着钨极间距的变化，电弧压力也脱离了中心对称的分布形式。

当钨极间距为 2mm 时，电弧压力分布呈近似的椭圆形，椭圆的长轴位于 y 轴方向。如图 5-30a 所示，在距中心点相同距离处，y 轴方向的电弧压力明显大于 x 轴方向。当钨极间距增加到 4mm 时，x 轴方向的压力分布相应的被拉长，二维分布逐渐由椭圆形向圆形过渡。图 5-30b 中的 x 轴方向和 y 轴方向距中心点的压力值相差很小，此时的耦合电弧二维分布为近似的圆形。根据两电弧之间相互吸引的规律，如果继续增大钨极间距，则电弧必然在 x 轴方向上继续被拉宽，压力分布由圆形再向椭圆形过渡，而此时长轴将与 x 轴方向相同。

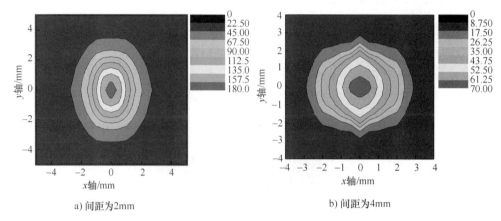

a) 间距为2mm   b) 间距为4mm

图 5-30　不同间距下耦合电弧压力的二维分布（单位：Pa）

如图 5-31 所示，钨极的间距 a、b、c 依次增大，则耦合电弧压力二维分布呈现出"椭圆→圆形→椭圆"的变化状态。如果间距继续增大，两电弧间的相互作用力将不断地减小以致两弧逐渐分离，则椭圆形的压力分布也将随之逐渐分离，形成哑铃形，并最终形成两个独立的压力分布。

间距a　　　间距b　　　间距c

图 5-31　耦合电弧压力二维分布随间距
变化的趋势（$a<b<c$）

3. 电流密度

试验所用焊接参数：电流为 25A + 25A，弧长为 2mm，钨极直径为 3mm，钨极偏角为 30°，钨极间距为 1mm，测量的耦合电弧电流密度的二维分布如图 5-32 所示。电流密度在分布中心坐标（0，0）处达到最大值。随着分布半径在 x 轴和 y 轴方向的增大，电流密度值逐

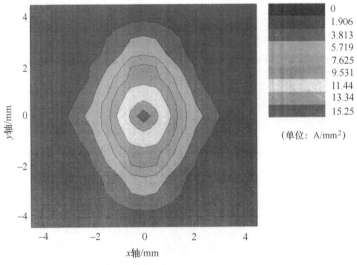

（单位：A/mm²）

图 5-32　耦合电弧电流密度的二维分布

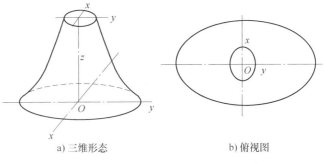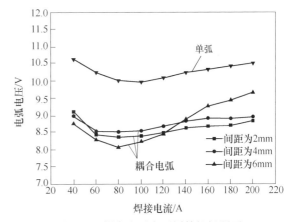

渐减小，具有类似正态分布的性质，并没有因为两个钨极的存在而使密度分布出现两个最大值。在耦合电弧底部接近阳极处，两个电弧已经合二为一，形成了统一的电弧对焊件产生作用。同时，耦合电弧阳极电流密度的二维分布已经脱离了常规电弧的中心对称形式，呈现出近似椭圆形的分布，椭圆形长轴位于 y 轴，即垂直于钨极排列方向。电流密度的这种分布也反映出了耦合电弧形态的改变。

根据分析，分别给出了小钨极间距下耦合电弧的形态，如图 5-33 所示。

耦合电弧的顶部由于双钨极的存在，在钨极排列方向上被拉长，假设顶部为椭圆形，则椭圆的长轴应分布在钨极排列的方向上，即 x 轴上形成了两端面均为椭圆形并呈 90° 扭转的独特的电弧形态。耦合电弧这样的形态可以解释其电弧压力在小钨极间距下呈椭圆形分布的原因。

a) 三维形态　　　　b) 俯视图

图 5-33　小钨极间距下耦合电弧的形态

4. 耦合电弧的静特性

耦合电弧在不同钨极间距下与单弧的静特性比较如图 5-34 所示，电弧弧长均为 3mm。

耦合电弧在相同电流下的电弧电压均低于单弧。产生这种现象的原因是耦合电弧中两个电弧均在另一个电弧的电离气氛内燃烧，电弧空间的电离度高于相同电流下的单弧，电弧不需要更大的电压来完成带电粒子的传输，形成了电弧电压的降低。

不同钨极间距下静特性的变化趋势不相同。当钨极间距为 2mm 和 4mm 时，静特性的变化趋势与 TIG 单弧基本相同，大电流时上升较缓。当钨极间距为 6mm 时，大电流呈现出明显的上升特性。这是因为，随着钨极间距的增大，各个电弧空间的电离度应该呈现出减小的趋势，因而会导致电弧电压的增加。特别对于间距为 6mm 的耦合电弧中的两个电弧，电流增大也使得其相互吸引程度增加，电弧偏转程度提高，要经过更长的路径才能达到阳极，散热趋势增大，因而需要更大的电弧电压维持热量。

图 5-34　耦合电弧在不同钨极间距下
与单弧的静特性比较

5.2.3　双钨极 TIG 焊的工艺特点及应用

如图 5-35 所示，双钨极 TIG 焊用于 $w(Ni)=9\%$ 的液化天然气储藏罐体的厚壁钢结构焊接。该结构直径达 82m，焊道一周的周长达到 260m，焊接厚度很大，最大处为 50mm。由于结构上的限制，需要进行全位置焊。此前，进行厚壁结构的焊接多采用埋弧焊方法。在多层焊前，必须对前一层焊道进行清理打磨，耗费很多工时，也不适于全位置焊。双钨极 TIG 焊方法的应用解决了这个问题。焊接厚度为 32mm 的钢板，两个钨极各承受 350A 电流，通过 5 层 5 道焊完成焊接，最大熔敷速度达到 90g/min。

a) 关节板焊接　　　　b) 横焊接头　　　　　c) 船体焊接打底

图 5-35　双钨极 TIG 焊的应用

5.3　双面双弧焊

5.3.1　双面双弧焊的特点及分类

为实现高效化，焊接过程可以采用双热源或多热源同时作用的模式。采用双热源的弧焊方法统称为双弧焊，根据双弧之间的位置是位于焊件同侧或两侧，双弧焊可分为单面双弧焊和双面双弧焊。前述的双丝 MIG 焊等就属于单面双弧焊，而双面双弧焊（double-sided arc welding，DSAW）的含义是在焊接接头的正反两面各采用一把焊枪，同步同方向进行焊接。之所以采用双面双弧焊在于其具有如下显著的优点。

1）增加焊接熔深，提高焊缝深宽比。在 DSAW 中，由于两把对立焊枪作用而诱发的磁场使等离子电弧高度集中，其焊接熔深得到了显著增加。对于 DSAW，当焊接电流增加时，其熔深可迅速增加，而熔宽的增加很小。与传统单弧焊相比，双面双弧焊缝深宽比大，在厚板焊接中应用优势明显。

2）减小焊接变形。若焊接时热输入不均匀，会引起热变形。DSAW 用两把焊枪加热焊件，两面的热分布是对称的，能够显著减小焊缝的扭曲变形倾向。

3）提高焊缝质量。DSAW 能防止咬边焊接缺陷的产生，并可减少焊缝的凝固裂纹敏感性。DSAW 的焊接区组织凝固后倾向形成等轴晶粒，具有良好的力学性能。

根据所使用的焊接电源方式，DSAW 可分为两种类型，即双电源型 DSAW 和单电源型 DSAW。

1. 双电源型 DSAW

双电源型 DSAW 指的是在焊接过程中，两把焊枪分别采用两台焊接电源来提供动力，实际上是焊缝两侧相互独立的焊接过程同时进行。双电源型 DSAW 原理如图 5-36 所示。电源可以同为等离子弧（plasma arc，PA）、钨极氩弧（gas tungsten arc，GTA）和熔化极氩弧（gas metal arc，GMA）焊接电源，或者两者交叉使用。双电源型 DSAW 方法已经大量应用于实际生产中。

2. 单电源型 DSAW

单电源型 DSAW 是焊缝两侧的两把焊枪共用一台焊接电源来提供动力，即将两把焊枪分别连接到同一台焊接电源的两极，焊件则不构成一个电极。单电源型 DSAW 是 1998 年由美国肯塔基大学的张裕明首次提出的，其原理如图 5-37 所示。单电源型 DSAW 可以单独采用等离子弧、钨极氩弧和熔化极氩弧等类型的焊接电源。单电源型 DSAW 工艺的独特之处在于，它将两把焊枪连接于同一个电源的两极形成一个回路，即将两把焊枪串联起来工作。

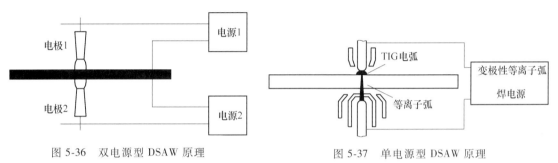

图 5-36 双电源型 DSAW 原理　　　　图 5-37 单电源型 DSAW 原理

3. 激光-电弧双面焊

激光-电弧单面复合焊在提高焊接电流的同时也增加了激光的能量损耗，甚至导致复合能量增强效应消失的问题。为了稳定铝合金激光-电弧复合焊的焊接过程，提高激光和电弧的能量利用率，解决复合热源非对称分布带来的影响，提出了激光-电弧双面焊，其原理如图 5-38 所示。根据电弧种类的不同，激光-电弧双面焊可分为激光-GTA、激光-GMA、激光-PA 等多种组合方式。激光-电弧双面焊利用电弧的预热作用提高金属对激光的吸收率，增加激光焊

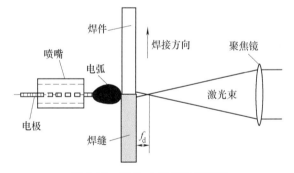

图 5-38 激光-电弧双面焊原理

匙孔的温度，提高铝合金激光焊过程中匙孔稳定性和激光的能量利用率，增大激光焊缝背面熔宽，减少焊接缺陷，提高焊接生产率，降低焊接成本。同时，利用激光和电弧对称加热时形成的热集聚区效应，使热量不易散失，可以大幅度地增加激光和电弧焊的熔深，实现中厚板铝合金的高效优质连接。激光与电弧双面对称焊，避免了激光与电弧同侧复合时电弧对激光能量的吸收；同时，利用电弧的预热作用，显著提高焊件对激光的吸收率，使得激光的能量利用率大幅度提高。

5.3.2 双面双弧焊的应用

1. 单电源型 DSAW

单电源型 DSAW 工艺可以组合多种不同的焊接方法，如 PA-GTA、GTA-GTA、GTA-

GMA等。单电源型DSAW存在焊缝双面的可达性、两把焊枪对极性要求较高等局限性，尚处于研究开发阶段，但其应用前景依然可观。

研究发现，对厚度为6.5mm的铝合金板，在不填丝的情况下采用PA-GTA焊工艺进行双面焊试验，DSAW可以在焊接电流为95A、电弧电压为47V、焊接速度为4.7mm/s的情况下一次性焊透焊件，而传统等离子弧焊在焊接电流为100A、电弧电压为30V、焊接速度为1.1mm/s的情况下仍不能焊透焊件。

对厚度为7mm的2A12铝合金板进行单电源型DSAW，分别采用不同的焊接参数组合进行双面双GTA焊及单GTA焊所获得的焊缝形貌比较如图5-39所示。在同样焊接完成1000mm长焊缝的情况下，采用DSAW的能量消耗为678kJ，而采用单GTA焊的能量消耗为1630kJ。可见，完成同样的焊接任务，DSAW的能量消耗远远低于单GTA焊工艺。图5-40所示为不同焊接速度下GTA-GTA DSAW焊接厚度为6.4mm的6061-T651铝合金，在采用焊接电流为145A、电弧电压为47V的条件下所获得的对接接头。

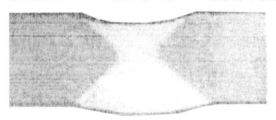 

a) 双面双GTA焊(104A、30V、4.6mm/s)　　　　　　b) 单GTA焊 (250A、15V、4.6mm/s)

图5-39　双面双GTA焊与单GTA焊所获得的焊缝形貌对比

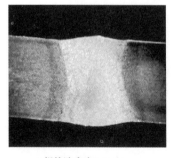 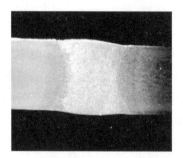 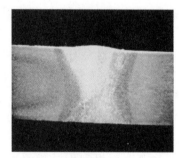

a) 焊接速度为4.2mm/s　　　　　b) 焊接速度为6mm/s　　　　　c) 焊接速度为7.5mm/s

图5-40　不同焊接速度下GTA-GTA DSAW焊接厚度为6.4mm的6061-T651铝合金对接接头

注：焊接电流为145A，电弧电压为47V。

上述铝合金的双面双GTA焊试验结果表明，与传统GTA焊工艺相比，铝合金双面双GTA焊工艺具有如下特点：①可增加焊缝熔深；②热输入小，节约能源，生产率高；③接头变形小；④钨极烧损减轻。但是，双面双GTA焊完全熔透时对焊接参数的变化比较敏感，使得可操作的焊接参数区间变窄，导致焊接过程不容易控制。

美国肯塔基大学的张裕明等对不锈钢板采用GTA-PA双面双弧堆焊进行了研究，他们选择GTA侧为阳极，PA侧为阴极。与PAW类似，PA-GTA双面双弧焊同样存在小孔效应的作用。研究发现，其作用模式分为非穿透型小孔和穿透型小孔两种，两种模式的作用机理完全不同。在非穿透型小孔模式下，双弧两电极之间的电流必须通过焊件，即PA中钨极发射的电子必须从焊件阳极侧进入，并从焊件阴极侧再次发射，才能到达 GTA 侧的钨极，而在穿透型小孔模式下，根据最小电压原理，电流将直接经过小孔，即 PA 侧的电子可以直接通过小孔到达 GTA 侧的钨极。此时，在 PA 侧钨极与 GTA 侧钨极之间直接形成连续的电弧。在穿透型小孔模式下，焊件的阳极侧及阴极侧就没有意义了。与非穿透型小孔模式相比，穿透型小孔模式下电流密度显著增加。

DSAW 工艺优化的目的是要获得单道大熔深，同时避免过大的热影响区，即在保证焊接熔深的基础上使焊接熔池尽量减小。对于焊接过程中减小熔池，首先考虑的是采用大焊接电流及高焊速。然而，与大焊接电流伴随的是作用于熔池的高压力，这会导致熔池金属被吹走，甚至出现烧穿，使焊接过程失去稳定性。研究认为，通过调节焊接电流的大小，实现焊接过程中非穿透型小孔和穿透型小孔模式的转化，是解决上述问题的有效途径。

张裕明提出的脉冲控制小孔 DSAW，既可提高熔透能力，减少热输入，同时又实现了焊接过程的稳定，其原理如图 5-41 所示。当采用足够大的脉冲峰值电流时，在焊件上形成的小孔如图 5-41a 所示；当电流下降，热输入及等离子体强度无法维持小孔的存在时，小孔关闭，焊接熔池收缩，如图 5-41b 和图 5-41c 所示。这种小孔关闭状态的存在可以有效避免熔池金属被吹走。

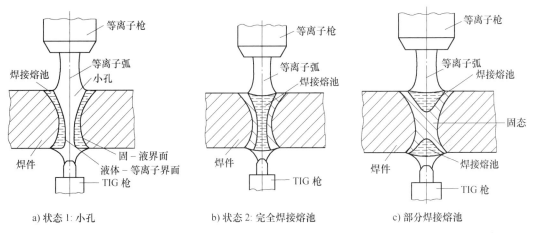

a) 状态 1: 小孔　　　　　　b) 状态 2: 完全焊接熔池　　　　　　c) 部分焊接熔池

图 5-41　脉冲控制小孔 DSAW 的原理

脉冲控制小孔 DSAW 是双面双弧焊用于焊接厚板的有效控制模式。该技术要求控制实现周期性的小孔形成和关闭：首先，峰值电流要足够大，以形成穿透型小孔；其次，在基值电流条件下小孔能够迅速关闭。基于上述原理，人们研究设计了相应的传感及控制单元，在设定基值电流持续时间的情况下，峰值脉冲时间会根据焊接过程情况自适应调节，实现对厚板的稳定焊接。在基于这种脉冲控制小孔 DSAW 工艺的试验中发现，焊缝接头的微观组织得到了极大的改善。图 5-42 所示为采用脉冲控制小孔 DSAW 304（美国牌号，相当于我国的06Cr19Ni10）不锈钢的焊缝。所采用的焊接参数：峰值电流为 120A，基值电流为 60A，基值脉冲时间为 150ms，焊接速度为 100mm/min，焊接过程中无填充金属。

采用这种脉冲控制小孔 DSAW 方式，对于焊件错边的适应性较好，图 5-43 所示为 304不锈钢对接接头脉冲控制小孔 DSAW 焊缝，对接接头根部间隙为 1mm。图 5-44 所示为DH36 钢对接接头脉冲控制小孔 DSAW 焊缝，焊接错边量达 2mm。

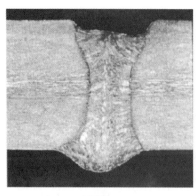
a) 平焊

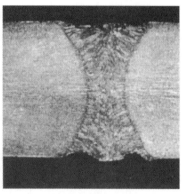
b) 立焊

图 5-42　采用脉冲控制小孔 DSAW 304 不锈钢的焊缝（厚度为 10mm）

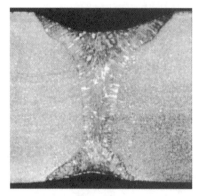

图 5-43　304 不锈钢对接接头脉冲控制小孔
DSAW 焊缝（厚度为 13mm，向下立焊）

图 5-44　DH36 钢对接接头脉冲控制小孔
DSAW 焊缝（厚度为 10mm，向下立焊）

上述研究表明，脉冲控制小孔 DSAW 对于焊接厚度、焊接位置、材料及焊件装配错边都具有很好的适用性，所获得的焊缝深宽比较高，热影响区小。需要指出的是，上述焊接过程是在无填充金属的条件下进行的，而在有填充金属的条件下，会使焊缝成形进一步优化。

2. 双电源型 DSAW

与单电源型相比，双电源型 DSAW 的工艺装置相对简单，参数调整灵活，已经大量应用于实际生产中。双电源型 DSAW 还可以进一步分为对称型和错位型两种。两者分别适用于不同的焊接结构。两把焊枪在对准状态下进行同步焊接，即为对称型 DSAW。焊接过程中两把焊枪保持前后固定的距离，同时存在两电弧之间的相互作用，在这种错位位置进行焊接，称为错位型（非对称型）DSAW。

采用对称型的 GTA 双枪可焊接不锈钢、铝合金等板厚小于 10mm 的薄壁容器。GTA 焊枪在焊缝的正反面同时同步焊接，焊接时同时起弧、同时熄弧、双面熔化，具有速度快、质量高、节能高效的特点。利用两把焊枪的热量建立一个基本熔池进行焊接，可一次性焊接完毕。该工艺解决了焊缝背面保护问题，省去了加工坡口的工序，而且减小了焊接热影响区和焊接热输入，同时有效地控制了焊接变形。

在厚大板件的对接和大直径石油管道连接过程中，为提高焊接效率，减少打底清根工序，采用了双电源、两侧、同步焊接的方法，即双面电弧焊工艺的最初模式。图 5-45 所示为日本 IHI Kure 船厂 T 形接头厚板的双电源型 DSAW 施焊现场。采用龙门伸缩臂式自动化装置，多个自动化装置同时施焊。日本的 Kawasaki Seitetsu 公司针对直径为 600mm、壁厚为 15mm 钢管的对接焊，采用了一种内外侧双面同时全位置焊的新工艺。原有焊接工艺是在接头处开 V 形坡口，在外侧采用多层熔化极焊接。改进后的工艺是开 X 形坡口，内外侧同时进行双弧焊。采用原工艺，完成一个接头的焊接需要 100min，改进后需要 35min，大幅度地提高了焊接效率。

图 5-45　日本 IHI Kure 船厂 T 形接头厚板的
双电源型 DSAW 施焊现场

从前述的双电源型 DSAW 的特点可以看出，双电源型 DSAW 适于厚板的焊接。在厚板的多层多道焊接条件下，根据焊道顺序的不同可分为打底焊、填充焊和盖面焊。在打底焊中，双面双弧之间相互作用强烈，由于两侧电弧之间可以实现对对侧电弧的背面气体保护，有利于焊接接头质量的提高，实现无清根的打底焊接。对于填充焊和盖面焊，由于双弧之间不形成共同的熔池，主要的是热作用，焊接热输入是双弧共同作用下形成的。

哈尔滨工业大学的吴林等人针对错位型双面双弧焊接技术在低合金高强度钢厚板多层多道焊接中的应用进行了研究，采用双面 GTA 进行打底焊，双面 MAG 进行填充焊及盖面焊。图 5-46 所示为厚度为 50mm 的低合金高强度钢厚板多层多道 DSAW 的焊缝宏观形貌。接头中未发现气孔、裂纹、未熔合、未焊透、夹渣等缺陷。在 GTA 打底焊接时，两侧双弧间距为 20~50mm。根据电弧的位置关系，两电弧可分别称为前焊道电弧和后焊道电弧。从图 5-46 中可以看到，双弧打底焊的两个焊道，下面的焊道是前焊道，上面的是后焊道，中间部分是两焊道相互热作用的区域。

焊接热循环是影响焊接接头组织性能的主要因素。采用热电偶测温的方法对单弧 GTA 打底焊和双面双弧 GTA 打底焊熔合区附近温度场进行了测量。为便于比较，单弧 GTA 打底焊与双面双弧 GTA 打底焊采用同样的焊接参数。单弧 GTA 焊熔合区不同点的热循环曲线如图 5-47 所示，温度变化呈单峰结构，熔合区附近的冷却时间 $t_{8/5}$ 小于 10s。图 5-48a 所示为后焊道双面双弧 GTA 打底焊熔合区不同点的热循环曲线。从图 5-48a 中可以看出，与单弧焊相比，冷却时间 $t_{8/5}$ 显著延长，为 10~20s，有利于提高热影响区的抗裂性能。在大的峰值温度前有个小的峰值曲线，它们是前焊道电弧加热作用的体现。从整个焊件来看，前焊道电弧相当于给后焊道焊缝提供了预热的作用。预热温度的大小取决于前后电弧之间的距离及其焊接热输入。双弧前后电弧之间距离越大，前焊道电弧对后焊道焊缝的预热温度越低。同样，前焊道电弧的焊接热输入会决定其对后焊道预热作用的强弱，焊接热输入越大，峰值温度越高。图 5-48b 所示为前焊道双面双弧 GTA 打底焊熔合区不同点的热循环曲线。由图 5-48b 可见，在前焊道的热循环曲线中出现了两个峰值，第 1 个峰值是前焊道电弧经过热电偶时的峰值，第 2 个峰值是后焊道电弧热作用影响形成的。可见，后焊道对前焊道有显著的后热作用。在预热温度和焊接热输入一定情况下，两峰值之间的波谷温度取决于两电弧之间的距离。随着两电弧距离的变大，波谷温度值会变低。

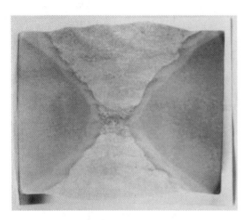

图 5-46 低合金高强度钢厚板多层多道 DSAW
的焊缝宏观形貌（厚度为 50mm）

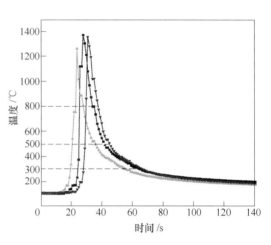

图 5-47 单弧 GTA 焊熔合区
不同点的热循环曲线

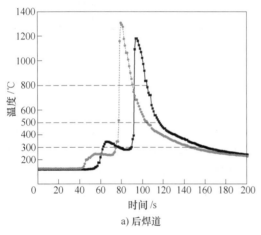

a) 后焊道

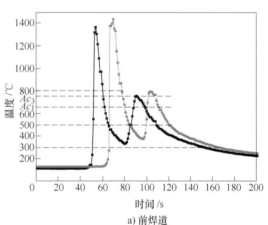

a) 前焊道

图 5-48 双面双弧 GTA 打底焊熔合区不同点的热循环曲线

　　与单弧焊相比，双面双弧焊在两电弧错位的情况下，前后电弧相互之间相当于预热和后热处理的作用，改善了焊接热循环。这种相互热作用对焊缝组织、应力变形都有改善作用，而这种相互作用的程度，直接与两电弧之间的间距相关。对于船舶、压力容器中广泛采用的厚板结构，传统的工艺沿用的是单面焊，反面清根，而后进行多层多道焊接，工序复杂，劳动量大，焊接变形校正困难。与之相比，采用双面双弧的多层多道焊接，可以显著减少工序，同时保证焊缝质量，减少变形，具有显著的优势。

5.4 等离子弧-MIG 同轴复合焊

5.4.1 等离子弧-MIG 同轴复合焊的原理及特点

1. 基本原理

　　等离子弧-MIG（plasma-MIG）同轴复合焊的工作原理如图 5-49 所示。该工艺是等离子弧焊与传统 MIG 焊的复合，是一种复合双弧焊接方法。等离子弧与 MIG 弧同轴且在一把焊枪内燃烧，焊丝的底端、熔滴和 MIG 弧都包围在炽热的等离子弧内部。焊丝不仅被流过焊丝的电流和 MIG 电弧加热，而且还被周围的等离子弧加热。在焊丝电流产生的磁场作用下，等离子弧可以进一步被压缩，熔滴过渡稳定，没有飞溅发生。

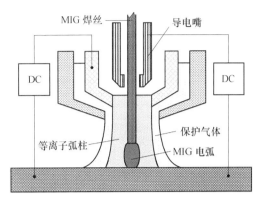

图 5-49　等离子弧-MIG 同轴复合焊的工作原理

一般情况下，等离子弧-MIG 同轴复合焊焊接系统通常由两台电源分别供电，焊接参数可以单独调节。按照电极与电源的连接方式不同，可分为直流正接与直流反接。由于直流反接时焊接过程更加稳定，焊缝质量更好，所以大多采用直流反接这种连接形式。

通常根据所焊接的母材金属，选择不同种类的保护气体，如氩气、氦气、二氧化碳、氧气、氢气、氮气或混合气。一般认为，焊接低碳钢或低合金钢应采用氩气与二氧化碳的混合气，焊接铝及铝合金时应采用氩气或氦气，而焊接不锈钢时应采用氩气与二氧化碳或氩气与氧气的混合气。

2. 等离子弧-MIG 同轴复合焊的特点

（1）优点　从图 5-49 可以看出，等离子弧-MIG 同轴复合焊焊枪由于加入了压缩喷嘴，导致熔化极焊丝的伸出长度较传统 MIG 焊大。此外，压缩的等离子弧对焊丝和焊件有加热作用，使得等离子弧-MIG 同轴复合焊具有以下优点。

1）熔敷速度快。直径为 1.6mm 的低碳钢焊丝在大电流情况下的熔敷速度可以达到 500g/min，对于中、厚壁开坡口的焊件，可以实现单道一次性填充，从而大幅度提高焊接效率。

2）焊接电弧稳定性和熔滴过渡可控性提高。焊接过程无飞溅，焊接参数调节范围很宽，熔化极电流可以从 0 调节到几百安培，可以采用一种直径的焊丝实现具有不同截面积坡口的填充。

3）焊缝质量高。尤其对于铝合金等导热性好的材料，等离子弧对焊丝和焊件有预热的作用，焊缝区晶粒细小，并且可有效减少焊缝气孔。

4）可以实现薄板的高速焊，焊接速度是传统 MIG 焊的数倍。

（2）缺点　等离子弧-MIG 同轴复合焊虽然有一系列优点，但也有不足之处，主要表现在以下两个方面。

1）焊接过程中，等离子弧与 MIG 弧同时在焊枪内燃烧，高温等离子体对焊枪设计要求较高，而且相对于传统 MIG 焊，焊枪体积偏大。

2）焊接参数较多。等离子弧-MIG 同轴复合焊包含了等离子弧与传统 MIG 焊的焊接参数，虽然有两个电源分别供电，但由于两个电弧间的相互作用，使得其中一些焊接参数发生耦合，参数匹配及其优化比较复杂。

5.4.2　等离子弧-MIG 同轴复合焊焊枪的设计

按照产生等离子弧电极的形式，焊枪分为偏置钨极式焊枪和喷嘴式焊枪两种，如

图 5-50 所示。

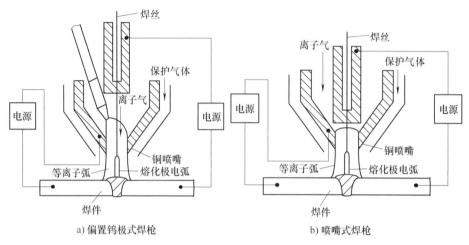

a) 偏置钨极式焊枪   b) 喷嘴式焊枪

图 5-50　等离子弧-MIG 同轴复合焊焊枪

1972 年，荷兰飞利浦公司的 W. G. Essers 和 A. C. Liefkens 首先设计了偏置钨极式焊枪。偏置钨极与中心轴的角度，以及钨极尖端与熔化极喷嘴的间距都会影响焊接过程的稳定性，如果设计不当，会导致焊枪不能起弧，甚至造成串弧现象发生而使焊枪损坏。此外，由于等离子弧-MIG 同轴复合焊多采用直流反接的形式，当等离子弧电源电流较大时，钨极烧损比较严重。同时，由于等离子弧与 MIG 弧在同一把焊枪内燃烧，等离子弧温度高达 13000K（约 12727℃），高温对焊枪内部的零件设计要求很高，尤其是焊接低碳钢或不锈钢而采用非惰性气体时，如果焊枪的水冷系统设计不完善，容易烧损焊枪。钨极与熔化极间高频电弧的照片如图 5-51 所示。

图 5-51　钨极与熔化极间高频电弧的照片

W. G. Essers 等人设计了可直接对阳极进行水冷的喷嘴式焊枪，实现了无飞溅的"软起弧"。相对于偏置钨极式焊枪，它具有使用寿命长、等离子弧稳定等优点，喷嘴式焊枪如图 5-52 所示。

此外，还有如下一些不经常用到的焊枪结构。

1）自由等离子流形式焊枪。枪体结构中没有压缩喷嘴，只是靠焊丝电流产生的电磁力来压缩等离子弧。

2）额外附加等离子弧电流形式焊枪。由于普通偏置钨极式焊枪直流反接

图 5-52　喷嘴式焊枪

时，钨极烧损严重，降低了等离子流的承载能力。为了解决此问题，在焊枪喷嘴和焊件之间加入第三个电源，产生的电流加入等离子弧电流中，以提高等离子弧的导电能力。

一般而言，等离子弧-MIG 同轴复合焊接系统需要两台电源分别给电弧供电，熔化极为平特性的恒压源，等离子弧为陡降特性的恒流源。

5.4.3　等离子弧-MIG 同轴复合焊的物理特性

1. 焊接电弧形态和熔滴过渡

当采用直流正接时，MIG 弧的弧根位于焊丝端部上方一段距离，呈圆锥状向焊件方向发散，如图 5-53 所示。与传统 MIG 直流反接不同，熔滴尺寸较小，如对于直径为 0.8mm 的低碳钢焊丝，熔滴直径为 1.0~1.2mm，为喷射过渡，速度为 0.5~0.7m/s，而且熔滴在过渡阶段没有侧向运动。

当采用直流反接时，有两种电弧形态及熔滴过渡形式。当通过焊丝的电流低于旋转射流临界电流值时，形成具有高能量密度的稳定电弧，如图 5-54a 所示。对于直径为 1.2mm 低碳钢焊丝，熔滴直径为 0.8~1.2mm，熔滴过渡速度为 1.4~1.8m/s，比直流正接时的熔滴过渡速度要大很多。W. G. Essers 将这个现象归因于两种电弧形态的区别：直流反接时焊接电弧根部位于焊丝的正下方，焊丝电流全部通过熔滴，而直流正接时，电弧的根部位于焊丝端部的上方并呈发散状向焊件扩散，这样导致流过焊丝的电流只有一部分通过熔滴，因此直流反接时的电磁收缩力更大。这种圆柱状电弧熔透深，适合于厚板焊接，图 5-55a 所示为这种电弧形态下得到的低碳钢接头横截面。当流过焊丝的电流超过旋转射流临界电流值时，焊丝端部的一段焊丝开始熔化并开始旋转，如图 5-54b 所示。这种电弧能量密度小，金属以"雨状"极小熔滴过渡，熔深非常浅，焊丝

图 5-53　等离子弧-MIG 同轴复合焊直流正接时的电弧形态及熔滴过渡

注：等离子弧参数为 240A、40V；MIG 弧参数为 155A，30V；低碳钢焊丝，直径为 0.8mm。

a) 稳定电弧

b) 旋转电弧

图 5-54　等离子弧-MIG 同轴复合焊直流反接时的电弧形态及熔滴过渡

注：稳定电弧所采用的等离子弧参数为 110A，49V；MIG 弧参数为 150A，29V；低碳钢焊丝，焊丝直径为 1.2mm。
旋转电弧所采用的等离子弧参数为 120A，45V；MIG 弧参数为 30A，35V；低碳钢焊丝，焊丝直径为 1.2mm。

熔化速度很快，适用于堆焊，并且无飞溅，过程稳定。图5-55b所示为旋转电弧堆焊形成的接头横截面。

a) 稳定电弧所焊的接头　　　　　　　　　b) 旋转电弧所焊的接头

图 5-55　等离子弧-MIG 同轴复合焊直流反接时的接头横截面

2. 焊接电弧的成分和温度分布

在等离子弧-MIG 内弧中包含 Fe、Mn、Cu、Ca 和 Ar 元素，温度约 7000K（约 6727℃），而外弧则只包含 Ar 元素，温度约 13000K（约 12727℃），通过测得的温度可计算出内外电弧的电子密度及电流分布。当焊丝电流为 275A 时，有 270A 是通过等离子弧流入焊件的，即焊丝的大部分电流都是通过外面的等离子弧流入焊件的。

焊接电流随焊丝伸出长度的增加而减小，传统 MIG 焊的焊接电流对焊丝伸出长度很敏感，而等离子弧-MIG 同轴复合焊的焊接电流对其敏感性则要小得多，如图 5-56 所示。

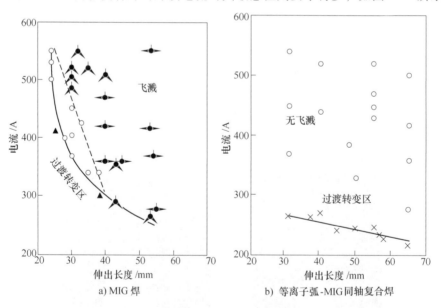

a) MIG 焊　　　　　　　　　　　b) 等离子弧-MIG同轴复合焊

图 5-56　焊丝伸出长度与焊丝电流的关系

注：1. MIG 焊的保护气体为 Ar+体积分数为 1% 的 O_2，流量为 20L/min；直径为 1.2mm 的低碳钢焊丝。

2. 等离子弧-MIG 同轴复合焊的等离子弧参数：电流为 110A，电压为 50V；离子气为 Ar，流量为 9L/min；保护气体为 Ar+体积分数 1.3% 的 O_2，流量为 31L/min；直径为 1.2mm 的低碳钢焊丝。

等离子弧-MIG 同轴复合焊的内外电弧如图 5-57 所示。如果是层流，在焊丝和熔滴的底部形成所谓的阴影区，由于受到焊丝的冷却作用，电导率较低，所以流过焊丝的电流大部分通过等离子弧流入焊件。焊丝或母材蒸发产生的金属蒸气连同等离子流一起存在于"阴影区",但金属蒸气含量很低,还不足以改变这个区域的温度和电导率。由于金属原子相对于氩原子具有更低的基能和更强的光跃迁能力,所以金属蒸气的存在使内弧的辉光度增加。

图 5-57 等离子弧-MIG 焊的内外电弧

注:等离子弧电流为 60A,送丝速度为 10m/min。

3. 电弧静态特性

等离子弧-MIG 同轴复合焊熔化极电压-电流静特性曲线如图 5-58 所示。熔化极电流的大小不是由导电嘴与焊件间的电压决定的,而是由导电嘴与焊丝端部处的等离子弧电位差决定的,并由此决定电流的方向。

等离子弧-MIG 同轴复合焊与 MIG 焊电弧静特性对比如图 5-59 所示。在流过焊丝电流相同的条件下,等离子弧-MIG 同轴复合焊熔化极电压要低于 MIG 焊电压,当熔化极电流为零时,熔化极电压并不为零,这也间接证明了等离子弧-MIG 同轴复合焊的焊丝电流并不是由熔化极与焊件间的电压决定的。由于等离子弧的存在,焊丝电流的调节范围很宽,可以从零到几百安培,并且在整个过程中,电弧平稳无飞溅。

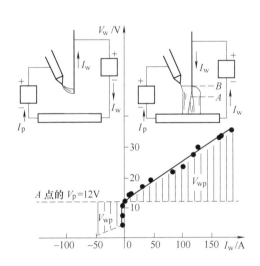

图 5-58 等离子弧-MIG 同轴复合焊熔化极
电压-电流静特性曲线

注:等离子弧电流为 155A,直径为 0.9mm 的低碳钢
焊丝。

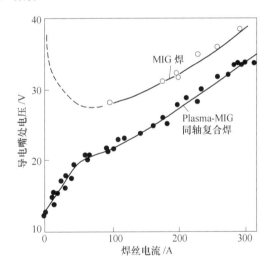

图 5-59 等离子弧-MIG 同轴复合焊与
MIG 焊电弧静特性对比

注:直径为 0.9mm 的低碳钢焊丝,伸出长度为 25mm,
弧长为 7mm。

4. 熔敷速度

等离子弧-MIG 同轴复合焊具有较高的熔敷速度。焊丝不仅被通过焊丝的电流和熔化极电弧加热,而且还被周围的等离子弧加热,焊丝温度的升高使得焊丝的电阻率随之变大,从而进一步加大了焊丝电流所引起的电阻热与焊丝温度,起到了预热焊丝的效果,明显地提高了焊丝熔化速度。

图 5-60 所示为等离子弧-MIG 同轴复合焊和 MIG 焊的焊丝熔敷速度与焊丝电流的关系曲线。当流过焊丝的电流相同时，等离子弧-MIG 同轴复合焊的焊丝熔敷速度要比 MIG 焊快。由图 5-60 可以看出，直径为 2.0mm 的低碳钢焊丝随着等离子弧电流的增大，其熔敷速度逐渐增大，而直径为 0.9mm 的低碳钢焊丝则在流过焊丝电流较小时，焊丝熔敷率随着等离子弧电流的增大而增大，但当焊丝电流较大时，却随着等离子弧电流增大先减小后增大。

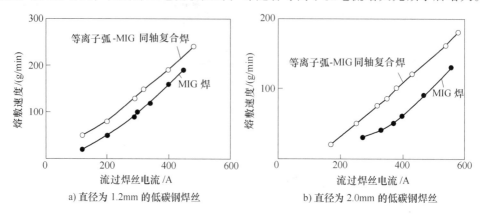

a) 直径为 1.2mm 的低碳钢焊丝   b) 直径为 2.0mm 的低碳钢焊丝

图 5-60　焊丝熔敷速度与焊丝电流关系曲线

注：等离子弧电流为 90A，伸出长度为 28mm。

5.4.4　等离子弧-MIG 同轴复合焊的应用

等离子弧-MIG 同轴复合焊在对接焊、堆焊及水下焊等方面的生产中都取得了实际应用。应用等离子弧-MIG 同轴复合焊成功连接的母材金属有铝及铝合金、铜及铜合金、不锈钢和低碳钢等。

1) 等离子弧-MIG 同轴复合焊用于焊接汽车轮毂。大多数汽车轮毂都是由轮圈和轮辐组成的，它们用一道环焊缝连接起来，通常采用 CO_2 自动焊完成，焊接过程中有飞溅。等离子弧-MIG 同轴复合焊是无飞溅的，因此可省去清理飞溅的工序。采用直径为 1.2mm 的焊丝对厚度为 2.5mm 的轮圈和厚度为 4.5mm 的轮辐进行焊接，焊接速度可以达到 1.45m/min，等离子弧电流为 80A，熔化极焊接电流为 300A，送丝速度为 7.2m/min。

2) 等离子弧-MIG 同轴复合焊用于铝管道与法兰的焊接，其角接头横截面如图 5-61 所示。管道长度为 1.5m，外径为 210mm。若采用 MIG 焊，焊接坡口需要三道填充，两个工人要花费一天时间才能完成 12 个铝管与法兰的焊接，而采用等离子弧-MIG 同轴复合焊，接头可采用单道焊，完成相同的焊接工作量仅需要 1h，效率显著提高。

3) 其他应用。等离子弧-MIG 同轴复合焊用于管簇结构铝管的焊接。焊接结构由 32 个直径相同、长度为 165mm 的铝管组成，结构复杂，采用等离子弧-MIG 同轴复合焊得到了高质量的焊缝。德国 Muller 公司用 Philips 公司的等离子弧-MIG 同轴复合焊接设备焊接车用液罐。铝合金板（AlMg4.5Mn）最大焊接厚度可达 6mm，焊缝成形美观光滑，焊接应力低，热输入小，热影响区

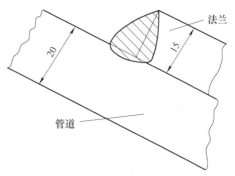

图 5-61　铝管道与法兰的角接头横截面

小，铝板变形小，而且焊接速度是 GMAW 的两倍还要多。瑞典的 Specialtill Verkningar 钢铁生产厂用等离子弧-MIG 同轴复合焊代替埋弧焊来修理连铸生产在线的滚轮，不仅节省了耗材费用，堆焊表面需要的机械加工量更小，而且延长了其使用寿命，熔敷速度达 9~10kg/h。美国 Valtek 公司使用等离子弧-MIG 同轴复合焊替代 TIG 焊后，阀的耐磨寿命提高了 4 倍。纽卡斯韦尔的 Feed 螺钉公司使用等离子弧-MIG 同轴复合焊代替氩弧焊后，注塑螺钉的产量增加 1 倍，焊丝的消耗量减少 65%。

5.5 等离子弧-MIG/MAG 复合焊

等离子弧-GMA 复合焊是以色列激光技术公司（Plasma Laser Technologies）于近年来提出的一种新型高效复合热源焊接方法，简称为 Super-MIG 焊。其本质是等离子弧焊与 MIG 焊的复合，但又具有其独特的优势。该技术近年来在国外取得了一定的应用，目前在我国也正在推广此项新技术。

5.5.1 Super-MIG 焊的基本原理和设备

图 5-62 所示为 Super-MIG 焊一体式焊枪。可以看出，其由两部分组合而成，一部分为等离子弧焊枪，另一部分为 MIG 焊枪，两焊枪电极的轴线呈一定夹角分布。在工作时，先引燃等离子弧，然后再引燃 MIG 弧。焊接时，等离子弧一般采用"混合型"电弧工作形式，即引燃等离子弧时，先引燃先导弧（小弧）然后再引燃主弧。在整个焊接过程中，小弧一直稳定存在，这样当进行断续焊接时能够迅速引燃主等离子弧，有利于焊接过程的稳定。

图 5-62 Super-MIG 焊一体式焊枪

焊接时，等离子弧在前，起引导电弧的作用。利用等离子弧强烈的穿透能力，在焊件表面形成匙孔（厚板时形成非穿透锁孔），MIG 焊丝在等离子弧和 MIG 弧的热作用下迅速熔化，填充到匙孔中，形成大熔深、高质量的焊缝，其焊接过程如图 5-63 所示。在焊接过程中，等离子弧为直流正接，MIG/MAG 弧为直流反接。

Super-MIG 焊焊接原理看似比较简单，仅仅是将等离子弧焊和 MIG/MAG 焊这两种通用的焊接方法组合成一种复合热源的焊接方法，但这种方法实现实际上并不容易，有其独特之处：首先，这种方法真正实现了焊枪的小型化和实用化，焊枪结构非常紧凑，以往的等离子弧-MIG 复合焊焊枪往往体积较大，严重限制了其工业应用；其次，Super-MIG 焊对 MIG 焊接电源没有特殊要求。用户购买的 Super-MIG 焊接系统仅包括等离子弧焊接电源及其控制系统和 Super-MIG 焊枪，并不包含 MIG 焊接电源。用户可以自行搭配使用市售的大部分品牌的 GMAW 电源，并可进行统一协调控制。不同品牌的 GMAW 电源对焊缝质量没有大的影响，这就极大地降低了成本，提高了使用的灵活性。图 5-64 所示为 Super-MIG 焊接电源和焊

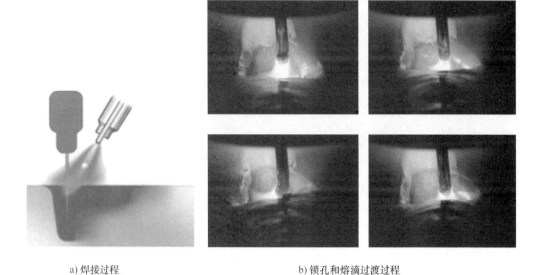

　　　　　　a) 焊接过程　　　　　　　　　　　　　　b) 锁孔和熔滴过渡过程

图 5-63　Super-MIG 焊焊接过程及锁孔和熔滴过渡过程

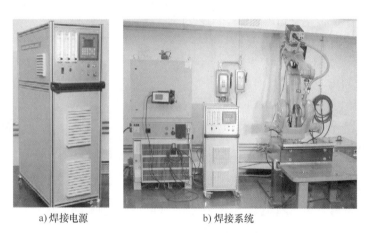

　　　　　a) 焊接电源　　　　　　　　　　b) 焊接系统

图 5-64　Super-MIG 焊接电源和焊接系统

接系统。

5.5.2　Super-MIG/MAG 焊的特点

　　1）焊接熔深大，生产率高。对于钢板，中型 Super-MIG 焊单道焊接能力可以达到 8~10mm，大功率 Super-MIG 焊单道焊接能力可以达到 20~25mm，如图 5-65 所示。若采用双面焊，则可正反面各焊一道，即可焊透 50mm 厚的钢板。图 5-66 所示为采用 Super-MAG 焊完成的低合金钢对接接头与 T 形接头。其中，15mm 厚的低碳钢板 2mm 对接无坡口焊接两道焊接完成，而 10mm 低碳钢 T 形接头的熔深也明显大于传统的 MAG 焊，焊缝成形为合理的斜楔形，生产率大大提高。国外研究表明，这种技术能够代替或改善绝大多数传统 MIG/MAG、TIG、埋弧焊、等离子弧焊等焊接工艺。

　　2）焊接速度快。Super-MIG 焊的焊接速度是传统 MIG/MAG 焊的 2~3 倍。某汽车零件

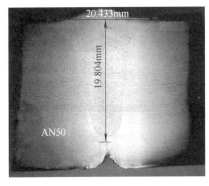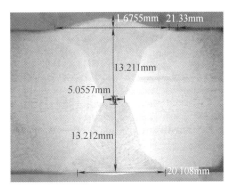

图 5-65 Super-MIG 焊 25mm 厚钢板单道对接焊和 X 形坡口双面对接焊

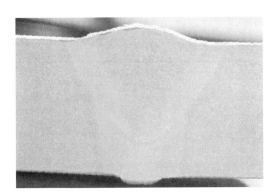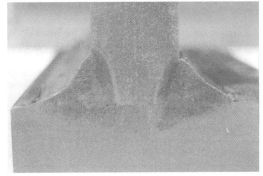

图 5-66 Super-MAG 焊 15mm 厚低碳钢对接接头与 10mm 厚 T 形接头

的 Super-MAG 焊与传统 MAG 焊的焊接参数见表 5-1。可以看出，在其他参数相同的条件下，Super-MAG 焊的焊接速度比传统 MAG 焊提高了 1 倍以上。

表 5-1 Super-MAG 焊与传统 MAG 焊的焊接参数

接头类型	材料	焊丝	保护气体（体积分数）	Super-MAG 焊的焊接速度/(mm/min)	MAG 焊的焊接速度/(mm/min)	对比
搭接	A36 碳素钢，厚度为 4mm	ER70S-6、直径为 1.2mm	$Ar+CO_2$(20%)	1500	700	焊接速度提高 1 倍
角接	碳素钢，板厚为 4mm，管子壁厚为 3mm	E70S-3，直径为 0.9mm	$Ar+CO_2$(18%)	840	360	焊接速度提高 1.3 倍

注：1. A36 为美国牌号，相当于我国的 Q235B。
2. ER70S-6 为美国牌号，相当于我国的 ER50-6；ER70S-3 为美国牌号，相当于我国的 ER50-3。

3）能量集中，焊接热输入较小，热影响区较窄，残余变形小。图 5-67 所示为 MAG 焊和 Super-MAG 焊焊接 6mm 厚碳素钢钢板时的焊接温度场。从等温线分布可以看出，Super-MAG 焊的能量更加集中。厚度分别为 1.6mm、2.0mm 和 3.0mm 的钢板在确保焊透的情况下，MAG 焊和 Super-MAG 焊的焊接速度与焊接热输入对比见表 5-2。从表 5-2 中可以看出 Super-MAG 焊的优势。由于 Super-MAG 焊的焊接变形较小，非常适合焊接薄板，可用于焊接厚度为 0.7mm 的汽车钢板。

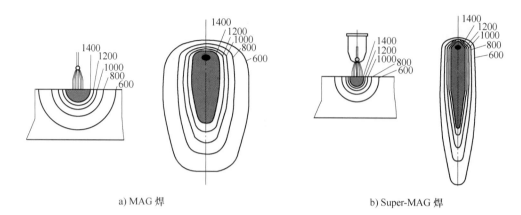

a) MAG 焊   b) Super-MAG 焊

图 5-67　MAG 焊和 Super-MAG 焊焊接 6mm 厚碳素钢钢板时的焊接温度场（单位为℃）

表 5-2　MAG 焊和 Super-MAG 焊的焊接速度与焊接热输入对比

厚度 /mm	MAG 焊		Super-MAG 焊	
	焊接速度/(mm/min)	焊接热输入/(kJ/mm)	焊接速度/(mm/min)	焊接热输入/(kJ/mm)
1.6	1500	0.31	4000	0.13
2.0	1500	0.35	3000	0.21
3.0	1500	0.44	2300	0.33

4）焊接飞溅显著减少，焊缝质量优良。等离子弧的存在，大大提高了 MIG 弧和熔滴过渡过程的稳定性；同时，MIG 熔滴在匙孔内过渡，这些因素都明显地减少了焊接飞溅。

5）可以完成多种形式的焊接，如搭接焊、熔透焊、连续焊或断续焊/点焊等，并且能够非常容易地实现等离子弧-MIG 钎焊。

6）适用材料厂，可进行钢铁材料、铝合金等多种母材金属的焊接。

7）焊枪紧凑，体积小，非常适合自动化焊接和机器人焊接。

5.5.3　Super-MIG 焊的应用

大功率的 Super-MIG/MAG 焊已在 20~100mm 厚钢板的焊接中推广应用。在风力发电的塔柱、大型船舶、大型输气输油管道等的焊接中，大功率的 Super-MIG/MAG 焊将更加体现高效优质的技术优势。美国康明斯发动机公司生产的发动机排气管和哈雷摩托车的油箱采用 Super-MIG/MAG 焊进行焊接生产。

以下介绍几个 Super-MIG 焊的焊接实例。

1. 应用 Super-MIG 焊取代埋弧焊焊接管板连接接头

管壁厚度为 10mm，板厚为 8mm。该接头以往采用埋弧焊焊接，正反面各焊一道。采用 Super-MIG/MAG 焊只需进行正面焊接，大大缩短了焊件反转、装夹等辅助时间，提高了生产率。Super-MIG 焊的管板焊接接头如图 5-68 所示。

2. 1mm 厚渗铝不锈钢 Super-MIG 三层搭接焊（见图 5-69）

等离子弧电流为 120A，MIG 电弧电压为 24V，送丝速度为 12m/min，焊接速度达到

图 5-68 Super-MIG 焊的管板焊接接头

图 5-69 1mm 厚渗铝不锈钢 Super-MIG 三层搭接焊

3m/min，等离子气为纯氩气，MIG 保护气体为 80%Ar+20%CO$_2$（体积分数）。焊接过程非常稳定，飞溅很少，可以代替激光焊。

3. 低碳钢板和铸钢管的管板连接（见图 5-70）

等离子弧电流为 200A，MIG 电弧电压为 32V，送丝速度为 18m/min，焊接速度达到 1.3m/min，等离子气为纯氩气。与传统 MAG 焊相比，焊缝穿透能力明显增强，接头疲劳性能显著改善。

图 5-70 低碳钢板和铸钢管的管板连接

5.6 旁路耦合电弧 GMAW

在高效 GMAW 过程中，过量的焊接热输入会造成接头韧性的下降与残余应力的增大，甚至造成焊穿、咬边、驼峰焊道等焊接缺陷。为了在提高熔敷效率的同时，降低对母材的热输入，实现熔化焊丝的电流大于流经母材的电流，美国肯塔基大学提出了一种新型的 GMAW 方法，即旁路耦合电弧 GMAW（double-electrode gas metal arc welding，DE-GMAW）。

旁路耦合电弧 GMAW 的原理是利用旁路电弧与 GMAW 主弧形成耦合电弧，并产生电磁、热和力之间的相互作用，通过改变旁路电弧参数，可以改变作用于熔滴和熔池上的力场分布和热输入，从而合理分配传输到焊丝与母材的热量，实现高焊丝熔敷效率与低母材热输入的焊接，并有效地降低大焊接电流时的电弧压力，在高效焊接时避免产生焊缝成形缺陷。同时，该方法对焊接电源的要求较低，采用常规非脉冲电源即可实现对熔滴过渡过程的控制，有利于实现低成本的高效 GMAW。旁路耦合电弧 GMAW 可应用于高效、低热输入焊接领域，如高速焊或耐蚀、耐磨材料的堆焊。

5.6.1 旁路耦合电弧 GMAW 的分类及原理

近年来，根据旁路电弧的不同形式提出了单旁路耦合电弧 GMAW（原型）、双旁路耦合电弧 GMAW（稳定化改进的 DE-GMAW）、脉冲旁路耦合电弧 GMAW（精确低热输入的 DE-GMAW）和双丝旁路耦合电弧 GMAW（高熔敷效率的 DE-GMAW）几种形式。

1. 单旁路耦合电弧 GMAW

单旁路耦合电弧 GMAW 采用了图 5-71a 所示的接法，将一个 GMAW 电弧与一个 GTAW 电弧耦合在一起，通过在焊丝与母材的主弧中间并入 GTA 旁路电弧来对流入母材的电流进行分流，使得熔化焊丝的电流为流经母材的电流与旁路电弧电流的总和。因此，可以在保持熔化焊丝电流不变的同时，通过调节旁路电流来减小流经母材电流，从而降低对母材的热输入；同时，还可降低熔滴自由过渡的临界电流，促进熔滴过渡，即可以实现保持较小母材电流下熔滴的稳定过渡。

其耦合电弧形态与熔滴过渡如图 5-71b 所示，焊缝形貌如图 5-71c 所示。对比分析后发现，单旁路耦合电弧 GMAW 能够获得更快的焊接速度与更好的焊缝成形，而没有旁路耦合电弧作用时，母材将承受较大的电流，容易产生焊穿缺陷。

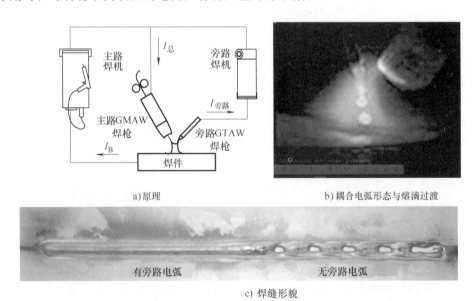

a) 原理   b) 耦合电弧形态与熔滴过渡

有旁路电弧   无旁路电弧

c) 焊缝形貌

图 5-71 单旁路耦合电弧 GMAW 原理、耦合电弧形态与熔滴过渡及焊缝形貌

2. 双旁路耦合电弧 GMAW

在单旁路耦合电弧 GMAW 过程中，由于一侧耦合 GTAW 电弧的加入，将造成熔滴受力不平衡，进而引起焊接过程不稳定。基于上述问题，进一步提出了图 5-72a 所示的双旁路耦

合电弧 GMAW。它采用了两把对称旁路焊枪设计，使得两个旁路 GTAW 电弧对称地作用在主路 GMAW 电弧上，实现了稳定的焊接过程。焊接过程中的电弧形态与熔滴过渡如图 5-72b 所示。在双旁路耦合电弧 GMAW 过程中，电流流经焊丝后分为三部分，有两部分通过对称的 GTAW 电弧流向旁路焊炬，剩余的电流用于熔化母材金属，得到的焊缝形貌与单旁路耦合电弧 GMAW 类似，但对称的旁路设计使得焊接过程更加稳定。引入的对称旁路电弧通过改变电磁力的分布形式，可促进熔滴向熔池过渡，并显著降低熔滴从短路过渡转变为自由过渡的临界电流。

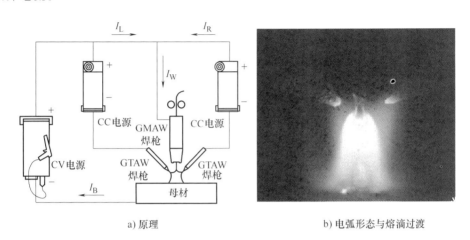

a) 原理   b) 电弧形态与熔滴过渡

图 5-72 双旁路耦合电弧 GMAW 原理、电弧形态与熔滴过渡

3. 脉冲旁路耦合电弧 GMAW

为了进一步减少焊接过程中对母材的热输入，同时保证更小母材热输入下熔滴的稳定过渡，兰州理工大学提出了脉冲旁路耦合电弧 GMAW 方法。其原理如图 5-73a 所示，即将主路、旁路选择脉冲电源，通过脉冲电流的波形优化设计，进一步精确控制母材的热输入和促进小电流下熔滴的稳定过渡，可在远低于传统 GMAW 自由过渡临界电流的情况下保持稳定的射滴过渡。其脉冲电流波形如图 5-73b 所示，总电流应保证熔滴可以在一个脉冲周期内由焊丝过渡到熔池，并通过旁路的分流作用保证母材脉冲电路的平均热输入可以满足小热输入的要求。

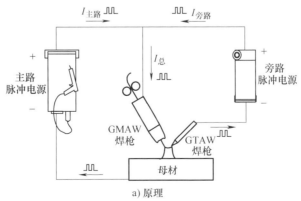

a) 原理

图 5-73 脉冲旁路耦合电弧 GMAW 原理和脉冲电流波形

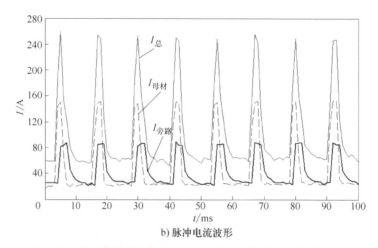

b) 脉冲电流波形

图 5-73　脉冲旁路耦合电弧 GMAW 原理和脉冲电流波形（续）

4. 双丝旁路耦合电弧 GMAW

双丝旁路耦合电弧 GMAW 是对常规旁路耦合电弧焊的高效化改进，采用可熔化的 GMAW 焊炬作为旁路分流电弧，将分流的电弧重新用于熔化旁路焊丝，从而在控制母材小热输入的同时，进一步提高了焊丝的熔敷效率。

双丝旁路耦合电弧高效 GMAW 采用了两台焊接电源、两把 GMAW 焊枪，其原理如图 5-74 所示。对于主路电弧，由于主路焊丝接主路焊接电源的正极，母材接主路焊接电源的负极，主路电源在主路焊丝和母材间提供一定的场强，促使电弧中气体介质的场致电离和电子的场致发射，并且由于主路电源选择了平特性电源，电弧的自身调节作用较强，主路电弧可以依靠电弧自调节作用保持"焊丝送进与熔化的平衡"并稳定燃烧。

双丝旁路耦合电弧高效 GMAW 适用于熔化两路焊丝的电流较高（主路电流+旁路电流）、流入母材的电流较低（主路电流-旁路电流），实现

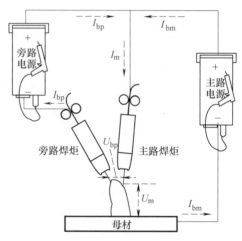

图 5-74　双丝旁路耦合电弧 GMAW 原理

了"熔化焊丝的电流大于熔化母材电流"的焊接，从而在提高熔敷效率的同时，减少了母材的热输入，并通过旁路电弧的分流作用使主路电弧对熔池的电弧压力大幅度减小，因此可以在高速焊接过程中避免驼峰焊道等缺陷的产生。

5.6.2　旁路耦合电弧 GMAW 的应用

1. 高效化的旁路耦合电弧焊

采用双丝旁路耦合电弧 GMAW 在厚度为 4mm 的 Q235 低碳钢上进行大电流连续焊接时，当主路电流为 400A、旁路电流为 200A 时，焊接速度最高可达 1.7m/min，同时保证焊缝成形良好，如图 5-75 所示。在相近的热输入下，由于过高的热积累与电弧压力，很难保证焊

缝的有效成形。因此，该焊接方法焊接效率较高，可用于钢结构的高速焊接；熔敷效率高、电弧压力较低、焊接熔深较浅，可以在低稀释率的条件下实现耐磨、耐蚀材料的堆焊。

图 5-75 双丝旁路耦合电弧 GMAW 焊缝形貌

2. 极小热输入的旁路耦合电弧焊

采用脉冲旁路耦合电弧 GMAW，可以实现小热输入条件下薄板、铝合金等热敏感的轻质材料焊接，同时可用于铝-钢异种金属的连接。图 5-76 所示为采用脉冲旁路耦合电弧 GMAW 的铝-钢异种金属搭接接头。通过对接头的组织进行检测与分析，发现其金属间化合物的平均厚度约为 $8\mu m$，小于 $10\mu m$ 的临界厚度。

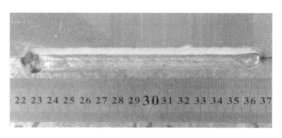

图 5-76 采用脉冲旁路耦合电弧 GMAW 的铝-钢异种金属搭接接头

注：$I_{总}=50A$，$I_{母材}=30A$，$I_{旁路}=20A$，送丝速度 $=3.05m/min$，焊接速度 $=0.5m/min$。

参 考 文 献

[1] 陈彦宾. 现代激光焊接技术 [M]. 北京：科学出版社，2005.

[2] 左铁钏. 21 世纪的先进制造：激光技术与工程 [M]. 北京：科学出版社，2007.

[3] RIBIC B，PALMER T A，DEBROY T. Problems and Issues in Laser-Arc Hybrid Welding [J]. International Materials Reviews，2009，54（4）：223-244.

[4] 王治宇. 激光-MIG 电弧复合焊接基础研究与应用 [D]. 武汉：华中科技大学，2006.

[5] DIEBOLD T P，ALBRIGHT C E. Laser-GTA welding of aluminum alloy 5052 [J]. Welding Journal，1984，63（6）：18-24.

[6] BIFFIN J，WALDUCK R P. Plasma are augmented laser welding（PLAW）[J]. Welding International，1994：6：2-8.

[7] ANDERSEN H J，HOLM H. Extending Tolerances for Laser Welding in Heavy Industry [J]. Journal of Advanced Materials. 2002，34（1）：42~46.

[8] DILTHEY U，LUDER F，Wieschemann A. Expanded Capabilities in the Welding of Aluminum Alloys with the Laser-MIG Hybrid Process [J]. Aluminum，1999，75（1）：64~75.

[9] 李亚玲. 船用 5083 铝合金 CO_2 激光-MIG 复合焊接工艺研究 [D]. 上海：上海交通大学，2009.

[10] DIRK P，CHRISTIAN F. RECENT PROGRESS AND INNOVATIVE SOLUTIONS FOR LASER-ARC HYBRID WELDING [C]. Proceedings of the 1st Pacific International Conference on Application of Lasers and Optics 2004.

[11] 孙清洁. 超声-TIG 电弧复合焊接方法及电弧行为研究 [D]. 哈尔滨：哈尔滨工业大学，2010.

[12] 冷雪松，张广军，吴林. 双钨极氩弧焊耦合电弧压力分析 [J]. 焊接学报，2006，27（9）：13-16.

[13] 王树保，张海宽，冷雪松，等. 双钨极氩弧焊工艺及焊缝成形机理分析 [J]. 焊接学报，2007，28（2）：21-24.

[14] 刘磊. 等离子 MIG 复合电弧的起弧及稳弧特性的研究 [D]. 沈阳：沈阳工业大学，2006.

[15] 吴世凯. 激光-电弧相互作用及激光-TIG 复合焊接新工艺研究 [D]. 北京：北京工业大学，2010.

[16] ZHANG Y M, ZHANG S B. Double-sided Arc Welding Increases Weld Joint Penetration [J]. Welding Journal, 1998, 77（6）：57-61.

[17] ZHANG Y M, ZHANG S B, JIANG M. Keyhole Double-Sided Arc Welding Process [J]. Welding Journal, 2002, 81（11）：249-255.

[18] ZHANG Y M, ZHANG S B, JIANG M. Sensing and Control of Double-Sided Arc Welding Process [J]. Journal of Manufacturing and Engineering, 2002, 124（8）：695-701.

[19] 陈彦宾，苗玉刚，李俐群，等. 铝合金激光-钨极氩弧双面焊的焊接特性 [J]. 中国激光，2007，34（12）：1716~1720.

[20] 董红刚. PA-GTA 双面电弧焊工艺研究及热过程数值模拟 [D]. 哈尔滨：哈尔滨工业大学，2004.

[21] 张华军. 大厚板高强钢双面双弧焊新工艺及机器人自动化焊接技术 [D]. 哈尔滨：哈尔滨工业大学，2009.

[22] 崔旭明，李刘合，张彦华. 双面电弧焊接工艺及物理过程分析 [J]. 北京航空航天大学学报，2003，29（7）：654-658.

[23] 王树保. 双钨极氩弧焊物理特性及工艺研究 [D]. 哈尔滨：哈尔滨工业大学，2006.

[24] ZHANG Y M, JIANG M, LU W. Double electrodes improve GMAW heat input control [J]. Welding Journal, 2004, 83（11）：39-41.

[25] LI K H, CHEN J S, ZHANG Y M. Double-Electrode GMAW process and control [J]. Welding Journal, 2007, 86（7）：231-237.

[26] SHI Y, LIU X, ZHANG Y, et al. Analysis of metal transfer and correlated influences in dual-bypass GMAW of aluminum [J]. Welding Journal, 2008, 87：229-236.

[27] ZHU M, FAN D, SHI Y. Metal Transfer Behavior of Consumable DE-GMAW [J]. Applied Mechanics and Materials, 2013, 395-396：1110-1113.

[28] 石玗，朱明，樊丁，等. 双丝旁路耦合电弧高效 MIG 焊方法及控制系统 [J]. 焊接学报，2012，33（3）：17-20.

[29] 朱明，石玗，樊丁，等. 双丝旁路耦合电弧高效熔化极气体保护焊过程模拟及控制 [J]. 机械工程学报，2012，48（10）：45-49.

[30] 朱明，石玗，王桂龙，等. 双丝旁路耦合电弧高效熔化极气体保护焊双变量解耦控制模拟及试验分析 [J]. 机械工程学报，2012，48（22）：46-51.

[31] 樊丁，朱明，石玗，等. 旁路耦合电弧高效焊接工艺的数字化与智能化 [J]. 电焊机，2013，35（4）：42-47.

第6章 搅拌摩擦焊

搅拌摩擦焊（friction stir welding，FSW）是由英国焊接研究所（TWI）针对焊接性差的铝合金、镁合金等轻质有色金属开发的一种新型固相连接技术，该技术具有接头质量好、焊接变形小、焊接过程绿色无污染等优点，是铝、镁等合金优选的焊接方法，在船舶、机车车辆、航空、航天等制造领域具有广阔的应用前景。本章就 FSW 的原理、焊接参数、搅拌头的设计、FSW 工业应用实例、FSW 制备复合材料、FSW 材料改性、FSW 接头典型缺陷及检测、搅拌摩擦塞焊修补技术、典型材料的 FSW 等进行介绍。此外，本章还将介绍 FSW 衍生的搅拌摩擦点焊新技术的原理、工艺及应用。

6.1 FSW 的原理及特点

6.1.1 FSW 简介

FSW 是由英国焊接研究所 TWI（The Welding Institute）开发的一种新型固相连接技术，具有焊接变形小，无裂纹、气孔、夹渣等各种常见焊接缺陷等优势，它使得以往通过传统熔焊方法无法实现焊接的材料得以实现连接，被誉为"继激光焊后又一次革命性的焊接技术"，受到广泛的重视。FSW 过程的原理如图 6-1 所示。试样放在垫板上并用夹具压紧，以免在焊接过程中发生滑动或移位。焊接工具主要包括夹持部分、轴肩和搅拌针。搅拌针直径通常为轴肩直径的

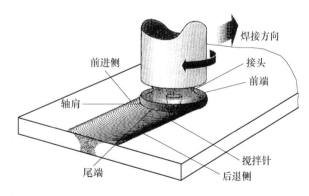

图 6-1 FSW 过程的原理

三分之一，长度比母材厚度稍短些。搅拌头与焊缝有 2°~5°夹角，以降低搅拌头在焊接过程中的阻力，避免搅拌针的折损。搅拌针缓慢插入母材中，直到轴肩和母材表面接触。搅拌头与母材摩擦产热，并在其周围形成螺旋状的塑性层。在焊接过程中，搅拌头和母材做相对运动，一般搅拌头不动，母材做相对运动。产生的塑性层从搅拌针前部向后方移动；随着焊接过程的进行，搅拌头尾端材料冷却形成焊缝，从而连接两块板材。焊接过程中的温度不超过

母材金属熔点，故 FSW 不存在熔焊的各种常见缺陷。焊后接头的厚度一般比母材薄 3%～6%。轴肩不仅与母材表面摩擦生热，并用于防止塑性状态材料的溢出，同时可以起到清除表面氧化膜的作用。

FSW 过程的有关术语主要包括前进侧、后退侧等。前进侧（advancing side）指搅拌头旋转速度方向与焊接速度方向相同的一侧；后退侧（retreating side）指搅拌头旋转速度方向与焊接速度方向相反的一侧；搅拌头前端（leading edge）和尾端（trailing edge）沿 y 轴对称，分别位于焊接方向的前端和末端。搅拌头尾端位于焊接方向后侧，辅助焊缝成形。其中，前进侧和后退侧沿焊缝中心线（x 轴）对称，对应于两块连接的母材，焊接时分别放置于前进侧和后退侧。

一般将 FSW 接头微观组织分为三个部分，即焊核区（weld nugget）、热力影响区（ther-mal mechanical affected zone，TMAZ）和热影响区（heat affected zone，HAZ），如图 6-2所示。轴肩下部、焊核上部形成冠状（crown）区，在此区域，轴肩热力作用比搅拌针旋转搅拌作用显著。与母材金属原始组织相比，FSW 接头焊核区的晶粒发生动态再结晶过程，晶粒变得细小、均匀，如图 6-3 所示。细化晶粒不但可以提高材料的强度，同时还

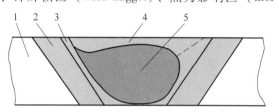

图 6-2　搅拌摩擦焊接头分区示意图
1—母材　2—热影响区　3—热力影响区
4—轴肩影响区　5—焊核区

可以改善材料的塑性和韧性。这是因为在相同外力作用下，细小晶粒内部和晶界附近的应变量相差较小，变形较均匀，因应力集中引起开裂的机会也较少，这就有可能在断裂之前承受较大的变形量，所以可以得到较大的伸长率和断面收缩率。由于细晶粒金属的裂纹不易产生也不易传播，因而在断裂过程中吸收了更多的能量，表现出较高的韧性。

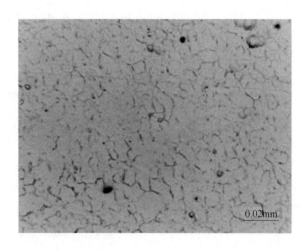

图 6-3　焊核区微观组织（AZ31 镁合金）

6.1.2　FSW 的特点

1. FSW 的优点
FSW 作为一项新型连接方法，其优点主要表现在以下几个方面。

1）固相连接，接头性能优异。采用传统的熔焊方法焊接高强度铝合金时，即使采用很好的变极性焊接设备，也仍然容易产生焊接裂纹等焊接缺陷。FSW 是一种固相连接过程，焊件连接处温度未达到铝合金熔点温度，避免了熔焊时熔池凝固过程产生裂纹、气孔等缺陷，焊接区域组织变化小。因此，铝合金 FSW 接头往往比熔焊接头强度高 15%~20%，伸长率高 1 倍，断裂韧度高 30%。接头强度系数可达 90% 以上，工艺规范恰当情况下的镁合金 FSW 接头强度系数可达 100%。

2）焊接变形小，残余应力低。传统的熔化焊，特别是铝合金薄板的熔焊，其结构的变形非常明显。由于 FSW 是固相连接，焊接温度相对较低；同时，焊接过程没有凝固收缩，搅拌过程中的合金热塑性流动与熔焊过程中接头部位大范围的热塑性变形过程不同，焊后接头的内应力较低，变形较小，基本可实现板件的低应力无变形焊接，因此焊接较薄铝合金结构，如船舱板、小板拼大板时极为有利，这也是熔焊方法难以做到的。

3）焊接成本低，效率高。FSW 所需设备简单，操作方便，能量利用率高。例如，可以用总功率 3kW 的设备焊接 12.5mm 深单焊道焊缝的铝合金。因为 FSW 靠搅拌头旋转并移动，逐步实现整条焊缝的连接，所以比熔焊更节省能源，而且焊接时不需要焊丝、焊剂和保护气体，焊接过程中对环境的污染小，焊前焊件也不需要开坡口和进行严格的表面清理。焊接过程中，搅拌头的摩擦和搅拌作用可以去除焊件表面的氧化膜，因而对氧化膜不敏感，可直接对剪裁板进行焊接。

4）适用范围广。FSW 方法避免了金属熔化所导致的液化裂纹或结晶裂纹，因此可焊接热裂纹敏感的材料。通过对挤压型材进行焊接，可制成大型结构，如船板、框架、平台等，实现大厚度材料的焊接。目前，FSW 可实现厚度为 75mm 的单道焊和厚度为 150mm 的铝合金板材的双面焊。此外，FSW 还能实现不同材料的焊接，如铝-铜、铝-银等的焊接。

5）适合各种接头。FSW 可实现多种位置的焊接，并可实现多种形式的接头，如对接、角接、搭接等，甚至厚度变化的结构和多层材料的连接，如图 6-4 所示。还可在存在磁场的条件下进行焊接，也可在非侵蚀性环境中（如水下等）进行焊接。

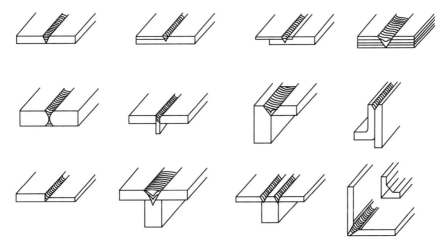

图 6-4 适用于 FSW 的各种接头形式

2. FSW 的缺点

FSW 也存在一些不足，主要表现在以下几方面。

1）焊接工具的设计、过程参数及力学性能数据只对较小范围、一定厚度的合金适用。

2）搅拌头的磨损相对较高。

3）某些特定场合的应用还需要进一步地提高。

4）需要特定的夹具，移动焊接工具的运动需要一定的力。

6.1.3 FSW 的原理

如图 6-5 所示，FSW 过程主要由以下五个阶段组成：①搅拌针插入母材阶段；②搅拌头停留旋转预热阶段；③搅拌头移动焊接阶段；④焊后停留保温阶段；⑤搅拌针拔出阶段。前三个阶段较为重要，特别是第三个阶段为焊接过程，摩擦产生的热量对整个 FSW 过程影响最大。

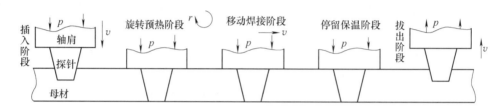

图 6-5　FSW 过程的不同阶段

1. FSW 的产热分析

FSW 过程的产热情况如图 6-6 所示。主要依靠搅拌头与母材作用界面摩擦产热，包括轴肩下表面产热及搅拌针表面产热，焊缝区塑性变形产热也占一部分。焊接过程的散热主要是向搅拌头、母材及垫板的热传导散热，还有母材端面及表面的对流辐射散热。

在焊接压力作用下，搅拌头与母材摩擦产热，使母材达到超塑性状态发生塑性变形和流体流动，从而导致形变产热。由于再结晶温度之前摩擦作用对产热的贡献更大，因而应优先考虑摩擦产热，建立 FSW 过程产热数学模型。

搅拌头各部分的尺寸如图 6-7 所示：轴肩直径为 $2R_1$，搅拌针根部直径为 $2R_2$，搅拌针端部直径为 $2R_3$、搅拌针锥角为 2α、搅拌针长度为 H、旋转速度为 N、角速度为 ω、焊接压力为 p。

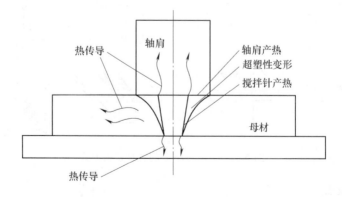

图 6-6　FSW 过程的产热情况

（1）轴肩产热功率 轴肩产热实际有效区域为 R_1 与 R_2 之间的圆环，假设焊接压力均匀施加于轴肩，不随半径变化，如图 6-8 所示。

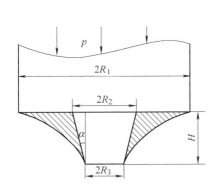

图 6-7 搅拌头各部分的尺寸

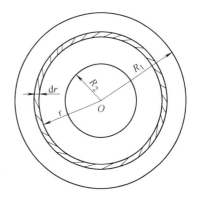

图 6-8 轴肩微单元环产热

半径为 r、宽度为 $\mathrm{d}r$ 的微圆环上所受摩擦力为

$$\mathrm{d}f = \mu F = \mu p \mathrm{d}s = \mu p 2\pi r \mathrm{d}r \tag{6-1}$$

轴肩产热功率为

$$W_{肩} = \omega M_{肩} = \frac{2\pi\omega\mu p}{3}\left(R_1^3 - R_2^3\right) \tag{6-2}$$

式中　ω——角速度，$\omega = 2\pi N$；

　　　$W_{肩}$——轴肩产热功率（W）；

　　　μ——摩擦因数。

（2）搅拌针产热功率 圆台体搅拌针锥角为 2α，根部和端部半径分别为 R_2 和 R_3（见图 6-9），则半径为 r、厚度为 $\mathrm{d}s$ 微圆台侧面积为

$$\mathrm{d}A = 2\pi r \mathrm{d}s \tag{6-3}$$

式中　$\mathrm{d}s = \dfrac{\mathrm{d}h}{\cos\alpha}$，$r = R_3 + h\tan\alpha$。

将其代入式（6-3）得

$$\mathrm{d}A = \frac{2\pi\left(R_3 + h\tan\alpha\right)}{\cos\alpha}\mathrm{d}h \tag{6-4}$$

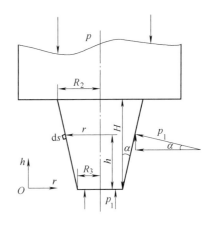

图 6-9 圆台体搅拌针产热分析

搅拌针侧面微环受到的摩擦力为

$$\mathrm{d}f = \mu p_1 2\pi r \mathrm{d}s = \mu p 2\pi\left(R_3 + h\tan\alpha\right)\frac{\mathrm{d}h}{\cos\alpha} \tag{6-5}$$

故圆台体搅拌针侧面产热功率为

$$\begin{aligned}W_{针侧} = \omega M &= \frac{2\pi\mu\omega p H}{3\cos\alpha}\left(3R_3^2 + 3R_3\tan\alpha + H^2\tan^2\alpha\right)\\&= \frac{2\pi\mu p\omega}{3\sin\alpha}\left(R_2^3 - R_3^3\right)\end{aligned} \tag{6-6}$$

当 FSW 过程为准稳态时，无论是圆台体、圆柱体还是圆锥体搅拌针，侧面受到的压力

和施加于轴肩的压力相同，FSW 过程中搅拌针旋转摩擦产热功率均可用式（6-6）表示。

1）当 $R_2 \neq R_3 \neq 0$ 时，为圆台体搅拌针。

2）当 $R_2 = R_3 \neq 0$（$\cos\alpha = 1$，$\alpha = 0°$）时，为圆柱体搅拌针。

3）当 $R_2 \neq 0$，$R_3 = 0$ 时，为圆锥体搅拌针。

因此，FSW 过程产热数学模型只需建立圆台体搅拌针的模型即可。

（3）搅拌针插入阶段产热功率 如果焊接过程压力不变，搅拌针插入母材的速度为 v，如图 6-10 所示。在时间 t 时插入的深度 h 为

$$h = vt \tag{6-7}$$

搅拌针插入最大半径为 r，则

$$r = R_3 + vt\tan\alpha \tag{6-8}$$

同理可得，搅拌针插入 t 时间时的产热功率为

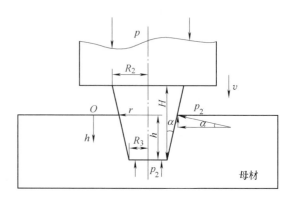

图 6-10　搅拌针插入过程产热

$$W_{针} = W_{针侧} + W_{针底}$$

$$= \frac{2\pi\mu\omega}{3\sin\alpha}\left(r^3 - R_3^3\right)\left(\frac{R_1}{r}\right)^2 p + \frac{2\pi\mu\omega}{3}\left(\frac{R_1}{r}\right)^2 pR_3^3 \tag{6-9}$$

2. FSW 过程的塑性流体流动

FSW 接头形成机理研究的一个重要组成部分为焊接过程中塑性材料流动规律。其影响因素主要包括焊接参数、搅拌头的形状及搅拌头的倾角等。对 FSW 过程中材料流动及接头成形的研究主要包括材料流动的可视化及计算机模拟两个方面。由于 FSW 过程自身的特点，仍无法直接观察到 FSW 过程材料流动的情况。常用的试验方法主要有三种，即异种材料焊接、急停技术（搅拌针冷冻技术）和嵌入标记材料。下面介绍几种研究 FSW 过程塑流的方法及主要的结果。

（1）钢球跟踪技术　K.Colligan 采用钢球跟踪技术和停止运动技术分析了 FSW 过程中塑性流体的流动。采用 $\phi 0.38$mm 钢球镶嵌在焊缝两侧不同的位置，在焊接过程中快速停止搅拌头旋转，于是钢球将沿着搅拌头分布，得到塑性金属流动轨迹；停止运动技术指快速停止搅拌头的旋转并将搅拌头从焊件中取出，保证与搅拌头接触的金属材料仍然附着在孔的周围。

通过在平行焊接方向开的沟槽内插入作为跟踪元素的钢球，沟槽离焊缝中心距离不同、深度不同，如图 6-11 所示。焊后通过 X 射线显示钢球的分布，研究结果表明，并不是所有被搅拌头影响的材料都参与环形塑性流动。搅拌头搅拌的材料由表面沿搅拌针环形向下流动，填充搅拌针移动所形成的孔隙，部分后退侧材料并未沿搅拌针做环形流动。

（2）微观组织图像法和标签法　标记材料的选择原则：与母材金属流动一致，并且不影响母材金属流动；焊接后与母材金属有明显的腐蚀差异。哈尔滨工业大学赵衍华博士选用 5456（LF5）铝合金作为标记材料，试验前装嵌于 Al2014-T6 母材金属中，标记材料与母材金属在化学成分及焊接性方面比较相似，不影响母材焊缝金属的塑性流动。标

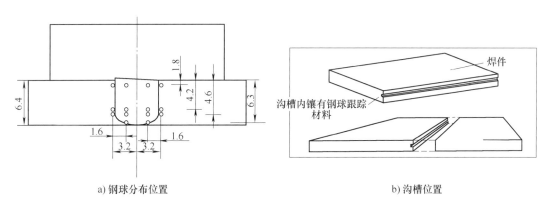

a) 钢球分布位置　　　　　　　　　　　b) 沟槽位置

图 6-11　钢球分布位置及其沟槽位置

记材料在焊接后显示的流动轨迹可以从侧面反映母材焊缝金属的流体流动。6 个标记的尺寸和嵌入位置如图 6-12 所示。标记材料放置在前进侧和后退侧的不同高度位置上，涵盖了板厚上部、中部和下部。

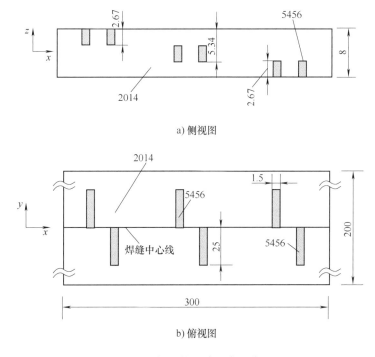

a) 侧视图

b) 俯视图

图 6-12　标记的尺寸和嵌入位置

图 6-13 中的矩形表示标记材料的原始位置，白色虚线圆环代表搅拌针。从图 6-13 中可以看出，在焊缝中间部位，大量的标记材料在焊后转移到它原始位置的后方，仅仅在前进侧上有少量的材料转移到它原始位置前方。发生变形和转移的材料稍大于搅拌针的直径，后退侧发生变形的标记材料要比前进侧多。在前进侧和后退侧，可看到标记材料呈"锯齿"状沉积在原始位置后部，对这些"锯齿"进行分析发现，"锯齿"之间的间距恰好等于焊接速度与旋转速度的比值（1 个 WP），即搅拌头旋转一周在焊接方向上移动的位移。

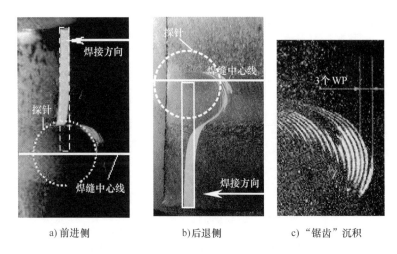

a) 前进侧　　　　b) 后退侧　　　　c) "锯齿"沉积

图 6-13　焊缝中部 $z=0$ mm 处标记的图像

（3）数值模拟法　通过试验方法了解焊缝金属的流动，虽然取得了一定的成绩，但由于 FSW 过程的复杂性和 FSW 本身的特点（无法直接看到材料流动的过程）而受到很大的限制。随着计算机技术的发展，运用解析和数学建模的方法来研究分析焊接过程中材料的流动也成为一种重要的研究手段。赵衍华博士采用三维模型进行 FSW 过程塑性流体流动的数值模拟。三维流动模拟区域的尺寸为 200mm×130mm×8mm，如图 6-14 所示，搅拌头设置在流体区域原点处。模拟结果与试验结果吻合较好，只是模拟结果所得到的轴肩影响范围要大于实际焊接中的轴肩影响范围。实际焊接中搅拌头倾斜且有一定的压入量，模拟中没有考虑这些实际情况，这可能会造成一定的差异，如图 6-15 所示。

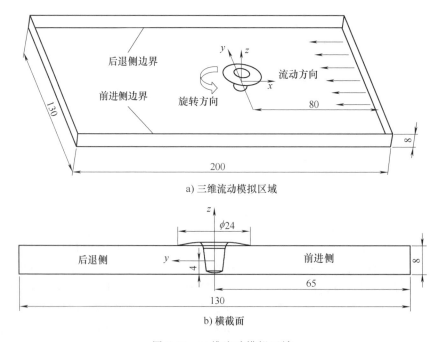

a) 三维流动模拟区域

b) 横截面

图 6-14　三维流动模拟区域

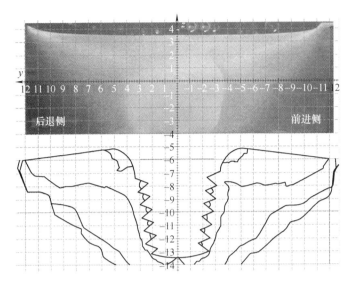

图 6-15　实际焊缝横截面与模拟焊缝横截面

6.2　FSW 的焊接参数

FSW 的焊接参数主要有焊接速度、旋转转速、焊接压力，还有搅拌针插入速度、插入阶段停留预热时间、搅拌头的仰角等。焊接压力一般由压入量控制，与其他焊接参数相比，决定焊缝质量的最关键因素为旋转速度和焊接速度。

6.2.1　旋转速度

旋转速度通常用 N 表示，单位为 r/min，可分为顺时针方向的旋转速度和逆时针方向的旋转速度。旋转速度是影响 FSW 热源的主要因素之一，当搅拌头的旋转速度较低时，摩擦热不够，不足以形成热塑性流动层，其结果是不能实现固相连接，而在焊缝中形成了孔洞。随着旋转速度的提高，摩擦热源增大，塑性流动层由上而下逐渐增大，使得焊缝中的孔洞逐渐减小，当旋转速度提高到一定值时，孔洞消失，形成致密的焊缝，但当旋转速度过高时，会使搅拌针周围及轴肩下面的材料温度达到或超过熔点，无法形成固相连接。在合适的旋转速度下接头才获得最佳强度值。图 6-16 所示为 AZ31 镁合金 FSW 在不同的焊接速度下，旋转速度对接头强度的影响。当旋转速度为 1180r/min 时，接头强度达到最大值，为母材金属强度的 93%。当旋转速度大于 1180r/min 时，强度值有所下降。搅拌头的旋转速度通过改变热输入和软化材料流动来影响接头微观组织，进而影响接头强度。由 FSW 产热机制可以知道，旋转速度加快，热输入增加，如图 6-17 所示。

6.2.2　焊接速度

焊接速度通常用 v 来表示，单位为 mm/min，也有用 mm/s、cm/min 等来表示的。在 FSW 过程中，当搅拌焊头的结构参数确定好以后，热源强度就是一定的。当焊接速度过小时，搅拌头所产生的热量使焊接温度过高，焊合区金属温度将接近金属熔点，会使金属因过

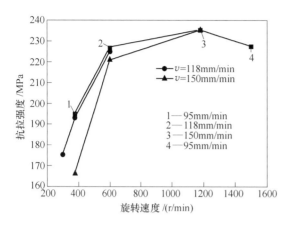

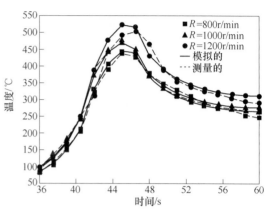

图 6-16　旋转速度对镁合金 FSW 接头强度的影响　　　　图 6-17　旋转速度对温度分布的影响

注：焊接速度为 200mm/min。

热而出现疏松，产生液化裂纹，同时焊缝表面将凹凸不平。当焊接速度过大时，FSW 所产生的热量不足以使搅拌头周围的金属达到塑化状态，不能形成好的焊缝，易在内部出现孔洞。

图 6-18 所示为不同焊接速度下的焊核形貌。图 6-18a 和图 6-18b 所对应的旋转速度同为 800r/min，但焊接速度分别为 80mm/min 和 0，即分别截取焊缝中间段横截面和接头段匙孔附近横截面。匙孔附近只有旋转速度的作用，焊核轮廓清晰、呈椭圆状，位于焊缝正上方，同时还有椭圆状的区域，几个分区之间的分界清晰。圆环在焊核的最上端几乎在同一个位置重合，圆环之间间隙比较小，而在下部，圆环间隙逐渐扩大。在正常焊接速度（80mm/min）下，焊核与冠状区有一个平直的分界线，焊核区洋葱圆环特征不明显。

分析原因认为，当焊接速度为 0 时，塑性流体只受旋转摩擦作用，塑性流体流动相对比

a) 焊接速度为 80mm/min

b) 焊接速度为 0

图 6-18　不同焊接速度下的焊核形貌

注：旋转速度为 800r/min。

较规则，没有上下层之间的相互影响，彼此都围绕搅拌针旋转移动，是一个二维平面流动。当存在一定的焊接速度时，塑性流体旋转的同时还要受到轴肩及搅拌针螺纹线的剪切作用，沿厚度方向有一定的运动，塑性流体的运动更加复杂和无规律，不仅存在围绕搅拌针旋转的材料，材料在厚度方向同时存在一定的运动，导致洋葱圆环特征不如匙孔附近明显。

图 6-19 所示为焊接速度对镁合金 FSW 接头抗拉强度的影响。由图 6-19 可见，接头抗拉强度随焊接速度的提高并非单调变化，而是存在一个峰值。当焊接速度小于 150mm/min 时，接头抗拉强度随焊接速度的提高而增大。从焊接热输入可知，当旋转速度为定值而焊接速度较低时，搅拌头与焊件界面的整体摩擦热输入较大。如果焊接速度过高，使塑性软化材料填充搅拌针行走所形成空腔的能力变弱，软化材料填充空腔能力不足，焊缝内易形成一条狭长且平行于焊接方向的隧道沟，导致接头抗拉强度大幅度降低。

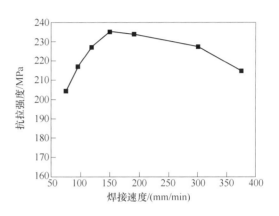

图 6-19　焊接速度对镁合金 FSW 接头抗拉强度的影响
注：旋转速度为 1180r/min。

在 FSW 过程中，热输入的大小取决于搅拌头肩部的半径、压力、摩擦因数及旋转速度与焊接速度之比 N/v。当采用某一搅拌头时，其肩部直径为定值，若压力在成形过程中也保持不变，则热输入仅取决于旋转速度与焊接速度之比，热输入适当，即 N/v 在一定范围内，才能获得质量良好的焊缝成形。在 FSW 过程中，如果旋转速度过低或焊接速度过高，都会导致 N/v 降低，即热输入较小，热量不足以使成形区金属达到热塑性状态，因而成形不好，甚至表面出现沟槽。随着旋转速度的提高或焊接速度的降低，N/v 逐渐增加，热输入趋于合理，成形质量较好。当旋转速度较大或焊接速度较小时，N/v 则较大，单位长度成形区上的热输入过大，成形区金属过热，从而导致成形质量均较差。

理论上，FSW 过程中的热输入越大，越有利于焊缝成形，但即使在相同热输入下，如果旋转速度过低或过高，同样不能得到性能优良的接头。所以，不能单独用旋转速度来综合评价焊接参数的优劣，还要考虑旋转速度和焊接速度的范围。

6.2.3　焊接压力

搅拌头的压入量指搅拌针插入被搅拌材料的深度，但应考虑搅拌针的顶端距离底部垫板之间须保持一定间隙，使搅拌针插入材料表面后还可以在一定范围内波动。由于搅拌针的长度一般为固定值，所以搅拌头的压入量也可以用搅拌头轴肩的后沿低于板材表面的深度来表示。搅拌头的压入量直接影响 FSW 过程中的热输入和成形质量。压入量越大，轴肩与焊件表面接触越紧密，摩擦产生的热量越多，从而使热输入越大。另外，压入量对成形质量也有很大影响。

为了抑制 FSW 过程中产生的飞边及内部缺陷，搅拌头的压入量必须按照 1/10 ～ 1/100mm 级的精度予以控制。控制搅拌头的压入量是仿照接合材料的形状来控制搅拌头的，与正确地控制搅拌头移动轨迹的情形不同。这一点是与机床精密加工有本质上区别的。因为要求装置在上述这样的状态下维持精确的压入量，所以 FSW 的装置必须有高的强度与好的刚度。作为控制搅拌头压入量的方法，通常使用位置控制、载荷控制、主轴载荷控制等。

6.2.4 搅拌头倾角

FSW 过程中需要搅拌头有一定的倾角，这主要是为了减小成形过程中的阻力，防止搅拌头折损。搅拌头倾斜会影响塑性材料的流动，进而对搅拌摩擦区的成形过程产生影响。随着倾角的增大，搅拌摩擦区由不规则的形状逐渐成为规则的椭圆状。当倾角为0°时，焊核区几乎对称，在焊核区与冠状区的交界处存在明显的机械变形特征，而当倾角为3°时，焊核区比较扁长。这是由于随倾角增大，塑性流体沿焊接方向承受搅拌头的作用力增强，材料围绕搅拌针螺旋线向下运动的同时沿焊接方向存在较大的运动，从而形成扁长状的焊核区，如图 6-20 所示。

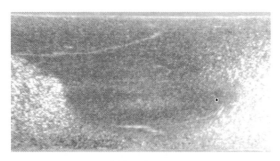

a) 倾角为3°　　　　　　　　　　　　b) 倾角为0°

图 6-20　搅拌头倾角对焊核区形状的影响

6.2.5 搅拌针插入速度和保持时间

FSW 过程起始插入速度不可过快，否则容易造成搅拌头折损，但过慢，会造成生产率低下。选择恰当的插入速度非常重要。插入速度的快慢最终决定焊接起始阶段预热温度是否足够，以便产生足够的塑性变形和流体流动。搅拌针插入速度对 FSW 预热温度的影响如图 6-21 所示。保持时间一般为 $10 \sim 15 s$。保持时间过短则产生塑性材料不足，过长则易造成局

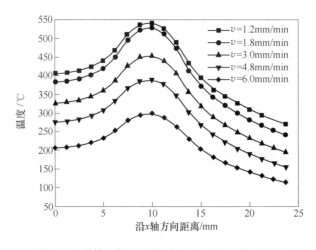

图 6-21　搅拌针插入速度对 FSW 预热温度的影响

部过热和生产率的下降。

测量结果显示，搅拌针插入过程的温度随着插入深度的增加而升高，完全插入停止预热阶段温度先降后升，预热时间大于10s后，温度回升（见图6-22）。通过搅拌针的产热数学模型分析可知，搅拌针完全插入瞬间产热功率最高。分析结果表明，焊接压力的变化是产生这一现象的主导因素。另外，轴肩与焊件表面接触，增加散热，温度回升需要一定时间。这表明，对于5mm厚AZ31镁合金预热时间不应小于10s；综合考虑焊接效率，预热时间以15~20s为最佳。

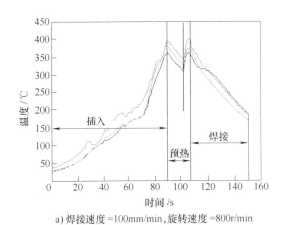

a) 焊接速度=100mm/min, 旋转速度=800r/min   b) 焊接速度=150mm/min, 旋转速度=900r/min

图6-22　搅拌针插入过程温度分布

丹麦学者H Schmidt等人建立的FSW产热分析模型结果及测量存在同样规律。搅拌针开始插入阶段，作用压力稳定增长到21kN，力矩增长到15N·m，主要是由于搅拌针随插入深度的增加，其作用增强。轴肩与焊件接触的瞬间，作用压力和力矩达到最大值（力矩60N·m）。焊接预热阶段，作用压力从21kN降至12kN，力矩降至40N·m。

6.2.6　搅拌头的形状与尺寸

搅拌头的形状与尺寸对FSW过程焊缝成形有较大的影响。搅拌针是否带螺纹，对接头成形有极大影响，如图6-23所示。这里焊接采用的搅拌头尺寸均一致，轴肩直径为24mm，搅拌针直径为8min圆柱形。搅拌针带螺纹可得到外观美观的焊缝，焊缝光滑平整（见图6-24a）；搅拌针不带螺纹时，发生了搅拌头折断现象，说明焊接过程搅拌针受到的母材阻力大，以至超过了搅拌针承受极限而在搅拌针与轴肩结合部位断裂，并且焊缝内部有孔洞的产生，如图6-24b所示。

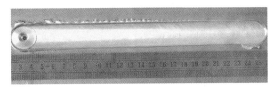

a) 探针带螺纹   b) 探针不带螺纹

图6-23　搅拌针螺纹对焊缝成形的影响

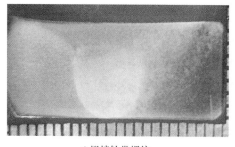
a) 搅拌针带螺纹

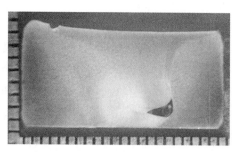
b) 搅拌针不带螺纹

图 6-24　FSW 接头微观组织

搅拌针形状对焊缝力学性能的影响较大，如图 6-25 所示。采用 1 号和 2 号搅拌针焊接，焊缝的抗拉强度比较高。其中，当采用 2 号搅拌针焊接时，焊缝抗拉强度最高达 360MPa，约为母材金属的 78%，拉伸断裂部位发生在焊缝的热影响区上，断口呈典型的 45°断裂。当采用 3 号和 4 号搅拌针时，焊缝的抗拉强度比较低，断裂发生在焊缝的中部，这与焊接时产生的孔洞缺陷有关，断口正好处于孔洞的上方。这说明，焊缝中的孔洞是一种非常严重的缺陷，往往会成为断裂的裂纹源，使焊接结构的力学性能急剧降低。

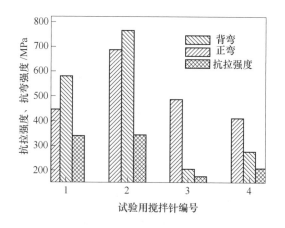

图 6-25　拉伸与弯曲试验结果
1—圆柱螺纹搅拌针　2—圆锥螺纹搅拌针
3—圆柱搅拌针　4—圆锥搅拌针

弯曲试验也表明，当采用 2 号搅拌针焊接时，焊缝的抗弯性能最好，而且弯曲试验时移动位移最大，说明采用 2 号搅拌针焊接，焊缝的塑性高，抗弯能力强。当采用 3 号和 4 号搅拌针焊接时，抗弯强度比较小。

6.3　搅拌头的设计

搅拌头是 FSW 技术的核心，它的好坏决定了母材金属的种类和厚度。搅拌头包括搅拌针和轴肩两部分，一般用工具钢制成，需要具有耐磨损和高的熔点。焊接工具有各种各样的设计，但一定要设计合理。搅拌针的形状决定加热、塑性流体及塑性流体的形成形态；搅拌针的尺寸决定焊缝尺寸、焊接速度及工具强度；搅拌针的材料决定摩擦加热速率、工具强度及工作温度，并决定母材金属的种类。因此，设计合理的搅拌针是提高焊缝质量、获得高性能接头的前提和关键。

轴肩在焊接过程中主要起两种作用：①通过与焊件表面间的摩擦，提供焊接热源；②提供一个封闭的焊接环境，以阻止高塑性软化材料从轴肩溢出。由于轴肩在焊接过程中所起的作用比较单一，因而人们对轴肩的形貌、几何尺寸及其对焊接过程中塑性流动和焊后接头质量影响方面的研究较少，而将大部分精力投入搅拌针形貌、几何尺寸设计方面的研究。搅拌针在焊接过程中不仅通过与接合面间的摩擦来提供热输入，更重要的是起到机械搅拌作用，因而搅拌针的形貌和几何尺寸影响着塑性软化材料的流动形式和被切削材料的体积，进而影响接头的力学性能。正是由于搅拌针在焊接过程中所发挥的复杂而重要的作用，人们对FSW的研究越来越深入，设计出了多种形式的搅拌针，以适应各种焊接状态。

搅拌头具有以下几个功能：①加热和软化母材金属；②破碎和弥散接头表面的氧化层；③驱使搅拌头前面的材料向后部转移；④驱使接头上部的材料向下部转移；⑤使转移后的热塑化材料形成固相接头。

6.3.1　搅拌头的材料选择

理想的搅拌头材料应当具有较长的使用寿命。搅拌头的材料选择标准必须综合考虑以下几个方面。

1）热强性。在成形温度下（铝合金成形温度为450~550℃，铜合金成形温度为900℃左右，钢合金成形温度为1000℃左右，钛合金成形温度为1200℃左右），搅拌头具有的力学强度，主要考虑能够经受较大的压缩载荷和抗剪切载荷，保持长时间不变形，最重要的是在工作温度下能保持较高的抗压强度和屈服强度。

2）耐磨性。搅拌头应能承受成形初始插入阶段及成形过程的材料磨损，并且能够在一定的成形时间和成形长度内保持搅拌头的初始形状。由于搅拌头一直是在高温下与焊件进行摩擦，所以必须具有高温耐磨性。

3）抗蠕变性。搅拌头在高温、高载荷作用下应具有防止蠕变破坏的能力。

4）耐冲击性。在室温或工作温度下，搅拌头能够具有抵抗初始插入和成形冲击的能力。许多材料具有很好的高温强度，但在低温下的断裂强度却较低，在FSW时，当搅拌针插入焊件，由于向下的轴向力很大，再加上有时预热停留时间很短，很容易造成搅拌针在根部断裂。

5）易加工性。材料具有根据设计要求被加工的能力，因为搅拌头通常需要被加工成比较复杂的形状。

6）抗氧化性。某些母材金属，如钛合金焊接时需要气体保护，这些气体有时会对搅拌头起损害作用。

7）与母材金属不起反应。搅拌头不能与母材金属中的任何成分发生反应。如果发生某种反应，可能导致低熔共晶或沉淀相形成。还有一种可能是，搅拌针与母材金属在接触面上会发生扩散，这可能会形成金属间化合物或沉淀相。上述反应都会损害搅拌头和接头性能。

8）热传导性。搅拌头的材料应是热的不良导体，这可以减少焊接中的热散失。

由于碳素工具钢和低合金刃具用钢的热硬性有限（低于300℃），在高速切削加工时的刀具必须用高速钢来制造。高速钢具有很高的淬透性、热硬性，高硬度，优良的耐磨性，足够的强度和韧性。目前应用较多的是用4Cr5MoSiV1（H13）热作模具钢来制作搅拌头，其主要化学成分见表6-1。4Cr5MoSiV1热作模具钢具有中等的铬含量和形成碳化物的合金元素，如钨、钼和钒，具有良好的抗高温软化性能。由于其碳含量比较低，而且总合金含量也比较低，通常在40~55HRC工作硬度下具有较好的韧性。合金中含有钨和钼，可提高热强度，但使韧性稍微有所降低。钒可以提高在高温下的耐蚀性。硅元素可以改进在高温800℃以下的抗氧化性能。4Cr5MoSiV1热作模具钢最初用作铝镁合金挤压模、压铸模，不与铝反应；它是空冷硬化钢，600℃作业时强度高，韧性优，抗热裂性好；淬火后硬度可以达到53~54HRC，所以非常适合用作搅拌头的材料。

表 6-1　4Cr5MoSiV1（H13）热作模具钢的化学成分（质量分数）　　　　（%）

C	Mn	Si	Cr	Mo	V	P	S	Cu
0.32~0.45	0.20~0.50	0.80~1.20	4.75~5.50	1.10~1.75	0.80~1.20	≤0.030	≤0.030	≤0.25

6.3.2　搅拌头的形状设计

在 FSW 发展初期，TWI 成功开发了柱形搅拌头，这种搅拌头在 FSW 的初期开发研究中得到了广泛应用。随后他们又成功开发了三槽锥形螺纹（tri-flute）搅拌头和锥形螺纹（whorl）搅拌头。几种典型的搅拌头如图 6-26 所示。

a) 三槽锥形螺纹 (tri-flute) 搅拌头　　　b) 锥形螺纹 (whorl) 搅拌头　　　　　c) 柱形搅拌头

图 6-26　几种典型的搅拌头

搅拌头形状设计合理，会使成形区摩擦产热功率提高，热塑性材料易于流动，成形工艺性好。目前，搅拌头的形状主要有以下几种，即圆柱形、圆锥形和螺旋形。螺旋形搅拌头在旋转的同时，产生向下的锻压力，更有利于金属的成形，并且螺距越小焊缝质量也越好。搅拌摩擦时，热量主要来自于搅拌头与焊件的摩擦。当搅拌头的直径过大时，成形区断面面积增大，热影响区变宽，同时搅拌头向前移动时阻力增大，不利于金属材料的流动；当搅拌头的尺寸过小时，摩擦产生的热量不足，成形区热塑性材料的流动性差，搅拌头向前移动时所产生的侧向挤压力减小，不利于形成致密的组织，通常会形成沟槽、孔洞等缺陷。当搅拌针的长度为焊件厚度的 70%~90% 时，成形质量较好。轴肩的作用是限制塑变金属从成形区域溢出，同时产生一定的热输入。轴肩尺寸过大，热输入增加，导致热影响区尺寸增大，同时焊件易产生变形；肩部尺寸过小，则需通过增大旋转速度或降低焊接速度的方式保证热输入，因而成形效率较低。试验结果表明，当搅拌头的轴肩直径与搅拌针直径之比为 3:1 时，在适宜的焊接参数下进行 FSW，容易获得较高质量的成形区域。轴肩的设计，从最初的平面型逐渐向带有一定形状的形式转变。目前已经出现了表面带有螺纹的轴肩和表面带有凸起的轴肩。采用不同形状的轴肩，可以改变 FSW 过程中的热输入，以及提高材料的流动能力。

轴肩的发展经历了这样一个过程：平面→凹面→同心圆环槽→涡状线。轴肩的主要作用就是尽可能包拢塑性区金属，促使焊缝成形光滑平整，提高焊接行走速度。搅拌针的作用是通过旋转摩擦生热提供焊接所需的热量，并带动周围材料的流动，以形成接头。搅拌针的发展经历了由光面圆柱体向普通螺纹、锥形螺纹、大螺纹、带螺旋流动槽的螺纹发展的历程。搅拌头轴肩的类型如图6-27所示，它们都是在搅拌针和轴肩的交界处中间凹入的。在焊接过程中，这种设计形式可保证轴肩端部下方的软化材料受到向内的力的作用，从而有利于将轴肩端部下方形成的软化材料收集到轴肩端面的中心，以填充搅拌针后方所形成的空腔；同时，可减少焊接过程中搅拌头内部的应力集中而保护搅拌针。对于特定的母材金属，为了获得最佳的焊接效果，必须设计出与之相适应的特殊的轴肩几何形状。

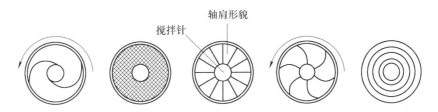

图 6-27　搅拌头轴肩的类型

6.3.3　搅拌头的结构设计

搅拌头的结构设计是FSW的关键技术，它直接影响焊缝塑性金属的流体流动，并决定焊缝性能。搅拌头的结构包括搅拌针和轴肩两部分，这两部分结构在焊接过程中的作用不同。搅拌头的设计包括搅拌针和轴肩形状及尺寸的设计。

1. 可消除匙孔型（见图6-28）

FSW焊接完成后，在焊缝的末端会留有一个匙孔。为了解决这个问题，人们发明了可以自调节的FSW焊接工具，其主要功能是使FSW的匙孔愈合。这种焊接工具也称为搅拌针可伸缩搅拌头（the Retracted Pin Tool，简称RPT），在焊缝末端，其搅拌针自动地退回到轴肩里面，使匙孔愈合。

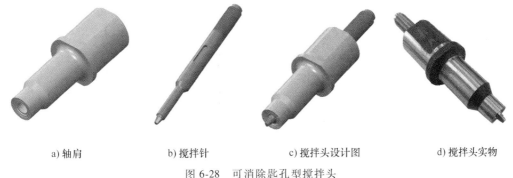

a) 轴肩　　　　b) 搅拌针　　　　c) 搅拌头设计图　　　　d) 搅拌头实物

图 6-28　可消除匙孔型搅拌头

2. 轴肩搅拌针可拆卸型

国内外应用的搅拌头通常制造为一体，即整体式搅拌头，这样导致当搅拌针磨损失去搅拌作用、轴肩磨损性能变差时必须更换搅拌头。FSW过程是一个热、力综合作用的过程，当工作时，搅拌头的轴肩和搅拌针在一定温度下（焊接温度，通常为母材熔点的80%）磨损相对较高，而夹持部分由于受热、力的综合作用较弱，一般不存在磨损情况。这样，由于轴肩和搅拌针失去作用而必须丢弃整个搅拌头，无论从材料还是制作成本方面考虑都是极大的浪费。为了保证搅拌针和轴肩的耐热、耐磨特性，整个搅拌头的材料选择必须能够在一定温度和较大力的作用下工作，工具钢的成本相对于普通钢价格要高。如果搅拌头是整体式设计，则整个夹持部分也不能继续使用。

整体式搅拌头的另外一个不足是加工过程材料的浪费。考虑搅拌头的摩擦产热及散热作用，夹持部分、轴肩通常采用不同的直径，而搅拌针的直径通常只有轴肩的1/3，整体式搅拌头机械加工方式容易造成材料的浪费。

为了降低搅拌头的制造和使用成本，开发了一种轴肩和搅拌针可以拆卸重复使用的分体式搅拌头，它由三个主体部分，即夹持部分、轴肩搅拌针复合部分和连接部分构成，如图6-29所示。

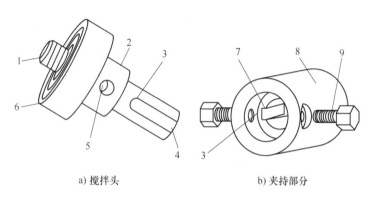

a) 搅拌头　　　　　　　　b) 夹持部分

图 6-29　分体式搅拌头结构

1—搅拌针　2—连接柱　3—连接结构　4—定位面　5—螺钉孔　6—轴肩　7—连接孔　8—夹持部段　9—螺钉

分体式搅拌头结构具有以下优点：①节约成本，由于该搅拌头为分体式设计，在搅拌头磨损后，仅更换磨损较大的轴肩和搅拌针部分即可，而不需更换未磨损的夹持部段，从而大大节省材料成本；②节省加工时间，仅加工轴肩和搅拌针部分即可，不需要另外加工夹持部分，从而大大节省加工时间；③降低材料要求，其夹持部分承受的热、力作用不大，可选择性能不是太高的材料，这也可降低材料成本；④不需要更换夹持部分，使得更换更为方便；⑤可焊接不同厚度试样，夹持部分通用，仅更换不同尺寸的轴肩和搅拌针即可；⑥其连接柱的侧面和连接孔内壁的相应位置均成形有相互配合的定位面，非常便于装配。

3. 双轴肩型

当利用 FSW 焊接环形筒状焊件时，由于需要垫板支持，使得工装夹具设计存在诸多不便，而且垫板在 FSW 中也容易损坏，经常更换会造成材料浪费严重。因此，人们设计了新型搅拌头——双轴肩搅拌头，如图

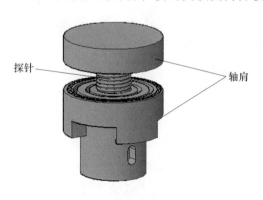

图 6-30　双轴肩搅拌头

6-30所示。它的特点在于不影响FSW质量的同时，又可省去垫板，既可节约材料，又方便了工装夹具设计。

4. 静轴肩型

为了解决常规FSW技术的缺点，如焊缝厚度方向组织差异较大，焊缝减薄，容易产生飞边，表面有弧纹生成等，英国焊接研究所在常规FSW基础上将轴肩与搅拌针分离，研制出一种新型固相连接技术——静止轴肩搅拌摩擦焊（stationary shoulder friction stir welding，SSFSW）。静轴肩装置由紧固装置、连接装置、静止轴肩和搅拌针组成，如图6-31所示。

6.3.4 搅拌头的发展趋势

目前，国内对搅拌头这种核心技术的研究尚不够深入，一般的搅拌头都比较简单，即在圆柱形搅拌针上车几道螺纹，不像国外的那么复杂。搅拌头的发展趋势主要体现在以下几个方面。

1）冷却装置。目前，人们提出的冷却方式有用内部的水管冷却、在外部用水喷洒冷却或用气体冷却。

2）表面涂层改性。用于铝合金焊接的搅拌头，可以通过涂层延长其使用寿命。目前，部分搅拌头使用TiN涂层，效果很好，可以防止金属粘连搅拌头。

3）复合搅拌头（见图6-32）。搅拌针和轴肩发挥的作用不同，两者可以使用不同的材料，尽可能使轴肩和搅拌针发挥各自的作用；同时，当使用一些昂贵的耐磨搅拌针材料时，可以降低成本。轴肩与搅拌针分别制造，这样在焊接相对较硬的材料时，搅拌针磨损严重后可以单独更换搅拌针，而不是换掉整个搅拌头。

图6-31　中国搅拌摩擦焊中心研发的静轴肩装置　　图6-32　焊接6mm厚钢用W-Re/PCBN复合搅拌头

6.4　FSW的应用

6.4.1　FSW在制造工业中的应用

FSW已成功地应用在有色金属的连接中。原则上，FSW可得到多种形式的焊接接头，如对接、角接和搭接接头，甚至可以进行厚度变化的结构和多层材料的连接，也可以进行异种金属材料的焊接。目前，FSW技术在航空航天、车辆、造船、材料改性、复合材料制备等领域均得到较广泛的应用。FSW 在工业中的应用见表 6-2。

表 6-2 FSW 在工业中的应用

工 业 领 域	应　用	工 业 领 域	应　用
航空、航天	火箭结构、燃料箱及附件	饮料	啤酒桶
铝加工生产	大型挤压成形、缝焊管	铁路	高速火车车辆
汽车制造	底盘、大梁、轮子、油箱	造船	轻型、节能高速船的外壳、甲板及内部结构
金属结构	桥梁、海滨居住单元	压力容器	液、气压力容器

1. FSW 在航天工业的应用

目前，美国国家航空航天局（NASA）将 FSW 技术应用到了火箭贮箱的筒段纵缝、叉形环及箱底纵环缝等。除了火箭贮箱的焊接，NASA 还将 FSW 应用到飞船舱体结构的焊接当中，焊接质量较好。在火箭贮箱的总装过程中，NASA 同样采用了 FSW 技术，针对结构件的不同，分别采用卧式和立式两种 FSW 系统。

波音公司与 TWI 合作，成功实现了 Delta 系列火箭结构件的 FSW 制造，有效提高了接头的质量，降低了焊接成本。采用 FSW 技术，助推舱段焊接接头强度提高了 30%～50%，制造成本下降了 60%，制造周期由 23 天缩短至 6 天。

2012 年，我国首次采用 FSW 技术成功制造了火箭贮箱并首飞成功；2014，我国完成了某型号首个全 FSW 贮箱产品；2016 年，贮箱纵缝采用 FSW 技术制备的我国运载能力最大的火箭——长征五号首飞成功。从 FSW 技术的工艺特性和设备实现来看，航空航天领域是 FSW 技术应用最有前景的领域之一，目前，我国已将该技术列为用于航空航天制造的关键技术之一。

2. FSW 在航空工业的应用

美国 Eclipse 航空公司于 1997 年开始开发 FSW 在飞机制造上的应用技术，他们利用 263 条 FSW 焊缝取代了 7000 多个螺栓紧固件，使飞机的制造效率增大而成本却大幅下降（节约成本 2/3）。采用 FSW 技术的 N500 商务客机于 2002 年 6 月通过了 FAA 的认证，2003 年开始批量生产，在同类产品中具有很强的市场竞争力。采用 FSW 技术，比自动铆接速度快 6 倍，比手动铆接快 60 倍。图 6-33 所示为 Eclipse 公司 N500 型商用客机 FSW 焊接构件之一。

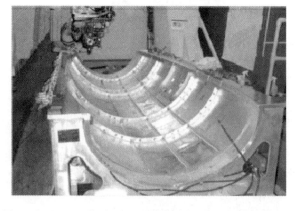

图 6-33　Eclipse 公司 N500 型商用客机 FSW 焊接构件之一

波音公司主要致力于飞机薄板对接、厚板对接和薄板 T 形 FSW 在飞机制造中的应用。在波音公司亨廷顿海滩工厂，对 C-17 型运输机的货物装卸斜坡及飞机地板成功进行了 FSW 试验研究。法国 EADS 合作研究中心正致力于飞机中心翼盒的 FSW 应用研究，该项目的研究目的是利用对接焊的挤压型材来代替传统的铆接制造方法，以期在飞机中心翼盒的制造中达到减重和降低成本的目的。

英国宇航空客公司对飞机机翼结构的 FSW 焊接结构应用进行了研究，以期利用 FSW 工艺获得比现有飞机翼盒更好的结构设计、制造安全、成本和性能的优势。

3. FSW 在造船工业的应用

铝合金的应用日益成为造船业的新趋势，欧洲、美国、日本、澳大利亚等国的多家造船公司都在积极采用铝合金结构取代原来的钢结构。1996 年，世界上第一台商业化的 FSW 设备安装在挪威的船舶铝业公司（Marine Aluminum）。这台 FSW 设备为全钢结构，质量为63t，尺寸为 20m×11m，最初用来生产渔船用的冷冻中空板和快艇的一些部件，后来用它来生产大型游轮，双体船的舷梯、侧板、地板等零件。采用 FSW 预制板材，使船体装配过程更精确、更简单，造船公司不再考虑全过程的铝合金连接问题，而仅仅是通过改造流水线来采用标准的预制板材组装船体。

4. FSW 在交通中的应用

针对铝合金结构汽车车身的拼接，采用带有斜面轴肩的搅拌头在厚板一侧进行焊接，以获得厚度平滑过渡的接头。马自达汽车公司是第一个将 FSW 用于汽车制造的汽车制造商，采用 FSW 制造了 2004 款马自达 RX-8 铝合金材质的车身后门及发动机罩。

除了汽车行业，FSW 还被大量应用于高速轨道交通领域。日本日立公司在铝合金列车制造领域提出了 A-Train 概念，即采用 FSW 技术拼接双面铝合金型材，以制造自支承结构的列车车厢。A-Train 概念列车已广泛服务于日本轨道交通业，它比普通列车运行速度更快，但车厢内环境更安静，并且抗冲击性更好。

FSW 在我国轨道交通领域也得到了越来越多的应用。例如，2010 年由中车株洲电力机车有限公司研制的广州地铁 3 号线城轨车辆车体，机身材料为中空铝型材 6005A，首次采用了 FSW 技术，极大拓宽了轨道车辆的焊接技术；2011 年，中车长春轨道交通客车股份公司制造出高速列车 FSW 车体；2012 年，中车青岛四方股份公司成功研制出铝合金 FSW 地铁车体。这标志着铝合金车体 FSW 的工业化应用进入到一个新阶段。随着最近几年的快速发展，目前越来越多的城轨车辆应用 FSW 技术。车身材料采用铝合金也是汽车减重的一个有效途径，可以提高燃油效率及汽车安全系数。汽车设计专家希望可以用铝合金替代目前车身的钢结构。因为铝合金的导热性、导电性好，电阻焊、弧焊、激光焊都很难实现铝合金的可靠连接，已成为限制铝合金应用的瓶颈。FSW 成功解决了这一问题，可进一步推进铝合金材料在汽车领域的广泛应用。

6.4.2 FSW 在材料制备及改性方面的应用

1. FSW 增材制造

增材制造（additive manufacturing，AM）是通过计算机技术预先建立与规划 3D 模型，结合数字化的可控热源逐层将材料熔化、熔敷或叠加，快速成型结构件或功能件。它具有数字制造、降维制造、堆积制造、直接制造、快速制造等五大技术特点，给传统制造业带来一系列深刻的变革，可广泛应用于航空航天、国防、医疗、建筑设计、汽车制造等领域。

常用的金属增材制造方法有激光、电子束和电弧增材制造，每种方法各有其优势和适用范围，但在轻合金的增材技术上存在较多的问题。金属增材制造前期研究主要以烧结或熔化金属材料的方式逐层加工制备复杂结构的零件，由于铝合金线膨胀系数大、导热率高等，导致激光增材时成形速率慢、光反射率高、能量利用率低、变形大等；电子束增材时，零件尺寸受到限制，变形较大；电弧增材时，构件变形严重、尺寸难以控制等，而 FSW 独有的技术特性非常适合增材制造。

FSW 增材制造实质为多层材料的焊合叠加，实际上是利用 FSW 的技术对板材进行逐层叠加的增材制造（见图 6-34）。其增材过程类似于 FSW 搭接，并且是多层多次搭接，是一个空间搭接的过程，包括垂直于搭接方向的横向增材和平行于材料厚度方向的增材，如图 6-35 所示。每叠加一层就要重新装夹一次，整体增材加工的数字化程度与激光和电子束等增材制造相比并不高。实现 FSW 增材制造的全自动数字化加工是当前面临的一大主要难题。另一个需要解决的问题是如何提高材料利用率。现有的 FSW 增材制造并不能实现材料的百分之百的利用，增材完成后仍需要对 FSW 坯件进行后期机械加工，将多余的基材部分除去。去除部分越多，材料的利用率就会越低。

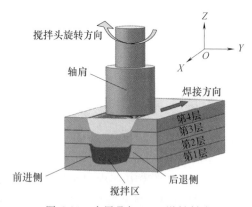

图 6-34 多层叠加 FSW 增材制造

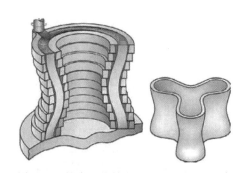

图 6-35 钛合金静轴肩 FSW 增材制造零件

Aeroprobe 公司开发了一种 FSW 增材制造方法，即填料 FSW 增材制造（见图 6-36），实现了搅拌工具端面填料增材制造。与多层叠加焊合方法相比，该方法无论是制造效率、材料

图 6-36 填料 FSW 增材制造

利用率，还是工艺灵活性等都具有显著的优势。

FSW 增材制造技术有望实现飞机机身壁板及机翼加强结构的 FSW 增材制造（见图 6-37）。

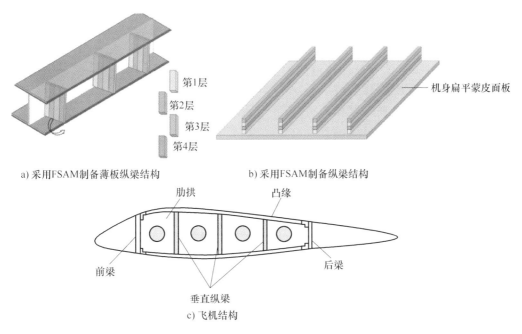

图 6-37　飞机结构搅拌摩擦增材制造

2. 搅拌摩擦工艺在组织改性及超塑性材料制备领域的应用

由于搅拌摩擦工艺（FSP）可以起到细化晶粒和使第二相颗粒均匀分布的作用，研究人员开始尝试利用 FSP 进行组织改性。Al-Si-Mg 合金铸件具有线胀系数小、强度高、耐磨性好等优点，在航空航天、汽车制造等领域得到广泛应用。然而，粗大的针状 Si 及缩孔、疏松等缺陷，导致其力学性能，尤其是塑性和疲劳性能较低。采用各种化学改性和热处理方法对其进行改性不仅工序繁杂，而且不能完全消除铸造孔洞，也很难使显微组织完全均匀化。经 FSP 处理后材料的微观结构发生了很大变化，如图 6-38 所示。

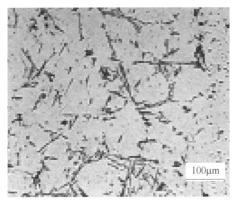

a) A356的原始组织

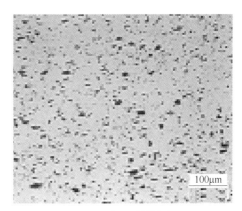

b) 搅拌后的结构组织

图 6-38　FSP 前后材料的组织

3. 搅拌摩擦工艺在复合材料制备领域的应用

铝、镁基复合材料具有质量小、比强度高、耐磨性好等优点，而成为航空航天领域的首选材料。目前，铝、镁基复合材料的主要制备方法有搅拌铸造法、粉末冶金法、挤压铸造法和喷射成形法等。随着 FSP 技术的发展，研究人员开始尝试利用 FSP 技术制备金属基复合材料，如图 6-39 所示。

4. 搅拌摩擦工艺在表面改性领域的应用

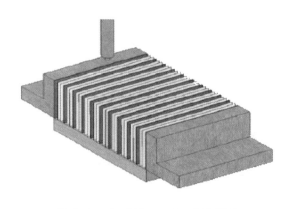

图 6-39　FSP 制备 MgAlZn 复合材料

许多重要的性能，如硬度、耐磨性、耐蚀性等都取决于材料表面的性质。近年来，研究人员开始尝试利用 FSP 对材料进行表面改性。大量的研究结果表明，通过 FSP 制备的复合材料具有很好的力学性能。

6.5　FSW 衍生技术

随着 FSW 技术应用领域的不断扩大，相关的衍生技术，如搅拌摩擦点焊、机器人搅拌摩擦焊、静轴肩搅拌摩擦焊、双轴肩搅拌摩擦焊和可回抽搅拌摩擦焊相继出现。

6.5.1　搅拌摩擦点焊

为了改进和完善电阻点焊带来的一系列缺陷，国外学者在 FSW 的基础上提出了高效、清洁、节能的点焊的新技术——取代电阻点焊技术的轻合金焊接方法，即搅拌摩擦点焊（friction stir spot welding，FSSW）。与 FSW 相似，室温下搅拌针旋转插入试样；不同于 FSW 的是，搅拌摩擦点焊不移动形成线性焊缝，而是搅拌工艺在特定点结束后，搅拌头从焊件上撤出，形成焊点。图 6-40 所示为搅拌摩擦点焊，图 6-41 所示为搅拌区域的横截面，在热输入及搅拌头的机械作用下，连接处金属界面消失，形成接头。

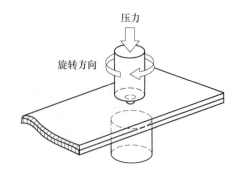

图 6-40　搅拌摩擦点焊

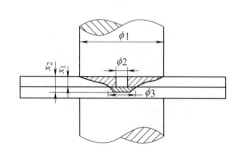

图 6-41　搅拌区域横截面

1. 搅拌摩擦点焊的原理及特点

（1）原理　搅拌摩擦点焊适用于两块板之间的搭接焊接，其焊接工艺流程如图 6-42 所示。带有搅拌针的搅拌头首先以一定的旋转速度旋转插入上试板，在下试板的下方加以垫板以支撑施于搅拌头向下的顶锻力。搅拌头旋转一定的时间以产生足够的摩擦热，同时在这段时间内向下的顶锻力仍然存在。在这一过程中，在搅拌针周围的金属由于摩擦热软化形成塑性流。当搅拌头从材料中撤出后，便在两块试板之间产生塑性流的区域而形成焊点。在搅拌摩擦点焊的焊接参数中，最关键的是搅拌头的旋转速度、焊接时间、施加在试样及搅拌头上的压力、压入量、搅拌头压入速率，轴肩和搅拌针的表面状况等。通常，搅拌头设计为圆柱形，如图 6-43 所示。

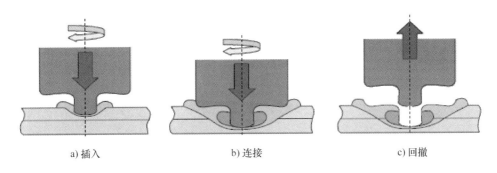

a) 插入　　　　　　　b) 连接　　　　　　　c) 回撤

图 6-42　搅拌摩擦点焊焊接工艺流程

（2）特点

1）节能。搅拌摩擦点焊的主要能源消耗在驱动搅拌头的两台电动机上，是传统电阻点焊耗能的 1/20。

2）简单。焊接设备简单，不需要各种各样的辅助机械，甚至基本不使用冷却水和压缩空气，使设备成本大幅度降低。

3）高质量。焊接部位的强度与电阻点焊相比毫不逊色，质量稳定。材料由于未承受达到熔解的摩擦热量，几乎没有热变形。

4）寿命长。搅拌摩擦点焊使用的搅拌头已有在使用 10 万次以后不出现损耗的实例。

图 6-43　搅拌摩擦点焊搅拌头

5）清洁。工作场所因没有电阻焊产生的灰尘和电火花，所以很干净。另外，也不会产生因使用大电流而引起的电磁波噪声。

2. 搅拌摩擦点焊的焊接参数

不同的搅拌摩擦点焊的焊接参数不同，带有退出孔的搅拌摩擦点焊的焊接参数为搅拌头材料、搅拌头形状、搅拌头旋转速度、搅拌头插入速度、搅拌头停留时间及焊接压力等；无退出孔的搅拌摩擦点焊的焊接参数主要有搅拌头尺寸、焊接时间、搅拌头各部件的相对运动速度、旋转速度、焊接压力等。

Mazda 公司通过大量试验研究证明，铝合金搅拌摩擦点焊的焊接参数之间具有良好的相关性，在最佳工艺条件获得的搅拌摩擦点焊接头强度（包括抗拉强度、抗剪强度、剥离强度、疲劳强度等）等于或超过传统电阻点焊接头的性能。带有退出孔的搅拌摩擦点焊接头中心部位有一个退出孔，该孔是搅拌头拔出时形成的物理孔洞。孔周围的区域为轴肩对材料旋转挤压的作用区。

搅拌摩擦点焊的接头可以分为 4 个区域，即塑性区、动态静止层、热影响区（HAZ）和母材，如图 6-44 所示。塑性区是匙孔两侧直接受轴肩及搅拌针作用的区域，此区域在轴肩及搅拌针热、力作用下发生较大的塑性挤压变形；动态静止层是匙孔底部材料受搅拌针挤压时运动速度很慢的区域，此区域内材料运动速度较慢，但也受到搅拌针的挤压作用，经历的塑性变形较大；热影响区是塑性区与母材金属的过渡区，此区域在轴肩及搅拌针热作用下产生较大的塑性挤压变形。其中，塑性区和动态静止层是塑性材料受搅拌针和轴肩的旋转而流动形成的动态再结晶区，该区域晶粒细小，硬度高。

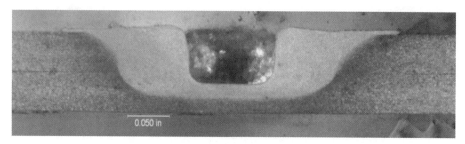

图 6-44　带有退出孔的搅拌摩擦点焊接头横截面

无退出孔搅拌摩擦点焊接头外观光滑，基本与母材齐平，焊接后不需要进行特殊的焊后处理和加工，其典型接头横截面如图 6-45 所示。从图 6-45 中可以看出，焊缝从上板材直接贯穿到下板材中，焊缝整体呈现碗状。经金相腐蚀后，焊缝组织与母材组织有明显的区别。焊缝中心区域的搅拌区域晶粒细小，焊缝与母材金属之间有明显的流线分界，但这个流线分界并不是实际的分界线，焊缝与母材金属之间晶粒组织过渡缓慢、圆滑，未出现晶粒的急剧变化。

图 6-45　无退出孔搅拌摩擦点焊接头横截面

无退出孔搅拌摩擦点焊接头常见的缺陷主要是孔洞，孔洞缺陷的形成主要是由于焊接过程中热输入不足及材料流动不充分造成的。孔洞缺陷常发生在接头与母材金属的交界处，接头焊缝上部和下部均有可能产生孔洞缺陷。

3. 搅拌摩擦点焊的研究现状

国内外相关资料显示，目前，英国、日本、德国在搅拌摩擦点焊领域有深入的研究。

（1）英国搅拌摩擦点焊研究现状　英国的"自动摩擦焊方法和技术中心"进行的研究

显示，FSW 是铝合金汽车结构中用于取代传统焊接方法的首选。该技术采用可回抽的搅拌头，既可以用于生产长缝焊，也可以焊接搭接的点焊接头。因此，两种 FSW 接头形式可以通过一个设备来实现。

为了解决搅拌摩擦点焊焊点接头性能低的问题，TWI 的 Thomas 等人提出了复合搅拌（com-stirTM）的概念，在复合搅拌工艺中，搅拌头以正常的方式绕轴旋转，但轴同样也在一个圆形的轨道区域内移动。复合搅拌运动通过简单的机械运动来实现，用 TWI 的 ESAB 点焊设备的 CNC 程序控制系统使搅拌头按图 6-46 所示的路径移动。理论上，采用复合搅拌形成的焊接区域应比普通搅拌摩擦点焊增加 $19mm^2$，焊接区域显著增大。

图 6-46　复合搅拌点焊旋转路线图

（2）日本搅拌摩擦点焊研究现状　为了开发新的铝合金点焊方法，KHI（日本川崎）与 MAZDA（日本马自达）共同研究开发了摩擦点连接（friction spot joining，FSJ）技术。该技术的研究基础是英国焊接研究结构 TWI 于 1990 年初开发的连续结合法中的 FSW，这种方法是使用搅拌头在旋转的同时向下移动，由搅拌头的旋转摩擦产生热量而使焊接基材软化，搅拌后产生塑性流动，从而达到材料一体化的目的。

由于搅拌头摩擦基材的温度仅达到 400~500℃，而铝合金的熔点是 630℃，所以材料不是熔解而是软化，更像是在搅拌冰激凌。FSJ 技术获得了第 33 届日本产业技术大奖中的审查委员会特别奖。由于这项新技术具有广泛的适用性，因此在车辆、船舶、飞机等的板和加强材构造方面都可以应用，并且还可能被用于交通标志、家电、烹调器具等制造领域。

（3）德国搅拌摩擦点焊研究现状　为了克服焊点区域留有匙孔这一缺陷，德国摩擦焊接机器人应用技术公司（Robotic Friction Welding Application and Technology Company）开发了回填式搅拌摩擦点焊装置与技术路线，如图 6-47 所示。该装置的搅拌头由压紧套、轴肩、搅拌针组成，压紧套在焊接机头的驱动下，沿垂直于工件待焊处的方向向被焊工件行进，直至紧紧地压在待焊工件表面，并使上下工件待焊区压紧贴实，使工件焊接区形成一个基本密闭的焊接作业区，以防止焊接区金属外逸。在搅拌针和轴肩的旋转摩擦作用下，工件焊接区上表层金属因摩擦热而迅速升温并产生塑化，在搅拌针和轴肩旋转运动的带动下进行周向的迁移运动，并随之对下部金属产生粘连、剥离、撕裂并做功，使焊接热量进一步增大，焊接区热塑化金属层的深度随之增大。此时，轴肩下压、搅拌针上移，将热塑化金属旋转搅拌的同时挤入搅拌针端面与轴肩内环所形成的近似封闭的"空腔"中。如此连续，轴肩继续下压，穿过上下工件的接合面，直至预定的焊接深度。逐渐降低搅拌头的转速使焊接区金属温度下降，保持对焊接区金属的挤压顶锻，直至焊接金属完成动态再结晶。焊接结束，搅拌头和压紧环撤离焊接表面。

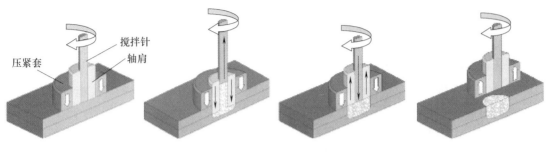

a) 搅拌头   b) 轴肩下压，搅拌针上移   c) 轴肩上移，搅拌针下移   d) 搅拌头上移

图 6-47 回填式搅拌摩擦点焊装置与技术路线图

4. 搅拌摩擦点焊的应用

搅拌摩擦点焊目前主要应用在汽车制造领域，在航空航天领域的应用还比较少。2003 年，Mazda 公司已将 FSSW 技术用于运动车型 Mazda Rx-8 的发动机罩和后门生产，其生产过程如图 6-48 所示。

2005 年 6 月，Mazda 公司报道了他们在世界上首次采用 FSSW 技术实现了钢和铝合金构件的连接，并将其用于更新和改进的运动车型 Mazda Mx-5 的箱盖和螺钉固定套的连接。FSSW 在铝合金车体方面

图 6-48 汽车部件的 FSSW

的成功应用引起人们很大的兴趣，因而期望将该技术应用于先进高强度钢车体材料的焊接。2005 年 1 月，美国 Feng 等人报道了他们采用 FSSW 技术进行高强度钢薄板焊接可行性的研究结果，他们采用带有退出孔的 FSSW 对抗拉强度为 600MPa 的双相钢和抗拉强度为 1310MPa 的马氏体钢进行焊接试验，在 2~3s 的焊接时间内可获得固态冶金连接，其结果为充分利用高强度钢车体材料的优势提供了试验依据。

美国空军研究中心认为，FSSW 的特点决定了该技术在搭接结构连接上具有明显的优势，该中心研究了飞机带肋薄板搅拌摩擦点焊、搅拌摩擦焊和铆接结构的性能对比（见图 6-49），接头形式为 2024-T3 和 7075-T6 搭接。结果表明，搅拌摩擦焊和搅拌摩擦点焊结构的抗剪性能均优于铆接结构；在相同载荷作用下，FSSW 肋板与搅拌摩擦搭接焊肋板焊接接头产生的位移相同，并且 FSSW 结构最大承载能力优于搅拌摩擦焊结构。另外，美国针对 F-22 机翼结构制造启动了前期预研工作，其目标是采用 FSSW 取代铆接，用于飞机机翼结构件的连接。预期采用 FSSW 技术后，完全替代铆接，机翼的重量可以降低 17.5%，并可以大大提高生产率，降低制造成本；同时，采用 FSSW 取代铆接后，飞机结构的整体性和耐蚀性得到了进一步提升。

6.5.2 机器人搅拌摩擦焊

由于机器人具有非常高的柔性，可实现空间任意轨迹的运动，因此在 FSW 技术发明后的第六年，即 1997 年，国外便开始研发机器人搅拌摩擦焊系统。经过多年的研究，国外已

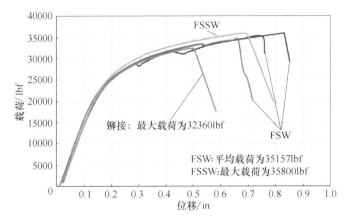

图 6-49　飞机壁板 FSSW、FSW 和铆接结构性能对比

注：1lbf = 4.44822N，1in = 25.4mm。

经将机器人搅拌摩擦焊技术应用于航空航天等复杂结构的焊接中。为了将工业机器人引入 FSW 的设备制造中，各国知名公司纷纷开展了大量探索性工作。经过多年的研发，目前已有多家国际著名机器人公司推出了机器人搅拌摩擦焊集成系统。例如，美国 FSL 公司基于 ABB 机器人系统开发的机器人搅拌摩擦焊系统，该机器人同时集成了压力控制、扭矩控制、位移控制和温度控制模块，并根据 FSW 工艺开发了人性化界面，如图 6-50 所示。目前，该系统主要用于科研院所，如英国 TWI 和北京航空制造工程研究所。但是，该系统的搅拌摩擦焊机头体积较大且较重，只能满足厚度小于 6mm 的铝合金焊接，并且对曲率半径较小的工件无法焊接。

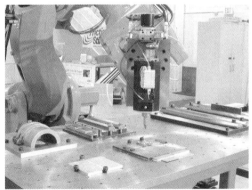

图 6-50　ABB 机器人本体和集成后的机器人搅拌摩擦焊系统

欧洲宇航防务集团（EADS）创新工作室历经十年合作研发，率先研制出最早的机器人搅拌摩擦焊系统，成功用于高端汽车铝合金框体结构的搅拌摩擦焊，如图 6-51a 所示。瑞典 ESAB 公司在 ABB 机器人本体上成功集成了搅拌摩擦焊系统（见图 6-51b），实现了空间曲面结构焊接，在国内外多家科研机构得到应用。德国 IGM 公司和 KUKA 机器人集团分别基于 KUKA 重载机器人开发了机器人搅拌摩擦焊，并于 2012 年推出商业化的 KR500MT 机器人搅拌摩擦焊系统（见图 6-51c、d）。随着 KUKA 重载机器人 TITAN 1000 的研制成功，德国机器人搅拌摩擦焊系统集成处于世界先进水平，并且得到国内外航空、航天、汽车、电

力、电子等行业领域焊接工作者的普遍关注，并很快在我国电子行业得到推广应用。

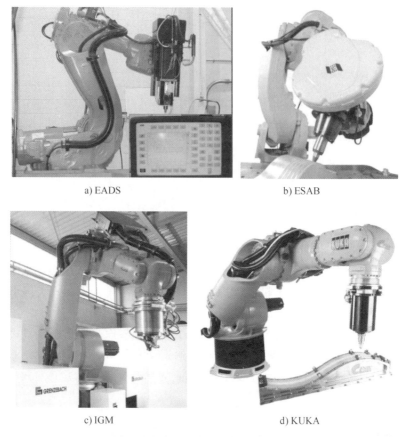

a) EADS   b) ESAB

c) IGM   d) KUKA

图 6-51　欧洲机器人搅拌摩擦焊系统

　　德国 KUKA 集团公司和日本川崎重工分别基于 KUKA KR500-M3 工业机器人（见图 6-52a）和 FANUC 机器人系统（见图 6-52b），针对高端汽车框体结构开发了搅拌摩擦焊点焊技术。目前，日本川崎重工已经将该技术应用于 Mazda 汽车公司高端轿跑 RX8 的车门结构、直升机舱门和无人机壁板结构的制造中。

a) KUKA   b) 川崎重工

图 6-52　机器人搅拌摩擦焊点焊系统

由于串联关节型机器人的刚度明显低于传统龙门式搅拌摩擦焊设备，机器人手臂在焊接过程中易产生弹性变形，这样就导致搅拌头在起始插入位置即偏离预定焊缝轨迹，如图 6-53 所示。焊接过程中存在轴向压力、前进力和侧向压力等多个方向力的作用，其中轴向压力最大，这也是机器人手臂在焊接过程中发生变形的主要原因，从而导致焊缝起始端偏离和匙孔偏离预定焊缝轨迹。由图 6-54 可以看出，焊缝起始端和匙孔位置的偏移量相当。通过试验统计焊接起始端和匙孔位置的偏移量，在机器人程序或起始插入阶段预先设定偏移量，就能有效消除这种偏离现象。

图 6-53 焊缝与理论设定轨迹的偏移对比

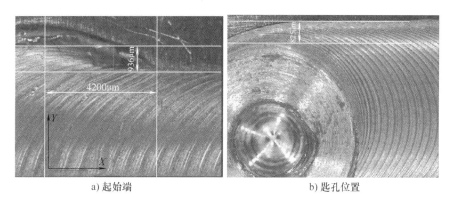

a) 起始端   b) 匙孔位置

图 6-54 焊缝起始端和匙孔偏移量

6.5.3 静轴肩搅拌摩擦焊

静轴肩搅拌摩擦焊（stationary shoulder friction stir welding，SSFSW）是英国焊接研究所在传统 FSW 基础上提出的一种新的焊接方法，其搅拌头由旋转搅拌针和在母材金属表面滑动的静止轴肩组成。在焊接过程中，搅拌针处于旋转状态，而轴肩不转动，仅沿焊接方向行进，如图 6-55 所示。它不仅可以实现 FSW 的焊接优点，还可以实现 T 形及角焊缝的焊接。SSFSW 是基于 FSW 基础上发展的一种新的衍生焊接方法，不仅具有 FSW 特有优点，还具备传统 FSW 无法实现的一系列的优点：

1）焊缝表面成形平整美观、没有弧纹的产生。

2）焊接热输入均匀，板厚方向组织均匀，变形小。

3）焊后没有飞边，焊缝区减薄量更小，提高了接头的有效承载截面。

4）能实现焊接过程中材料填充，从而为开发 SSFSW 增材制造方法提供基础。

5）可以实现不同厚度 T 形和复杂角焊缝焊接。

传统 FSW 主要用于平板对接、环形焊缝对接、搭接及类似的接头形式，在角焊缝中，搅拌头的轴肩容易破坏两侧母材金属且填充材料不易保证。但是，静轴肩搅拌摩擦焊通过设计特定形状的轴肩形状可使之与角焊缝形状完全吻合，在焊接过程中与角焊缝两侧的母材金属紧密接触，并且随着搅拌头沿焊接方向不断前进，但并不转动，如图 6-56 所示。但是，当轴肩的横截面为直角三角形时，获得的角焊缝中两母材金属的过渡角为直角，会造成应力集中，从而影响接头的承载能力和疲劳寿命。为了改善接头形式从而提高接头性能，可对静止轴肩进行改进，通过填丝方法实现圆角过渡的角焊缝成形，如图 6-57 所示。直角接头与圆角接头对比如图 6-58 所示。

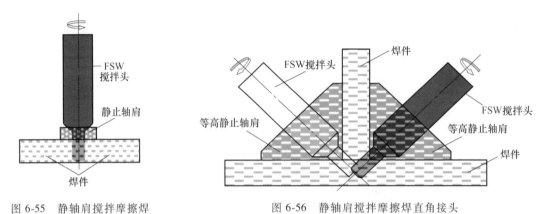

图 6-55　静轴肩搅拌摩擦焊

图 6-56　静轴肩搅拌摩擦焊直角接头

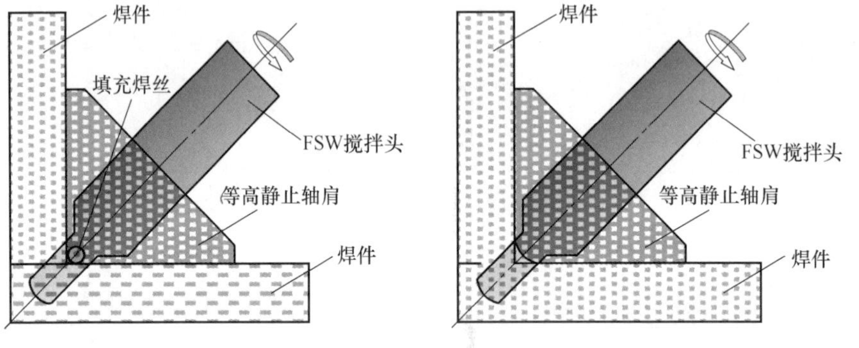

图 6-57　填丝静轴肩搅拌摩擦焊

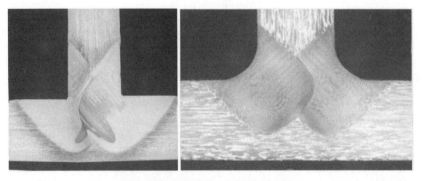

图 6-58　直角接头与圆角接头对比

6.5.4　双轴肩搅拌摩擦焊

双轴肩搅拌摩擦焊是基于传统 FSW 开发的一种新型搅拌摩擦焊技术，它与传统 FSW 的最大区别在于搅拌头的结构不同，它不仅拥有夹持端、上轴肩和搅拌针，还有一个起到刚性支撑作用的下轴肩，如图 6-59 所示。焊接开始时，搅拌头在高速旋转中从焊接起始处插入母材金属，母材金属在搅拌头的搅拌摩擦下达到塑性状态；在搅拌头不断移动过程中，母材金属在上下轴肩的共同锻压作用下形成致密的焊缝，从而完成焊接过程。与传统 FSW 相比，双轴肩搅拌摩擦焊具有以下优点：

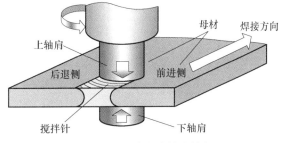

图 6-59　双轴肩搅拌摩擦焊

1）在双轴肩搅拌摩擦焊接过程中，下轴肩在背部起刚性背板的作用，同时通过摩擦发热加热工件，简化了工装并节约了成本。

2）能更好地适应不同的焊接条件，可以焊接复杂的形状和工件的特殊部位，如双溪线、中空等结构。

3）在焊接过程中，搅拌针穿过母材金属的上下表面，有效消除了传统 FSW 过程中产生的根部缺陷。

4）双肩模式增加了热输入，提高了焊接速度和焊接效率。

5）双轴肩摩擦搅拌焊上下轴肩受热均匀，在待焊部位厚度方向上避免了传统热输入均匀单一的情况，从而使两侧加热均匀，焊接变形量减小。

双轴肩搅拌摩擦焊搅拌头有固定式和浮动式两种，如图 6-60 所示。在焊接过程中，固定式搅拌头上下轴肩距离保持不变，而浮动式搅拌头可以在焊接过程中自动调节上下轴肩的距离。相对于

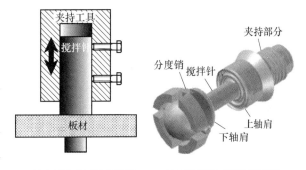

a）固定间隙式双轴肩FSW　　b）可调间隙式双轴肩FSW

图 6-60　双轴肩搅拌头两种不同形式

固定式搅拌头，浮动式搅拌头减轻了焊机的负载，对位置要求不敏感，已经逐渐取代了固定式搅拌头。

6.5.5　可回抽搅拌摩擦焊

可回抽搅拌摩擦焊（retractable keyhole-less FSW）是在 FSW 的焊缝末端，使搅拌针逐渐回抽，实现焊缝"无匙孔"的 FSW 工艺，主要应用于贮箱环形焊缝的焊接，如图 6-61 和图 6-62 所示。起始焊接点位于 A 点，焊接方向沿 $A \rightarrow B \rightarrow C \rightarrow A$ 进行，当采用可回抽搅拌摩擦焊的方法完成一周环形焊缝焊接时，搅拌针回到起始焊接点 A。为了避开较薄弱的起始焊接点，搅拌针继续行进，直至运动到 B 点开始回抽，之后搅拌针逐渐变短，到 C 点搅拌针与轴肩平齐，此时搅拌头从母材金属上移开，完成环缝焊接，实现了"无匙孔"的 FSW。这

种焊接工艺避免了传统 FSW 中对焊后 "匙孔" 的修补，扩大了 FSW 的应用范围。

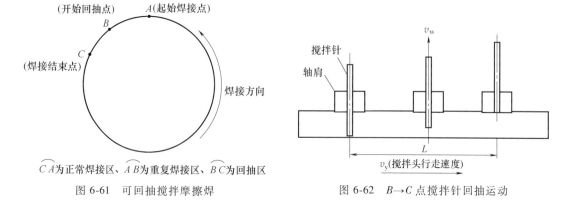

图 6-61　可回抽搅拌摩擦焊　　　　　　　　图 6-62　$B{\rightarrow}C$ 点搅拌针回抽运动

6.6　FSW 焊接缺陷及其检测与修补

6.6.1　FSW 焊接缺陷

FSW 具有固相连接的一切优点，当焊接参数选择得当时，可以得到无缺陷的焊缝，而当焊接参数选择不当时，也会产生焊接缺陷。根据 FSW 过程中缺陷产生位置和形貌的不同，主要可以分为以下两大类，即表面缺陷和内部缺陷。表面缺陷一般表现为肉眼就可以看到的宏观缺陷，包括表面沟槽、表面飞边、起皮、匙孔、表面下凹及背部粘连等；内部缺陷需要通过 X 射线检查、金相检查或相控阵超声波检测等手段才能观察到，包括裂纹、未焊透、孔洞型缺陷和接合面氧化物残留等缺陷。上述几种缺陷基本上涵盖了 FSW 接头常见的缺陷种类，下面对其中常见的缺陷进行详细的描述。

1. 表面沟槽

焊缝起始端有长约 10mm 的间隙，其余良好，如图 6-63a 所示；有的甚至贯穿整个焊缝，形成表面沟槽，如图 6-63b 所示。这种缺陷一般位于前进侧。一方面，由于焊接起始预热阶段热量不足，材料发生塑性变形不足，致使焊缝金属不能充分流动，前进侧金属不能得到填补，从而产生了较大的间隙缺陷；另一方面，焊接时被搅拌针挤出的金属材料外溢，在

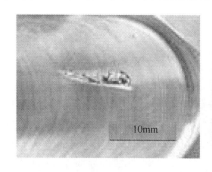

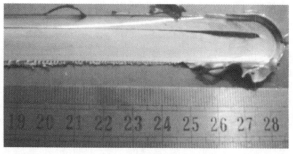

a) 局部沟槽　　　　　　　　　　　　　　b) 贯通沟槽

图 6-63　2A14 铝合金 FSW 表面缺陷

焊接过程的开始阶段，当搅拌头沿焊件接缝前进时，塑性材料不足以填补搅拌针留下的空腔，就造成了未熔合间隙——沟槽。这种缺陷是 FSW 中比较典型的焊接缺陷之一。

2. 表面飞边

焊接起始阶段热积累过多，造成过热现象，容易在焊缝开始处有部分飞边，如图 6-64 所示，飞边仅仅出现在焊缝起始阶段。随着搅拌头的运动，焊缝热积累相对减少，过热现象引起的飞边也自然消失。大量试验表明，飞边不影响接头的力学性能，但会影响焊接接头的成形美观。

图 6-64 FSW 产生的表面飞边

3. 起皮

FSW 焊缝正面产生的凸起的麸皮状薄层金属，如图 6-65 所示。受 FSW 过程中的热输入和母材金属的特性等因素影响，导致焊缝表面纹路不清，产生一薄层凸起的麸皮状金属，如图 6-65a 所示，其宏观照片如图 6-65b 所示。这种缺陷的产生与焊接过程中的热输入和母材金属的性能有关。

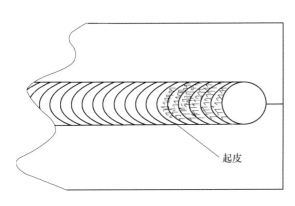

a) 起皮缺陷

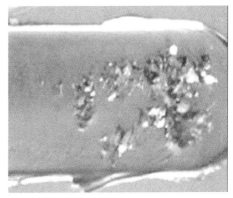

b) 起皮缺陷宏观照片

图 6-65 FSW 产生的起皮缺陷

4. 内部孔洞

即使外观未见明显缺陷的试样，焊缝横截面宏观照片上仍然能看到明显的孔洞缺陷。孔洞的产生是由于焊接过程中焊缝金属在垂直方向上的塑性流动不充分，前进侧下部金属不能得到有效补充，在焊接后形成一个连续性的孔洞缺陷，如图 6-66 所示。内部孔洞缺陷一般是由于焊接速度过快造成的，只要参数选择恰当，内部孔洞缺陷完全可以避免。

5. 焊核区孔洞

当搅拌头轴肩直径过大时，焊缝既有裂纹也

图 6-66 FSW 产生的内部孔洞缺陷

有孔洞缺陷。裂纹出现在焊核与上表面之间的区域，孔洞出现在焊核区，如图 6-67 所示。轴肩直径较大，摩擦产热作用强烈，焊缝金属温度达到或超过熔点，丧失了固相连接的优势，就会产生一些裂纹缺陷，宏观裂纹往往会出现在焊缝的上部。根据母材金属的厚度，选择适当轴肩尺寸的搅拌头，可以避免此种缺陷的产生。

6. 裂纹

裂纹位于焊缝上部的轴肩挤压区内，如图6-68所示。裂纹的产生是由于在焊接过程中产热过多，使部分母材金属达到或接近液化状态的缘故；另一方面，母材金属不能充分流动，造成部分材料在焊接后应力过大，形成裂纹。随着焊接速度的加快，焊接过程中所产生的热量降低，裂纹会消失。

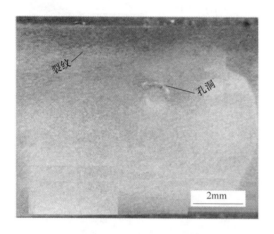

图6-67 FSW焊核区孔洞

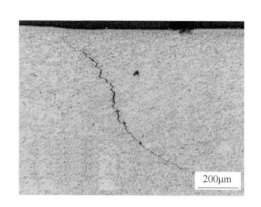

图6-68 FSW焊缝内部裂纹

7. 背面未焊合

母材金属的厚度不同，选择的搅拌头尺寸也不同。一般来说，搅拌针的长度比母材金属厚度小0.1~0.2mm。焊接时，搅拌针插入量过小，焊接过程容易造成焊缝背部不能完全焊合，如图6-69所示。一般情况下，通过精确的搅拌针插入量控制，可以避免这种缺陷的产生。

8. 背面粘连

搅拌针插入垫板后搅起垫板材料夹杂入焊缝的现象，如图6-70所示。若搅拌头与板材匹配不合理（搅拌针过长），则焊接时搅拌针穿透板材将背部垫板的金属搅动，使其粘连在焊件的背面，形成背部粘连。该缺陷的表征为在焊缝背面、正对搅拌针头部的位置上粘连有异种材料（通常为背部垫板材料），背部有突起，能看到疏松土壤样的组织粘连在接头背部搅拌针插入的部位。

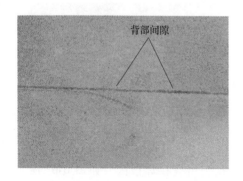

图6-69 背部未焊合

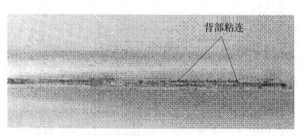

图6-70 背部粘连（表面缺陷）

6.6.2 FSW 焊接缺陷的检测

FSW 接头检测的方法主要有两种：一种是破坏性检测，另一种是无损检测。其中，破坏性检测主要指剖切焊缝进行金相分析来检测接头质量；无损检测主要包括基于射线衰减原理的 X 射线无损检测、超声波无损检测及相控阵超声波无损检测等。剖切检查的优点是缺陷判定准确，能观察到缺陷的真实形态，但采用剖切方法检查焊缝自身具有很多局限性，故本节重点介绍实用性更强的无损检测方法。

1. X 射线无损检测

X 射线无损检测的基础是利用 X 射线可以穿透金属，在正常部分和缺陷部位产生的吸收不同，因此形成射线强度变化的潜影，再通过胶片感光形成缺陷的影像。从检测技术本身来说，射线检测具有缺陷影像清晰与可永久保存的特点，因此在工业中得到了较广泛的应用。

图 6-71 所示为 FSW 焊缝 X 射线无损检测结果。试样材料为铝合金，FSW 焊缝厚度为 3mm，X 射线管电压为 25kV，管电流为 20mA，焦点为 $\phi 1.2mm$，焦距为 800mm，照射时间为 1.5min。在试样焊缝区钻有 3 个直孔，即两个直径为 1.5mm 的通孔和一个深度为 1.5mm、直径为 2.0mm 的盲孔。从图 6-71 的灰度分布可以清晰地看到 3 个直孔的模拟缺陷，没有明显的焊接缺陷显示。需要指出的是，实际 X 射线底片在评片机上可以观察到 7 条灵敏度线，表明所选择的 X 射线照相检测参数合理。图 6-71 中显示，通过对试样进行 X 射线检查，仅检测到 3 个模拟缺陷，未发现 FSW 接头本身的焊接缺陷，但对该区域进行金相剖切，却发现了部分微小缺陷，如图 6-72 所示，试件存在微细孔洞、连接界面和冶金成分夹杂。表明 X 射线无损检测本身还存在一定的局限性，某些缺陷难以检测，或者是检出灵敏度低，如焊缝内部的面积形缺陷、裂纹等，检测不出 FSW 所特有的弱接合缺陷。

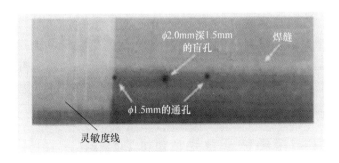

图 6-71 FSW 焊缝 X 射线无损检测结果

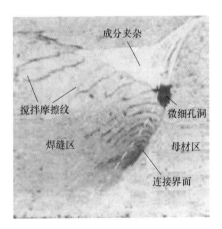

图 6-72 被检测的 FSW 接头金相剖切照片

2. 常规超声波反射法无损检测

超声波检测具有技术成熟、设备简单等优点，而且针对 FSW 焊缝的特点和可能产生的缺陷及其特征，超声波方法检测缺陷的能力明显比 X 射线方法强。为了分析超声波方法对 FSW 焊缝缺陷的检测能力，对一铝合金 FSW 试样进行超声波检测，FSW 焊缝厚度为 3mm，在试样焊缝区钻有 3 个直孔，即两个直径为 1.5mm 的通孔和一个深度为 1.5mm、直径为 2.0mm

的盲孔。试验采用喷水耦合、横波模式（入射角度为16°，检测频率为5MHz，点聚焦）。

图6-73所示为人工模拟缺陷的典型A显示回波。模拟缺陷为FSW焊缝区 $\phi1.5mm$ 的直通孔，图中 D_1 所标注的脉冲信号是入射声波在直通孔边沿产生的反射回波，D_2 所标注的脉冲信号是 D_1 的二次反射，F所标注的脉冲信号来自声波在试样表面打磨划痕的反射。

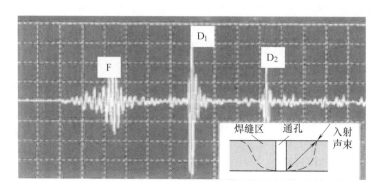

图6-73　人工模拟缺陷的典型A显示回波

通过对试样FSW焊缝进行超声波扫描检测发现，在焊缝处存在多处焊接缺陷，其中一处如图6-74中斜线条所标示位置区，沿焊缝方向长度约12.3mm（$x=1186.5\sim1174.2mm$）。图6-75所示为沿检出缺陷方向记录的一组典型回波信号，图中F所标注的脉冲信号来自声波在试样表面的打磨划痕反射，D_1 所标注的脉冲信号来自入射声波在焊缝缺陷部位产生的反射回

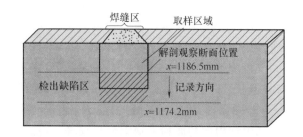

图6-74　焊缝区检出缺陷及信号记录位置

波，D_2 所标注的脉冲信号是 D_1 的二次反射。对缺陷信号记录区所标示的位置进行解剖分析，典型的光学观察结果如图6-72所示。超声波检测结果与剖切的光学观察结果完全一致，而在前述的X射线检测中则未发现焊缝中存在焊接缺陷。

图6-76所示为FSW焊缝区（无缺陷）的典型超声回波脉冲信号。在图中可以清晰地看

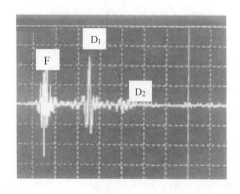

图6-75　焊缝区检出缺陷的典型A显示回波

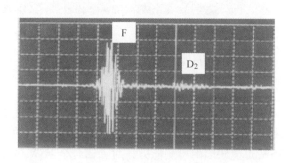

图6-76　FSW焊缝区（无缺陷）的典型A显示回波

出，在 F 波和 D_2 波之间没有出现 D_1 波。通过对超声回波信号记录区所在位置进行剖切腐蚀后的断面光学放大观察，除了能看到一些搅拌摩擦纹（洋葱环），在焊缝区没有发现其他焊接缺陷。在前述 X 射线检测结果记录中，在焊缝区也没有发现焊接缺陷。需要指出的是，图 6-76 中的 D_2 波与 FSW 焊缝区的均匀性有关。

3. 变角度超声波无损检测

采用不同焊接参数制作 FSW 焊缝试样，然后进行超声波变角度扫查检测，根据扫查检测结果，进行抽样破坏验证。试样材料选用 5A06（LF6）铝合金，试样厚度为 2.0～10mm，缺陷采用焊接参数控制的方法引入。

图 6-77 所示为入射角度为 16°沿检出缺陷方向记录的一组典型回波信号，被检试样为带有 FSW 缺陷的厚度为 2.7mm 的铝合金。其中，D_1 是声波在缺陷处的反射回波，D_2 是 D_1 的二次反射，F 是声波在试样表面打磨划痕的反射回波。对缺陷信号记录区所标示的位置进行了剖切分析，抽样剖切的端面位于检出缺陷的中部，典型的光学观察结果（金相照片）如图 6-78 所示，有微细孔洞、连接界面、冶金成分夹杂和搅拌摩擦纹。对照图 6-77 和图 6-78 可知，图 6-77 中的信号 D_1 来自声波在焊缝区微细孔洞的反射。

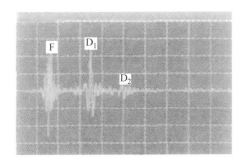

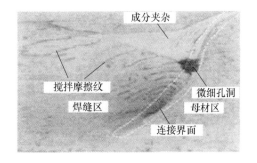

图 6-77 厚度为 2.7mm 试样的缺陷回波信号　　图 6-78 厚度为 2.7mm 试样接头金相照片

图 6-79 所示为来自厚度为 3mm FSW 试样的超声脉冲回波信号，被检试验材料为 5A06（LF6）铝合金。与图 6-77 相比，图 6-79 中 F 波和 D_2 波之间没有出现 D_1 波。通过对超声回波信号记录区所在位置进行剖切腐蚀后的断面光学显微结果放大观察（见图 6-80），除了能观察到一些搅拌摩擦纹，没有发现其他焊接缺陷。

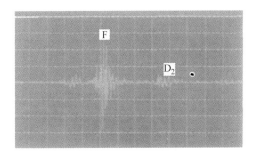

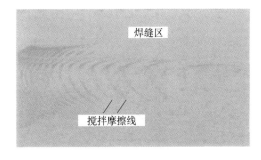

图 6-79 厚度为 3mm FSW 试样的超声脉冲回波信号　　图 6-80 厚度为 3mm 试样接头金相照片

4. 相控阵超声波无损检测

虽然在绝大多数情况下可以采用 X 射线无损检测、超声波无损检测和剖切检测的方法检查 FSW 焊缝，但在实际生产中由于检查方法本身存在的局限性，不可避免地存在或多或少的质量隐患，并且检测效率不高，因此迫切需要一种针对性很强的检测方法来检测 FSW 的焊缝，而相控阵超声波无损检测技术的出现为这一问题提供了完美的解决方案。波音公司 DeltaIV 与 DeltaII 火箭助推器上 FSW 焊缝的检测、洛马公司航天飞机火箭外贮箱上 FSW 焊缝的检测，以及阿里亚娜、NASA、TWI 公司等相关 FSW 焊缝的检测均采用了相控阵超声波无损检测技术，都成功地实现了焊缝的非破坏性无损检测。

图 6-81 所示为弱接合缺陷的相控阵超声波检测结果和金相剖切检测结果与 X 射线检测结果对比。缺陷金相检测长度为 143μm，宽度<1μm。弱接合缺陷采用 X 射线无损检测是无法检测出来的，而通过相控阵超声波无损检测和剖切金相检查（需高倍显微观察）能够发现该类缺陷。

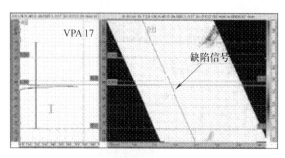

a) 相控阵超声波检测结果

b) 金相剖切检测结果

c) X射线检测结果

图 6-81　弱接合缺陷检测结果对比

图 6-82 所示为 FSW 典型未焊透缺陷的相控阵超声波检测结果和金相剖切检测结果与 X 射线检测结果对比。从图 6-82 中可以看出，未焊透缺陷与弱接合缺陷基本处于同一个位置，都位于焊缝的根部。当未焊透缺陷严重时，可以通过 X 射线检测到；当未焊透缺陷宽度较小时，无法通过 X 射线检测获得，但这两种缺陷均可以通过相控阵超声波技术检测到。

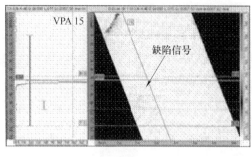

a) 相控阵超声波检测结果

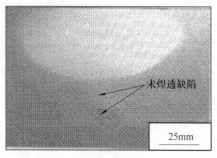

b) 金相剖切检测结果

图 6-82　未焊透缺陷检测结果对比

c) X射线检测结果

图 6-82　未焊透缺陷检测结果对比（续）

图 6-83 所示为 FSW 典型孔洞型缺陷的相控阵超声波检测结果和金相剖切检测结果与 X 射线检测结果对比。一般来说，当出现孔洞型缺陷时，X 射线无损检测和相控阵超声波无损检测均可以检测出，而相控阵超声波检测还可以确定缺陷的基本位置。

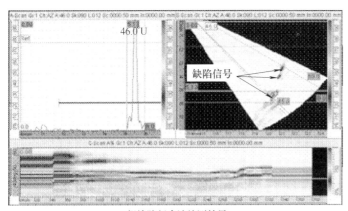

a) 相控阵超声波检测结果

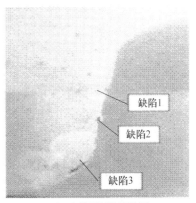

b) 金相剖切检测结果

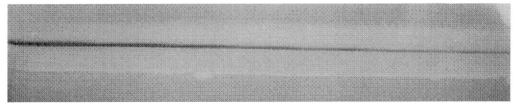

c) X射线检测结果

图 6-83　孔洞型缺陷检测结果对比

6.6.3　FSW 焊接缺陷修补技术

常用的 FSW 焊接缺陷修补方法主要有三种，即传统熔焊修补、FSW 补焊修补和搅拌摩擦塞焊修补。传统熔焊修补的优点是工艺成熟，手工 TIG 焊等方法一般不需要特殊的工装，工程上比较容易实现；缺点是熔焊后接头性能明显降低，丧失了 FSW 作为固相连接的优势。本节重点介绍搅拌摩擦补焊和搅拌摩擦塞焊。

1. 搅拌摩擦补焊

搅拌摩擦补焊实质就是进行 FSW 的重复焊接，通过调整焊接参数和焊接条件进行 FSW 多次焊接，最终获得性能优良的接头。对 2219 热处理强化铝合金进行多次 FSW，焊后的力学性能如图 6-84 所示。其中，重复焊接次数为 0 表示仅进行一次 FSW。由图 6-84 可知，重复焊接次数对接头性能影响不大，通过搅拌头对焊缝金属的搅拌、碾压，导致接头组织细化、致密，可使得接头中可能存在的孔洞、组织疏松等缺陷消失。这种特性在实际生产中有重要的作用。例如，可以用于补焊，当焊接产生缺陷时，可以进行再次焊接以消除焊接缺陷；当间隙过大、板厚差过大时，首次焊接容易产生孔洞或犁沟缺陷，再次焊接就可以消除这些缺陷。首次焊接实际上相当于将对接面找平以消除焊件厚度差的影响，并且通过首次焊接实现焊件间初步的连接。

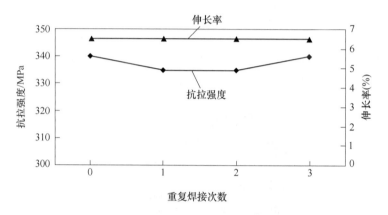

图 6-84　重复焊接次数对接头力学性能的影响

2. 搅拌摩擦塞焊

摩擦塞焊（friction plug welding，简称 FPW）最初由 TWI 开发，并推荐给洛克希德·马丁公司作为贮箱焊接缺陷的修补方法，用于提高航天飞机外贮箱的可靠性，降低废品率。FPW 衍生于摩擦锥形塞焊，其工艺流程如图 6-85 所示。

第一个阶段是在焊件上开锥形孔。头部为锥形的塞棒被夹持固定在卡盘上，卡盘带动塞棒旋转。

第二阶段是摩擦加热阶段。在该阶段，塞棒一边顶锻工进，一边高速旋转，使得摩擦面紧密接触，产生充分的摩擦热。

第三阶段是制动减速阶段。在这一阶段，要求高速旋转的塞棒迅速制动急停。

第四阶段是顶锻保压阶段。在该阶段，没有能量输入，热量逐渐散失，但需保持轴向顶锻力，以获得高质量的接头。

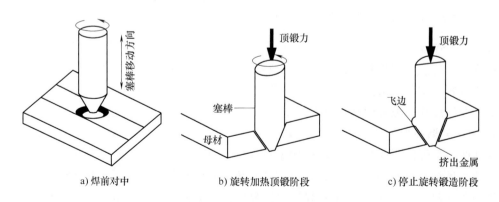

a) 焊前对中　　　b) 旋转加热顶锻阶段　　　c) 停止旋转锻造阶段

图 6-85　FPW 的工艺流程

FPW 可用于修补一般熔焊焊接缺陷，也可用于 FSW 匙孔和 FSW 点状缺陷的修补，它主要用于对接头强度要求比较高的场合。对于 2A14（LD10）、2219 及 2195 等铝合金材料，当前的手工补焊方法只能修补直径小于 6mm 的焊接缺陷，并且会降低接头强度。此外，采用手工补焊，其接头补焊质量强烈地依赖于焊工的技术水平，补焊的效率低，而若采用 FPW，其补焊接头质量高，基本可以达到原焊缝基体强度，还可以避免一般手工补焊方法的上述缺点，效率高，质量稳定可靠。

依据塞棒焊接压力加载的方式不同，FPW 有两种实现方式：其一是顶锻式 FPW，如图 6-86 和图 6-88 所示，焊接力采用推应力的方式加载，着力位置在塞棒的大端一侧；其二是拉锻式 FPW，如图 6-87 和图 6-89 所示，着力位置在塞棒的小端一侧，焊接力采用拉应力的方式加载。

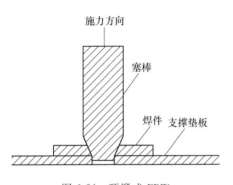

图 6-86 顶锻式 FPW

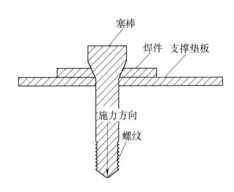

图 6-87 拉锻式 FPW

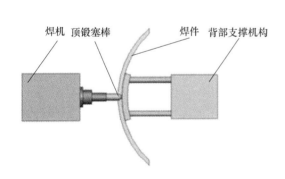

图 6-88 顶锻式 FPW 结构

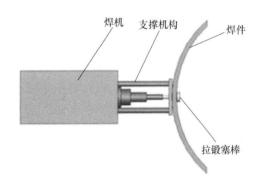

图 6-89 拉锻式 FPW 结构

当对铝合金进行 FPW 焊接时，一般情况下，旋转速度都采用设备允许的最大值，急停时间采用设备允许的最小值。对于薄板及中等厚度的铝合金板材顶锻式 FPW 来说，其优化焊接参数见表 6-3，拉锻式 FPW 优化焊接参数见表 6-4。

表 6-3 顶锻式 FPW 优化焊接参数

工艺参数	锥角/(°)	旋转速度/(r/min)	摩擦压力/MPa	摩擦时间/s	顶锻压力/MPa	顶锻时间/s	工进速度/(mm/s)	急停时间/s
合理参数	50~60	2000	1.4~1.6	2~3	1.5~2	3~5	3~4	0.2

表 6-4　拉锻式 FPW 优化焊接参数

工艺参数	锥角 /(°)	旋转速度 /(r/min)	摩擦压力 /kN	摩擦时间 /s	顶锻压力 /kN	顶锻时间 /s	工进速度 /(mm/s)	急停时间 /s
合理参数	45~55	3600	42~44	1.0~1.2	42~44	3~5	130~150	0.2

表 6-5 列出了 FPW 接头和 FSW 接头的纵向和横向力学性能，并与熔焊接头力学性能进行了对比。

表 6-5　FPW、FSW 及熔焊接头力学性能对比

类　　别		抗拉强度/MPa	伸长率(%)	强度系数(%)
纵向拉伸	FPW 接头	360	17	78.2
	FSW 接头	362	21.6	78.8
横向拉伸	FPW 接头	335	9.0	74.7
	FSW 接头	343	6.6	78.8
	直流正接氩弧焊	290	5.8	66.7
	钨极氩弧焊	250	4	57.5

6.7　典型材料的 FSW

应用 FSW 成功连接的材料有铝合金、镁合金、铅、锌、铜、不锈钢、低碳钢等同种或异种材料。TWI 于 1997 年 11 月报道了 FSW 成功焊接 3mm 厚低碳钢。EWI（爱迪生焊接研究所）于 1998 年 5 月报道了用 FSW 成功连接 6mm 低碳钢和 12mm 厚的 12%Cr 不锈钢。

6.7.1　铝合金的 FSW

采用常见的工程用搅拌头（圆锥螺纹搅拌针+内凹锥面螺纹）进行铝合金 FSW，可参考表 6-6 中所列的焊接参数。但需要注意的是，FSW 焊接参数与搅拌头的结构形状密切相关，不同的搅拌头应选用不同的焊接参数，应根据实际情况进行参数优化。

表 6-6　FSW I 形对接接头典型搅拌头结构尺寸及焊接参数

母材厚度 δ/mm	搅拌头材料	搅拌针形状	搅拌针尺寸		轴　肩　尺　寸			搅拌头转速 /(r/min)	搅拌头行进速度 /(mm/min)	搅拌头倾角 α/(°)
			d/mm	h/mm	D/mm	β/(°)	t/mm			
≥3~5	高速钢或耐热合金钢	圆锥形/带螺纹	3~5	δ-0.2	12~20	5~10	3~8	500~1100	200~400	2~5
>5~8	耐热合金钢	圆锥形/带螺纹	5~8	δ-0.2	18~25	5~10	3~10	500~1150	100~350	2~5
>8~12	耐热合金钢	圆锥形/带螺纹	7~10	δ-0.2	18~30	5~10	3~12	500~1150	100~350	2~5

表 6-7 列出了三种典型航天结构材料铝合金 FSW 接头的力学性能。由表 6-7 可知，这三种铝合金的接头抗拉强度均高于传统熔焊接头，而伸长率更比熔焊接头提高将近 1 倍。

表6-7 三种典型航天结构材料铝合金 FSW 接头的力学性能

合金材料	类别	屈服强度/MPa	抗拉强度/MPa	伸长率(%)	断裂位置	强度系数(%)
2A14(LD10)	接头	247	378	6.5	HAZ	79.8
	母材	423	474	12.5	母材	—
2219-T87	接头	—	345	8	HAZ	72.6
	母材	—	475	14	母材	—
2195-T8	接头	308	410	10	HAZ	74.5
	母材	—	550	13	母材	—

表6-8 列出了 5×××、6×××、7××× 系列铝合金典型 FSW 接头的力学性能。表6-8 中的数据表明，5083-O 铝合金 FSW 后的接头抗拉强度可以与母材达到等强；对于固溶处理加人工时效的 6082 铝合金，其 FSW 接头经热处理后的抗拉强度也可以达到与母材等强，但伸长率有所降低；7108 铝合金焊后室温下自然时效，其抗拉强度可以达到母材强度的 95%。采用 6mm 厚的 5083-O 铝合金焊件进行疲劳试验，当使用应力比 $R = 0.1$ 时，5083-O 铝合金 FSW 对接试件的疲劳性能与母材相当。大量试验结果表明，FSW 对接接头的疲劳性能大都超过相应熔焊接头的设计推荐值。疲劳试验数据分析显示，FSW 焊缝的疲劳性能与相应熔焊接头相当，而大多数情况下，FSW 焊缝的疲劳性能数据要优于熔焊。

表6-8 铝合金典型 FSW 接头的力学性能

合金材料	类别	屈服强度/MPa	抗拉强度/MPa	伸长率(%)	强度系数(%)
5083-O	接头	142	298	23	100
	母材	148	298	23.5	—
6082-T6	接头	160	254	4.85	83
	母材	286	301	10.4	—
	接头+时效	274	300	6.4	100
7108-T79	接头	210	320	12	86
	母材	295	370	14	—
	接头+自然时效	245	350	11	95
7075-T7351	接头	208	384	5.5	70
	母材	476	548	13	—

对同一化学成分不同厚度的板材进行 FSW 时，接头性能会有一定的变化。表6-9 列出了不同厚度 2219 铝合金板材 FSW 接头力学性能。从表6-9 中可以看出，采用优化搅拌头和焊接参数焊接不同厚度的 2219 铝合金，其接头的力学性能基本上保持在一个较高的数值，接头的质量和力学性能的稳定性都相当高。表6-10 列出了常见铝合金不同厚度板材 FSW 接头性能。由于母材强度的不同，焊后接头强度也会有所不同，但接头强度系数基本不变。

表6-9 不同厚度 2219 铝合金板材 FSW 接头力学性能

厚度/mm	抗拉强度/MPa	伸长率(%)	厚度/mm	抗拉强度/MPa	伸长率(%)
3	340	5	6	350	6
4	345	5.5	8	335	4.5
5.5	350	6			

注：所有试板均取三块，每块上取 4 个子样。

表 6-10 常见铝合金不同厚度板材 FSW 接头性能

合金名称或牌号	厚度/mm	母材强度/MPa	接头抗拉强度/MPa	强度系数(%)
纯铝 1050A	3	106	85	80
纯铝 1050A	5	106	84	79
防锈铝 5A02	3	265	245	92
防锈铝 5A02	10	204	204	100
防锈铝 5A06	2	333	350	100
防锈铝 5A06	3	330	326	99
防锈铝 5A06	10	380	382	100
2519 铝合金	12	465	296	64
2519 铝合金	20	481	313	65
超硬铝 7A52	6	490	364	74
超硬铝 7A52	20	487	355	73
超硬铝 7A52	25	496	330	68

表 6-11 列出了铝合金不同状态下典型 FSW 接头的力学性能。表 6-11 中的数据表明，对于不同铝合金状态，焊接后接头强度明显不同，如 5083-O 铝合金和 2219-O 铝合金，FSW 后接头强度可以达到与母材等强。对于可热处理强化的铝合金，通过对接头进行焊后热处理，可以明显提高接头力学性能。

表 6-11 铝合金不同状态下典型 FSW 接头的力学性能

合金牌号	母材强度/MPa	接头抗拉强度/MPa	强度系数(%)
5083-O	298	298	100
5083-H321	336	305	90.7
6082-T6	301	254	83
6082-T4	260	244	93
2024(CS)	440	320	73
2024(铸态 M)	185	137.4	74
2024(CZ)	475	346	80
2219-O	159	157	99
2219-T6	416	321	77

6.7.2 镁合金的 FSW

镁合金的 FSW 涉及 AZ 系和 AM 系等，具体包括 AM50、AM60、AZ91、AZ61、AZ31 等，镁合金的 FSW 接头强度系数可达 90%，甚至 100%。当旋转速度为 600~1000r/min、焊接速度为 100~200mm/min 时，均可得到成形良好的接头。日本芝浦工业大学进一步研究了热轧态 AZ31 镁合金的 FSW，证明其接头强度可与母材媲美，认为接头的力学性能与母材的形态密切相关。典型镁合金 FSW 接头的力学性能见表 6-12。

表 6-12　典型镁合金 FSW 接头的力学性能

合 金 牌 号	制 备 工 艺	抗拉强度/MPa	伸长率(%)
AZ31	挤压板材	251	13.2
	FSW	231	9.4
AZ61	挤压板材	308	15.2
	FSW	269	9.6
AZ91	铸造板材	114	—
	FSW	114	—
AM60	触变注射成形(Thixomolding)	210	5
	FSW	195	5

　　AZ31 镁合金 FSW 接头焊核区放大后的微观组织如图 6-90 所示。图 6-90a、图 6-90c 所示为前进侧焊核区的微观组织，图 6-90b、图 6-90d 所示为后退侧焊核区的微观组织。焊核

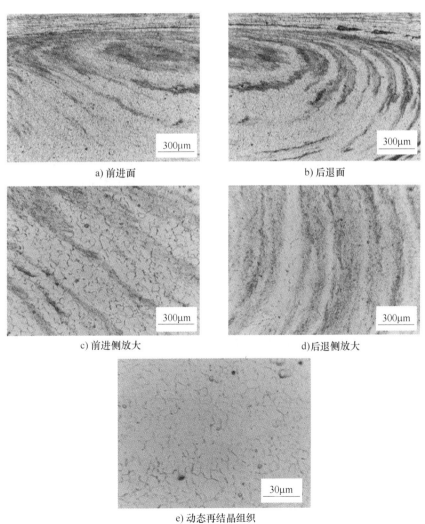

a) 前进面　　　　　　　　　　　　　　b) 后退面

c) 前进侧放大　　　　　　　　　　　　d) 后退侧放大

e) 动态再结晶组织

图 6-90　AZ31 镁合金 FSW 接头焊核区放大后的微观组织

在前进侧和后退侧形成的洋葱圆环略有不同，后退侧较圆滑，前进侧近似于圆滑。圆环上部间隙较小，几乎在同一位置重合，而下部较稀疏。高倍金相显微镜下（见图 6-90c 和图 6-90d）观察发现，圆环处产生很大的塑性变形，塑性变形材料随搅拌针旋转、移动。焊接速度与旋转速度同时影响洋葱圆环间距，单位长度上的旋转次数（即旋转速度与焊接速度的比值）大，材料被搅拌的次数多，圆环间隙小。洋葱圆环交界处的温度比周边温度高，于是在 FSW 过程中，变形首先从洋葱圆环交界区域开始。变形区发生动态再结晶过程，晶粒细小、均匀，如图 6-90e 所示。焊核区温度高，动态再结晶过程完全，组织稳定，晶界周边晶体缺陷少，晶界耐腐蚀。

6.7.3　钛合金的 FSW

钛合金的 FSW 主要是为了满足航空工业的需要，输油管道及海上平台等需要耐腐蚀的场合也需要钛合金的 FSW。图 6-91 所示为厚度为 5.6mm 纯钛 FSW 时接头断裂照片。可以看出，断裂位置远离焊缝，接头抗拉强度达到 430MPa，略低于母材（440MPa）。

图 6-92 所示为搅拌头转速为 950r/min、焊接速度为 90mm/min 的情况下获得的 TC4 钛合金 FSW 接头的上表面形貌。从图 6-92 中可看出，焊缝表面成形良好，所形成的弧形纹间距分布均匀，表面无明显缺陷。试验中同时发现，当焊接速度过慢、焊接压力过大时，易造成飞边过大，影响焊缝质量，这与铝合金或镁合金焊接时的情况是一致的。试验证明，虽然钛合金熔点较高，并且热强度高，但与同规格其他有色金属相比，钛合金的 FSW 工艺规范偏小。

图 6-91　厚度为 5.6mm 纯钛 FSW 时接头断裂照片　　　图 6-92　TC4 钛合金 FSW 接头的上表面形貌

6.7.4　钢材的 FSW

图 6-93 所示为碳素钢-双相不锈钢 FSW 焊缝外观，可以看出焊缝外观光滑、美观。

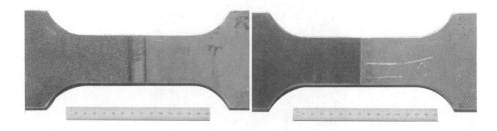

图 6-93　碳素钢-双相不锈钢 FSW 焊缝外观

表 6-13 列出了几种典型钢结构材料 FSW 接头的力学性能。其中有一部分材料的 FSW 接

头抗拉强度低于母材，如 C-Mn 钢，也有一部分材料的 FSW 接头力学性能接近甚至高于母材，如 590 双相不锈钢。这一现象与母材的晶粒成分及其对晶粒尺寸的敏感性有关，如双相不锈钢在 FSW 焊接后仍能基本保持铁素体相的体积分数，而且晶粒尺寸大大减小，所以焊后的接头性能相对于母材有了较大的提高。

表 6-13 几种典型钢结构材料 FSW 接头的力学性能

材　　料	屈服强度（接头/母材）/MPa	抗拉强度（接头/母材）/MPa
C-Mn 钢	1040/1400	1230/1710
HSLA-65	597/605	788/673
590 双相不锈钢	496/340	710/590
304L	51/55	95/98
316L	434/388	641/674
2507 Super Dulex	762/705	845/886
201	193/103	448/406
600	374/263	719/631
718	668/1172	986/1392
Ni-Al 青铜合金	420/193	703/421

图 6-94 所示为 C-Mn 钢 FSW 接头的微观组织。从图 6-94 中可以看出，C-Mn 钢 FSW 焊缝总体呈"碗"状，可以分为三个区域，即焊核区 A、热力影响区 B 和热影响区 C。D 区为母材。其基本分区及各区域晶粒组织形成原因与铝合金 FSW 接头分区基本一样，均是通过各区域组织是否在焊接过程中承受热、力作用而划分的。其中，焊核区在焊接过程中经历了再结晶，并且由于搅拌头的剧烈搅拌作用形成了致密的细晶组织；热力影响区同时受到热传导及焊核区塑性软化金属扭转力矩的影响（并非直接作用），晶粒组织经历了回复过程，但没有发生再结晶，因此与焊核区组织有明显区别；热影响区仅仅受到热传导影响，晶粒组织的变化程度介于热力影响区与母材之间，所以热力影响区与热影响区之间的界限不是很明显。

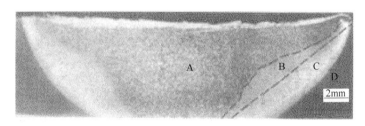

图 6-94　C-Mn 钢 FSW 接头的微观组织
A—焊核区　B—热力影响区　C—热影响区　D—母材

6.7.5　异种材料的 FSW

FSW 还可以实现异种材料的连接。英国焊接研究所（TWI）已经成功实现了 AA2219 铝合金与 AZ61A 镁合金的 FSW，如图 6-95 所示。

当铝与钢进行 FSW 时，在钢侧开一条槽，焊接的过程使搅拌头在偏离钢的相对比较软的铝侧，如图 6-96 所示。铝-铜的 FSW 如图 6-97 所示。

图 6-95　AA2219 铝合金与 AZ61A 镁合金的 FSW　　　　图 6-96　铝与钢的 FSW

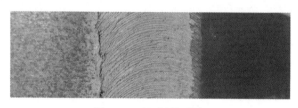

图 6-97　铝-铜的 FSW

参 考 文 献

[1]　张华. 镁合金搅拌摩擦焊接工艺及其接头成形机理研究 [D]. 哈尔滨：哈尔滨工业大学，2005.

[2]　赵衍华. 2014-T6 铝合金搅拌摩擦焊接工艺及塑性体流动研究 [D]. 哈尔滨：哈尔滨工业大学，2006.

[3]　王国庆，赵衍华. 铝合金的搅拌摩擦焊接 [M]. 北京：中国宇航出版社，2010.

[4]　KALLEE S W，NICHOLAS E D THOMAS W M. Friction stir welding-invention，innovations and applications [C] //8th International Conference on Joints in Aluminum，2001，3：28-30.

[5]　曹亮. 搅拌摩擦点焊焊点形成机理的研究 [D]. 镇江：江苏科技大学，2007.

[6]　THOMAS W M. Friction Stir Butt Welding：GB，9125978.8 [P]. 1991-12-2.

[7]　邢美源，姚君山，刘杰. 新一代运载贮箱搅拌摩擦焊应用研究 [J]. 上海航天，2006（4）：39-43.

[8]　栾国红，郭德伦，张田仓，等. 革命性的宇航结构件焊接新技术——搅拌摩擦焊 [J]. 航空制造技术，2002（12）：31-36.

[9]　栾国红. 搅拌摩擦焊专题之搅拌头（上）[J]. 现代焊接，2006（7）：25-26.

[10]　栾国红. 搅拌摩擦焊专题之搅拌头（下）[J]. 现代焊接，2006（8）：29-30.

[11]　夏德顺，王国庆. 搅拌摩擦焊接在运载火箭上的应用 [J]. 导弹与航天运载技术，2002（4）：27-32.

[12]　OUYANG J H，KOVACEVIC R. Material Flow and Microstructure in the Friction Stir Butt Welds of the Same and Dissimilar Aluminum Alloys [J]. Journal of Materials Engineering and Performance，2002，11（1）：51-63.

[13]　LI Y，MURR L E，MCCLURE J C. Solid-state Flow Visualization in the Friction-Stir Welding of 2024 Al to 6061 Al [J]. Scripta Materialia，1999，40（9）：1041-1046.

[14]　SEIDEL T U，REYNOLDS A P. Visualization of the Material Flow in AA2195 Friction-Stir Welds Using a Marker Insert Technique [J]. Metallurgical and Materials Transactions，2001，32A（11）：2879-2884.

[15]　LEE C J，HUANG J C，HSIEH P J. Mg based nano-composites fabricated by friction stir processing [J].

Scripta Materialia, 2006, 54 (7): 1415-1420.

[16] MISHRA R S, MA Z Y, CHARIT I. Friction stir processing: a novel technique for fabrication of surface composite [J]. Materials Science and Engineering, 2003, 341 (1-2): 307-310.

[17] HIRATA T, TANAKA T, CHUNG S W. Relationship between deformation behavior and microstructural evolution of friction stir processed Zn-22 wt. %Al alloy [J]. Scripta Materialia, 2007, 56 (6): 477-480.

[18] MORISADA Y, FUJII H, NAGAOKA T. Nanocrystallized magnesium alloy-uniform dispersion of C_{60} molecules [J]. Scripta Materialia, 2006, 55 (11): 1067-1070.

[19] WOO W, CHOO H, BROWN D W. Texture variation and its influence on the tensile behavior of a friction-stir processed magnesium alloy [J]. Scripta Materialia, 2006, 54 (11): 1859-1864.

[20] CHEN Y C, NAKATA K. Friction stir lap joining aluminum and magnesium alloys [J]. Scripta Materialia, 2007.

[21] CAVALIERE P, MARCO P DE. Friction stir processing of AM60B magnesium alloy sheets [J]. Materials Science and Engineering, 2007, 462 (1-2): 393-397.

[22] DARRAS B M, KHRAISHEH M K, Abu-Farha F K. Friction stir processing of AZ31 commercial magnesium alloy [J]. Journal of Materials Processing Technology, 2007.

[23] RHODES C G, MAHONEY M W, BINGEL W H. Fine-grain evolution in friction-stir processed 7050 aluminum [J]. Scripta Materialia, 2003, 48 (10): 1451-1455.

[24] NAKATA K, KIMA Y G, FUJII H. Improvement of mechanical properties of aluminum die casting alloy by multi-pass friction stir processing [J]. Materials Science and Engineering, 2006, 437 (2): 274-280.

[25] SU J Q, TRACY W. STERLING Microstructure evolution during FSW/FSP of high strength aluminum alloys [J]. Materials Science and Engineering, 2005, 405 (1-2): 277-286.

[26] WANG X H, WANG K S. Microstructure and properties of friction stir butt-welded AZ31 magnesium alloy [J]. Materials Science and Engineering, 2006, 431 (1-2): 114-117.

[27] MISHRA R S, MAHONEY M W, MCFADDEN S X. High strain rate superplasticity in a friction stir processed 7075Al alloy [J]. Scripta Materialia, 2000, 42 (17): 163-168.

[28] MA Z Y, MISHRA R S. Development of ultrafine-grained microstructure and low temperature superplasticity in friction stir processed Al-Mg-Zr [J]. Scripta Materialia, 2005, 53 (1): 75-80.

[29] CAVALIERE P, MARCO P D. Superplastic behavior of friction stir processed AZ91 magnesium alloy produced by high pressure die cast [J]. Journal of Materials Processing Technology, 2007, 184 (1-3): 77-83.

[30] JOHANNES L B, MISHRA R S. Multiple passes of friction stir processing for the creation of superplastic 7075 aluminum [J]. Materials Science and Engineering, 2007, 464 (1-2): 255-260.

[31] CHARIT I, MISHRA R S. Low temperature superplasticity in a friction-stir-processed ultrafine grained Al-Zn-Mg-Sc alloy [J]. Acta Materialia, 2005, 53 (15): 4211-4223.

[32] CHARIT I, MISHRA R S. High strain rate superplasticity in a commercial 2024 Al alloy via friction stir processing [J]. Materials and Engineering, 2003, 359 (1-2): 290-296.

[33] CHUANG C H, HUANG J C, HSIEH P J. Using friction stir processing to fabricate MgAlZn intermetallic alloys [J]. Scripta Materialia, 2005, 53 (12): 1455-1460.

[34] PALANIVEL S, SIDHAR H, MISHRA R S. Friction Stir Additive Manufacturing: Route to HighStructural Performance [J]. The Minerals, Metals & Materials Society, 2015, 67: 616-621.

[35] DILIP J, JANAKI R G, et al. Additive manufacturing with friction welding and frictiondeposition processes [J]. Int J Rapid Manuf, 2012, 3 (1): 56-69.

[36] RUSSELL M J, BLIGNAULT C, HORREX N L, et al. Recent Developments in the Friction Stir Weldingof Titanium Alloys [J]. Welding in the World Le Soudage Dans Le Monde, 2008, 52 (9-10): 12-15.

第7章　电渣焊和气电立焊

从降低成本和残余应力的角度来说，最理想的焊接方法是采用单道焊对板材、铸件和锻件进行焊接。电渣焊（electro-slag welding，ESW）和气电立焊（electro-gas welding，EGW）方法，能在板材全厚度上实现单道焊。

电渣焊与气电立焊很相似。这两种方法都是采用机械化设备，以立焊方式实现厚板的单道焊，获得高熔敷效率和高质量的焊缝的。这两种方法焊成的对接焊缝中通常不存在角变形。在设备方面，气电立焊设备与传统电渣焊方法所采用的设备相似。

电渣焊和气电立焊之间的主要差别是产生焊接能量的方法不同。电渣焊是利用渣池的电阻热，熔渣的来源是所使用的颗粒状焊剂。在气电立焊中，热量是由焊丝和焊接熔池之间的电弧产生的。对于这两种方法，前者是利用熔渣保护焊接熔池，后者则是利用气体对熔池进行保护。

7.1　电渣焊

7.1.1　电渣焊的方法、原理和分类

1. 定义和概述

电渣焊是一种利用熔渣熔化填充金属和母材表面，而使金属产生结合的焊接方法。焊接熔池由熔渣保护，在焊接过程中熔渣沿接头的整个横截面移动。焊接过程的开始是由电弧加热焊剂并将其熔化形成熔渣，然后电弧熄灭，导电的熔渣由于有一定的电阻，使电流在焊丝和母材之间通过而保持熔化的状态。

电渣焊通常采用I形坡口并处于立焊位置，除环缝电渣焊，焊接一旦开始，母材就不再转动。电渣焊是一种机械焊接方法，在焊接开始后就一直连续焊接直到结束。因为没有电弧，所以焊接过程平稳且无飞溅，可以单道焊接很厚的焊件。

2. 操作原理

电渣焊的焊接过程如图7-1所示。焊接过程由焊丝和接头底部之间引燃电弧开始，然后添加颗粒状焊剂并为电弧热所熔化。一旦形成足够的熔渣（熔剂）层，整个电弧过程便结束，并且由于熔渣具有导电性，使得焊接电流可由焊丝通过熔渣流动。焊接在凹槽中或引弧板上开始，以使焊枪到达母材时焊接过程稳定。

熔渣产生的电阻热，足以熔化焊件的边缘及焊丝。熔池中部的温度约为1925℃，表面

温度接近 1650℃。熔化的焊丝和母材在熔渣池下汇流成熔池并缓慢地凝固形成焊缝。凝固过程是从底部向上开始的，而在凝固的焊缝金属上面总有熔化的金属。

为了将熔渣和某些焊缝金属延伸到接头的顶部之外，需要使用引出板。通常将引弧板和引出板割掉并与接头端部平齐。

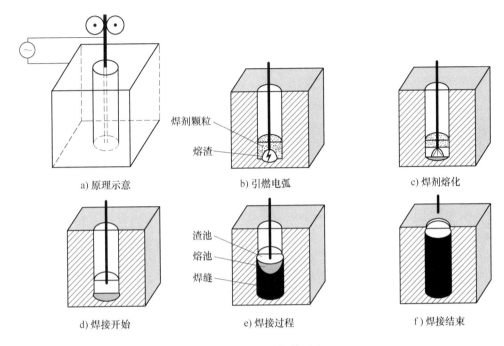

a) 原理示意　　　b) 引燃电弧　　　c) 焊剂熔化

d) 焊接开始　　　e) 焊接过程　　　f) 焊接结束

图 7-1　电渣焊的焊接过程

3. 电渣焊的分类

按电极形状的不同，电渣焊分为丝极电渣焊、熔嘴电渣焊（含管极电渣焊）和板极电渣焊三种。采用丝极电渣焊方法，在熔敷焊缝时焊接机头逐渐向上移动；采用熔嘴电渣焊方法时，焊接机头固定在接头的顶部，而熔嘴和焊丝逐渐被熔融焊剂所熔化。

（1）丝极电渣焊　图 7-2 所示为丝极电渣焊方法原理。按母材厚度的不同，将一根或几根焊丝送入接头中。焊丝通过不熔导电嘴送给，导电嘴到熔化焊剂表面的距离为 50~75mm。当焊接非常厚的母材时，可使焊丝做横向摆动。

为了保持金属熔池和渣池，通常在接头的两侧使用水冷滑块（挡板）。滑块安装在焊机上，并随焊机垂直移动。焊机的垂直移动应与焊丝的熔敷速度一致。移动可以是自动的，也可以由焊接操作者控制。

随着水冷滑块垂直向上移动，焊缝表面露出。焊缝通常有余高，余高形状由水冷滑块的凹槽定形。焊缝表面被一层薄渣覆盖。在焊接过程中必须向渣池中添加少量的焊剂，以补偿熔渣的消耗。

采用丝极电渣焊方法可焊接厚度为 13~500mm 的板材，经常用于焊接厚度为 19~460mm 的板材。单丝摆动可成功焊接厚度达 120mm 的板材，双丝可焊厚度达 230mm，三丝则可焊厚度达 500mm。在这种方法中，每根焊丝的熔敷速度为 11~20kg/h，焊丝直径一般为 3.2mm。用电渣焊焊接正常尺寸焊缝时，每 45kg 熔敷焊缝金属消耗约 2.3kg 焊剂。

丝极电渣焊的焊丝在接头间隙中的位置及焊接参数容易调节，因而熔宽与熔深易于控制，适合焊缝较长的焊件和环焊缝的焊接，也适合高碳钢、合金钢对接和T形接头的焊接。

（2）熔嘴电渣焊　熔嘴电渣焊的原理如图7-3所示。在这种方法中，填充金属由焊丝及导丝的导电嘴供给。焊丝一般由一个占接头全长（长度）的导电嘴送到接头的底部。焊接电流由导电嘴传导，它正好在渣池表面熔化掉。焊机不做垂直移动，采用固定的或滑动的冷却挡块。

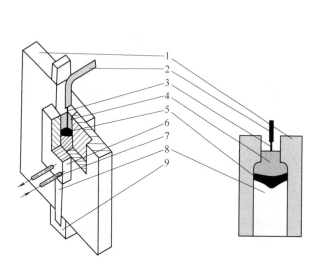

图 7-2　丝极电渣焊方法（三丝）原理

1—母材　2—导电嘴　3—焊丝　4—渣池　5—金属熔池

6—水冷滑块　7—冷却水　8—焊缝　9—引弧板

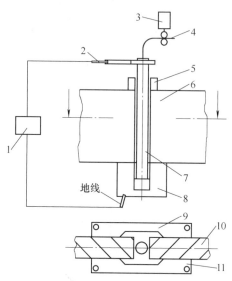

图 7-3　熔嘴电渣焊的原理

1—电源　2—焊接电缆　3—电动机

4—焊丝或焊带　5—引出板

6、10—母材　7—熔嘴

8—引入板　9、11—冷却挡块

采用熔嘴电渣焊方法时，可以送一根或多根焊丝，这些焊丝可以在接头中横向摆动。因为导电嘴传导电流，必须使其与接头侧壁（母材）和冷却滑块绝缘。采用熔嘴电渣焊时，熔嘴的外面可涂上焊剂以使其绝缘，并有助于补足渣池。其他形式的绝缘包括使用环形绝缘子、纤维玻璃套管和带等。

随着焊接过程的继续和渣池的上升，熔嘴熔化并成为焊缝金属的一部分。熔嘴占填充金属的5%～10%。对于短焊缝，冷却滑块的长度可以与接头相同；对于较长的焊缝，可以使用几组冷却滑块。当金属凝固时，可将一组冷却滑块从接头上拆掉然后装在另一组上面。重复进行这种"蛙跳"式变换直到焊缝完成。

熔嘴电渣焊可用于焊接极厚的母材。当焊丝不摆动时，每根焊丝焊接的板厚约为63mm。单丝摆动可成功地焊接到130mm厚，双丝摆动可焊接到300mm厚，三丝摆动可焊接到450mm厚。通常采用不摆动的单丝可完成长达9m的焊缝。在长焊缝中可能出现控制问题，因此如果不能正确地控制所要求的摆动量，可以添加辅助焊丝并停止摆动。

熔嘴电渣焊的设备简单，体积小，操作方便，目前已成为对接焊缝和T形焊缝的主要焊接方法。焊接时，焊机位于焊缝上方，适合梁体等复杂结构的焊接。由于可采用多个熔嘴，并且熔嘴固定于接头间隙中，不易产生短路等故障，所以适合大截面焊件的焊接。熔嘴可做成各种曲线或曲面形状，以适应具有曲线或曲面的焊缝焊接。

当母材较薄时，熔嘴可简化为一根或两根管子，在管子外面涂上涂料，焊丝通过管子不断向渣池送进，两者作为电极进行电渣焊。这种方法称为管极电渣焊，是熔嘴电渣焊的特殊形式，如图7-4所示。

因管极外表面的涂料有绝缘作用，焊接时不会与母材短路，装配间隙可以缩小，因而可以节省焊接材料并提高焊接生产率。由于薄板焊接可以只用一根管极，操作简便，而管极易于弯成各种曲线形状，所以管极电渣焊多用于薄板及曲线焊缝的焊接。可以通过管极的涂料向焊缝金属中添加合金元素，以达到调整化学成分或优化焊缝晶粒的目的。

（3）板极电渣焊 图7-5所示为板极电渣焊原理。其熔化电极为金属板条，根据母材厚度可采用一块或数块金属板条进行焊接。焊接时，通过送进机构将板极连续不断地向熔池中送进，板极不需横向摆动。

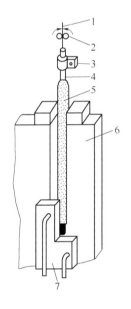

图7-4 管极电渣焊

1—焊丝 2—送丝滚轮 3—管极夹持机构

4—管极钢管 5—管极涂料 6—母材 7—水冷滑块

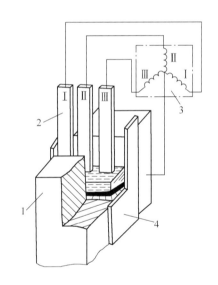

图7-5 板极电渣焊原理

1—母材 2—板极

3—电源 4—强迫成形装置

板极可以是铸造的，也可以是锻造的，其长度一般约为焊缝长度的三倍以上。焊缝越长，焊接装置的高度就越高。因此，板极电渣焊受板极送进长度和自身刚度的限制，宜用于大断面短焊缝的焊接。与丝极电渣焊相比，板极比丝极容易制备，对于某些难以拔制成焊丝的合金钢，就可以做成板极，采取板极电渣焊。板极电渣焊常用于合金钢的焊接和堆焊工艺，目前主要用于模具堆焊和轧辊堆焊。

7.1.2 电渣焊过程的冶金因素

与其他熔焊方法相比，电渣焊具有下列优点。

1）可以一次焊接很厚的母材，提高焊接生产率。理论上能焊接的母材厚度是无限的，但实际上要受到设备、电源容量和操作技术等方面因素的限制，常焊的母材厚度为13~500mm。

2）无须开坡口，只要两母材之间有一定的装配间隙即可，因而可以节约大量的填充金属和加工时间。

3）由于处在立焊位置，金属熔池上始终存在着一定体积的高温渣池，使熔池中的气体和杂质较易析出，故一般不易产生气孔和夹渣等缺陷。又由于焊接速度缓慢，其热源的热量集中程度远比电弧焊弱，所以使近缝区的加热和冷却速度缓慢，这对于焊接易淬火的钢种，减少了近缝区产生淬火裂纹的可能性。焊接中碳钢和低合金钢时均可不预热。

4）由于母材熔深较易调整和控制，所以使焊缝金属中的填充金属和母材金属的比例可在很大范围内调整，这对调整焊缝金属的化学成分及降低有害杂质具有特殊意义。

1. 预热

电渣焊不要求或一般不采用预热，本质上电渣焊是自预热的过程，大量的热传入母材并在焊缝的前面将焊缝预热。

2. 焊后热处理

大多数应用电渣焊的场合，特别是钢结构的焊接，不要求焊后热处理。正如前面所讨论的，焊态的电渣焊焊缝具有有利的残余应力分布，而这种残余应力可能会通过焊后热处理抵消。亚临界焊后热处理（去应力）对力学性能，特别是冲击韧性可能有害，一般不采取亚临界热处理。

热处理可显著地改变碳素钢和低合金钢焊缝的性能。正火几乎可全部消除焊缝的铸造组织，并使焊缝金属和母材的性能近似相等。当用夏比 V 型缺口冲击试验测定时，热处理可以改善一定温度以上脆断的开裂和扩展的抗力。

正火-回火钢通常不采用电渣焊，为了使焊缝的热影响区具有足够的强度性能，焊后必须进行热处理，而在大厚结构中这种热处理是非常困难的。

3. 力学性能

电渣焊焊缝的力学性能取决于母材的种类和厚度、焊丝成分、焊剂-焊丝配合及焊接条件，所有这些将影响焊缝的化学成分、金相组织及力学性能。电渣焊焊缝一般用于受静力载荷或振动载荷的结构中。在这种使用条件下，特别是在低温下，最重要的是焊缝金属和热影响区的冲击韧性。必须针对具体的用途进行仔细的评定，以满足设计要求，并使焊件具有满意的运行性能。

7.1.3 电渣焊设备

两种电渣焊方法采用的设备，除导电嘴的结构和垂直行走机构，其余都相同。电渣焊设备的主要部件包括电源、送丝机构和摆动机构、导电嘴、焊接控制器、行走小车和水冷滑块（挡块）。图 7-6 所示为 A-372P 型三丝极电渣焊机机头。

1. 电源

电渣焊可采用交流恒压电源或直流恒压电源，一般多采用交流电源。为了保证电渣焊过程稳定，减小网路电压波动的影响，避免出现电弧放电或弧-渣混合过程，负载电压范围一般为 30~50V，因此电源的最低空载电压应为 60V。电渣焊变压器应该是三相供电，其二次侧电压应具有较大的调节范围。由于焊接时间长，中途不停顿，故其负载持续率一般为

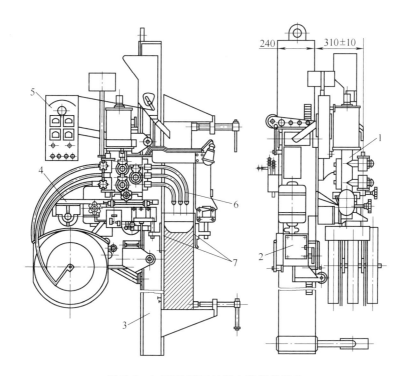

图 7-6　A-372P 型三丝极电渣焊机机头

1—三丝极焊机头　2—行走小车　3—钢轨　4—水平往复移动机构　5—控制盒　6—导电嘴　7—成形装置

100%，每根焊丝的额定电流不应小于 750A，以 1000A 的居多。每根焊丝需接一台电源。

2. 送丝机构和摆动机构

送丝机构的功能是将焊丝从焊丝盘通过导电嘴等速送入渣池。送丝机构通常装在焊机头上。一般来说，每根焊丝由单独的驱动电动机和送丝轮送给。可以利用双变速器由一台电动机驱动两根焊丝，但一旦送丝出，故障就没有挽救的余地了。在多丝焊接的情况下，一个送丝机构出了故障，如能迅速地采取补救措施，就不必中断焊接作业。但应着重指出，为了成功地完成电渣焊，必须避免中断，因为重新起焊处的补焊可能费用很高。对于大型长焊件，有时要求这些送丝机构连续工作 50h 以上。

电动机驱动的送丝机构在设计上和操作上与熔化极气体保护焊和埋弧焊相似。送丝轮通常由齿轮副组成，因此由两个轮子施加传动力。轮子的凹槽形状可根据采用实心焊丝还是药芯焊丝而改变。当采用实心焊丝时，必须注意送丝时不打滑，但也不要压得太紧，以免在焊丝上留下压痕。有压痕的焊丝可能对送丝轮到焊缝间的机件产生磨锉作用。实践中发现，带有椭圆形凹槽的送丝轮对这两种焊丝最合适，没有压扁药芯焊丝的危险。

通常采用焊丝矫直机构（简单的三轮结构或比较复杂的回转结构）来矫直焊丝的抛射式弯曲。当焊丝从导电嘴伸出时，抛射式弯曲可引起焊丝偏移，而这又可能引起焊接熔池位置的改变，从而导致未焊合等缺陷。焊丝抛射式弯曲在大型厚壁焊件中会造成更严重的问题。

送丝速度取决于为获得合适熔敷速度所要求的电流大小，也取决于所采用的焊丝直径和种类。一般来说，17~150mm/s 的速度范围对于使用直径为 2.4mm 或 3.2mm 的药芯焊丝或实心焊丝是合适的。

为了均匀而连续地送给，焊丝盘必须能以最小的驱动力矩送进，以免发生打结和焊丝中断。焊丝盘的规格必须足够大，以便连续地完成整条焊缝焊接。

当每根焊丝所占的接头厚度约在70mm以上时，要求配备焊丝摆动机构。导电嘴的摆动可采用电动机控制的丝杠或齿条等完成。摆动机构的行走距离和行走速度，以及在每一行程终端的停留时间是可调的，目前可采用PLC控制摆动动作。

3. 导电嘴

（1）丝极电渣焊导电嘴　丝极电渣焊机上的导电嘴是将焊接电流传递给焊丝的关键器件，而且对焊丝导向并负责将焊丝送入熔渣池，因此要求导电嘴结构紧凑，导电可靠，送丝位置准确而不偏移，使用寿命长。其导电嘴通常是由钢质焊丝导管和铜质导电块组成，前者负责导向，后者负责导电。铜质导电嘴的引出端位置靠近熔渣，最好用铍青铜制作。铍青铜在高温下能保持较高强度。

为了垂直地将焊丝送入渣池，导电嘴必须是弯曲状，并且要足够扁，使其能够装到接头的间隙内。导电嘴的直径一般不小于13mm。为了克服焊丝的抛射式弯曲，可将导电嘴设计成整体矫直机构。

（2）熔嘴电渣焊导电嘴　该方法的导电嘴使用与母材金属相匹配的钢材制成，并且要比待焊接头略长些。一般外径为16mm，内径为3.2~4.8mm。焊接母材厚度小于19mm时熔嘴直径要小些。

导电嘴装在焊接机头的铜合金夹箍上。焊接电流从铜夹箍传到导电嘴，然后传到焊丝。

对于长度超过600mm的焊缝，必须将熔嘴绝缘，以防止与母材短路。可在熔嘴全长度上涂以焊剂，或者在熔嘴上安装可以滑动的绝缘环，其间距为300~450mm，并借助熔嘴上的焊接小凸点保持在适当的位置上。焊剂涂层或绝缘环随熔嘴的熔化而熔化，并补充渣池。

4. 水冷滑块

水冷滑块是强制焊缝成形的冷却装置，焊接时随机头一起向上移动，其作用是保持熔渣池和金属熔池在焊接区内不致流失，并强迫熔池金属冷却形成焊缝。水冷滑块通常用热导性良好的纯铜制造并通冷却水。滑块分为前冷却滑块和后冷却滑块，前冷却滑块悬挂在机头的滑块支架上，滑块支架的另一根支杆通过对接焊缝的间隙与后冷却滑块相连，此支杆的长度取决于焊件的厚度。滑块由弹簧紧压在焊缝上，对不同形状的焊接接头，使用不同形状的滑块，如图7-7~图7-9所示。通过调整滑块的高低可改变焊丝的伸出长度。

当采用丝极电渣焊方法时，水冷滑块安装在焊接机头上，并且随着焊接过程的进行而向上移动；当采用熔嘴电渣焊时，滑块不移动，但随着

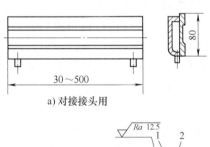

a) 对接接头用

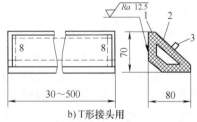

b) T形接头用

图7-7　固定式水冷滑块

1—铜板　2—水冷罩壳　3—管接头

焊接过程向上方进行，滑块也可以每隔一段时间改变其位置。有时滑块也可不通冷却水，但必须有足够的体积，以避免熔化。

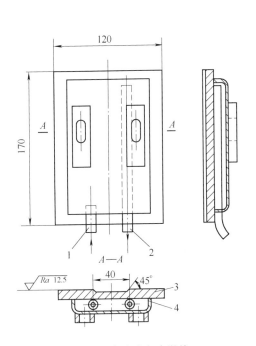

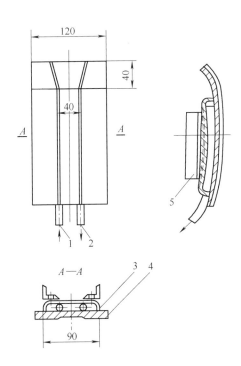

图 7-8 移动式水冷滑块
1—进水管 2—出水管 3—铜板 4—水冷罩壳

图 7-9 环缝电渣焊内成形滑块
1—进水管 2—出水管 3—薄钢板外壳
4—铜板 5—角铁支架

5. 控制系统

电渣焊过程中的焊丝送进速度、导电嘴横向摆动距离及停留时间、行走机构的垂直移动速度等参数，均采用电子开关电路控制和调节。其中，比较复杂又较困难的是行走机构上升速度的自动控制和熔渣池深度的自动控制，目前大都采用传感器检测渣池位置的方式加以控制。

7.1.4 电渣焊材料

1. 母材金属

生产中很多碳素钢都可以用电渣焊焊接，这些钢焊后可不进行热处理。除碳素钢，电渣焊也可焊接其他一些钢种，如 AISI 4130、HY80、奥氏体不锈钢及工业纯铁等，而这些材料中的大多数要使用特殊的焊丝并采取细化晶粒的焊后热处理，以获得所要求的焊缝性能或焊接热影响区性能。

2. 焊接材料

电渣焊焊缝金属的成分由母材金属和填充金属的成分及熔合比决定。电渣焊中所使用的焊接材料包括焊丝和焊剂，在熔嘴电渣焊情况下，还包括可熔导电嘴及其绝缘材料。可有效地利用焊接材料来控制焊缝金属的最终化学成分和力学性能。

（1）焊丝 电渣焊方法使用的焊丝有两种，即实心焊丝和药芯焊丝。实心焊丝应用较广，主要在我国使用。每类焊丝可有各种化学成分，以使焊缝金属具有所要求的力学性能，见表 7-1。药芯焊丝是向渣池补充焊剂的一种方法。药芯焊丝的金属表皮是低碳钢，当药芯完全是由焊剂（药芯）组成时，采用药芯焊丝可能导致熔池中的熔渣过量。

在碳素钢和高强低合金钢的电渣焊中，焊丝的碳含量通常比母材金属低。这点与其他焊接方法类似，可通过锰、硅和其他元素的合金化来提高焊缝金属的强度和韧性。这种方式可降低 $w(C) \leqslant 0.35\%$ 的钢的焊缝金属产生裂纹的倾向。

表 7-1　常用钢材电渣焊焊丝选用表

品种	母材牌号	焊丝牌号
钢板	Q235A、Q235B、Q235C、Q235R	H08A、H08MnR
	20g、22g、25g、Q355(16Mn)、Q295(09Mn2)	H08Mn2Si、H10MnSi、H10Mn2、H08MnMoA
	Q390(15MnV、15MnTi、15MnNb)	H10Mn2MoVA
	14MnMoV、14MnMoVN、15MnMoVN、18MnMoNb	H10Mn2MoVA、H10Mn2NiMo
铸锻件	15、20、25、35	H10Mn2、H10MnSi
	20MnMo、20MnV	H10Mn2、H10MnSi
	20MnSi	H10MnSi

注：括号内为曾用旧标准牌号。

当焊接合金元素含量较高的钢时，焊丝成分通常与母材金属成分近似。对合金元素含量较高的钢，一般综合利用化学成分和热处理来提高其力学性能。对合金元素含量较高的钢的电渣焊，其焊缝通常需要进行热处理，以形成所要求的焊缝金属性能及热影响区性能。因此，最好的方法是使焊缝金属具有与母材金属相似的成分，从而使两者对热处理的反应近似相同。

选择电渣焊焊丝时，必须考虑母材金属的稀释率。在典型的电渣焊焊缝中，母材金属的稀释率占 30%～50%。稀释量或母材金属熔化量取决于焊接工艺。填充金属和熔化的母材金属充分混合而形成化学成分差不多完全均匀的焊缝。最常用的焊丝规格是直径为 2.4mm 和 3.2mm，但也有成功地使用直径为 1.6mm 和 4.0mm 焊丝的实例。在相同的焊接电流下，直径较小的焊丝比直径较大的焊丝具有更高的熔敷效率、送给性能、焊接电流范围及矫直性等综合性能。

熔嘴电渣焊和管极电渣焊所用的熔嘴板，以及板极电渣焊用板极的选择原则与焊丝相同。在焊接低碳钢和低合金结构钢时，通常用 Q295 钢板作板极和熔嘴板，熔嘴板的厚度一般取 10mm，熔嘴管一般用 φ10mm×2mm 的 20 无缝钢管。熔嘴板的宽度及板极尺寸应按接头的形状和焊接工艺的需要确定。

板极电渣焊用的板极厚度一般为 8～16mm，当焊接大断面焊件时，可以用更厚的板极。板极的宽度一般为 70～110mm。太宽，会使熔宽不均匀，且焊接电流易波动；太窄，当焊接大断面焊件时，板极数目过多，会造成设备和操作上的困难。板极长度应足以填满装配间隙，形成完整的焊缝金属。

（2）焊剂　电渣焊用的焊剂主要起两个作用：①熔化成熔渣后能使电能转换成焊接热，以熔化填充金属和母材金属；②熔化形成的熔渣能保护熔融焊缝金属不受大气污染。因电渣焊过程中焊剂用量较少，所以一般不通过焊剂对焊缝渗入合金元素。

电渣焊对所用焊剂的基本要求是能迅速和容易地形成电渣过程，并保证电渣过程稳定。为此，焊剂熔化形成的熔渣必须能导电，并具有相当的电阻以产生焊接所需的热量。熔渣导电性不能过高，否则会增加焊丝周围电流分流，从而减弱高温区内液体的对流作用，使母材熔深减小，以至产生未焊透缺陷。此外，电渣的黏度必须适当，保证具有足够好的流动性，以产生良好的循环流动，使热量在接头中均匀分布。若太稠太黏，则容易引起夹渣和咬边现象。若太稀，就会使熔渣从母材边缘与滑块之间的缝隙中流失，无法保持一定渣池深度而影响焊缝质量的稳定，严重时会破坏焊接过程。熔渣的熔点必须大大低于母材金属的熔点，其沸点必须略高于工作温度，避免由于过量损耗而可能改变其工艺特性。凝固在焊缝表面的渣壳应容易清除。

焊剂运输与存放必须有良好包装，防止受潮，一般使用前宜重新烘干。在开始焊接时必须施加一定量的焊剂，以建立电渣过程。随后的焊接过程由于在焊缝两表面凝成薄层渣，而使渣池的熔渣有所减少，必须及时往熔池中添加焊剂，以保持渣池深度。通常每9kg熔敷金属使用约0.5kg焊剂。

常用电渣焊焊剂的类型、化学成分和用途见表7-2。

表7-2 常用电渣焊焊剂的类型、化学成分和用途

牌号	类 型	化学成分（质量分数，%）	用 途
HJ170	无锰、低硅、高氟	$6\sim9SiO_2$，$35\sim41TiO_2$，$12\sim22CaO$，$27\sim40CaF_2$，$1.5\sim2.5NaF$	固态时有导电作用，用于电渣焊开始时形成渣池
HJ360	中锰、高硅、中氟	$33\sim37SiO_2$，$4\sim7CaO$，$20\sim26MnO$，$5\sim9MgO$，$0\sim19CaF_2$，$1\sim15Al_2O_3$，$FeO\leqslant1.0$，$S\leqslant0.10$，$P\leqslant0.10$	用于焊接低碳钢和某些低合金钢
HJ431	高锰、高硅、低氟	$40\sim44SiO_2$，$34\sim38MnO$，$CaO\leqslant6$，$5\sim8MgO$，$\leqslant3\sim7CaF_2$，$Al_2O_3\leqslant4$，$FeO\leqslant1.8$，$S\leqslant0.06$，$P\leqslant0.08$	用于焊接低碳钢和某些低合金钢

7.1.5 电渣焊的焊接参数

焊接参数是影响焊接操作、焊缝质量和方法的经济型因素。当焊接参数匹配恰当时，就会得到稳定的焊接过程，并形成高质量的焊缝。

1. 焊接电流

焊接电流与送丝速度是成正比的，并且可以看作是一个变参数。当采用恒压源时，加快送丝速度便会提高焊接电流和熔敷效率。

当提高焊接电流时，焊接熔池的深度也将增大。当用直径为3.2mm焊丝和低于400A的电流焊接时，提高电流也会增大焊缝的宽度；当用直径为3.2mm的焊丝和高于400A的电流焊接时，提高电流会减小焊缝宽度。

对于直径为3.2mm焊丝，一般采用500~700A的焊接电流。当以低于500A的焊接电流进行焊接时，对于易产生裂纹的母材金属或焊接条件，可能要求选择大的形状系数。

2. 焊接电压

焊接电压是一个特别重要的参数，它对母材的熔深和焊接过程的稳定性有重要的影响。改变焊接电压是控制熔深的主要方法。提高电压便增大熔深和焊缝的宽度。为保证侧壁完全熔合，焊缝中部的熔深需要略高于预期值，因为在焊缝边缘部位必须抵消水冷滑块的激冷作用。

焊接电压也必须保持在一定的范围内，以保证焊接过程的稳定。如果焊接电压太低，会产生短路或在金属熔池上燃弧；如果焊接电压太高，可能由于飞渣和在渣池顶面燃弧而使焊接过程不稳定。对每根焊丝选用32~35V的焊接电压。当焊接较厚的母材时，可选用较高的焊接电压。丝极电渣焊推荐的焊接电压见表7-3。

表 7-3 丝极电渣焊推荐的焊接电压 （单位：V）

接头形式	焊接速度/(m/h)	每根焊丝所焊厚度/mm				
		50	70	100	120	150
对接接头	0.3~0.6	38~42	42~46	46~52	50~54	52~56
	1~1.5	43~47	47~51	50~54	52~56	54~58
T形接头	0.3~0.6	40~44	44~46	46~50	—	—

3. 焊丝伸出长度

当采用丝极电渣焊时，渣池表面到导电嘴底端之间的距离称为焊丝伸出长度。在熔嘴电渣焊方法中不存在焊丝伸出长度。当采用恒压源和等速送丝机构时，增加焊丝的伸出长度将增大其电阻，这必须通过加长焊丝在导电渣池内的长度来补偿。

一般采用 50~75mm 的焊丝伸出长度。伸出长度小于 50mm 会引起导电嘴过热；伸出长度大于 75mm，电阻增大会引起焊丝过热。

4. 焊丝摆动

对厚度在 75mm 以下的母材可用不摆动的焊丝焊接，但当母材厚度大于 50mm 时，焊丝通常沿母材厚度方向做横向摆动。这种方式的摆动使热量均匀，并有助于获得较好的边缘熔合。当摆动速度为 8~40mm/s 时，速度随母材厚度的增加而变快。一般说来，摆动速度是以 3~5s 的往复运动时间为基础的，提高了摆动速度便减小了焊缝宽度。因此，摆动速度必须与其他参数匹配。为了与母材完全熔合及抵消冷却滑块的激冷作用，在摆动行程终端每次应停留 1~2s。

5. 渣池深度

最小渣池深度应能使焊丝插入熔池之中，并在紧靠渣池表面下熔化。渣池太浅，易引起熔渣飞溅并在渣池表面燃弧；渣池过深，将减小焊缝宽度。在过深的渣池中环流不良，结果可能造成夹渣。渣池最佳深度为 38mm，当渣池深度在 25mm 和 51mm 之间时，都不会有重大的影响。

通常根据焊丝送进速度，由表 7-4 确定保持电渣焊过程稳定的渣池深度。

表 7-4 焊丝送丝速度与渣池深度的关系

焊丝送丝速度/(m/h)	60~100	100~150	150~200	200~250	250~300	300~450
渣池深度/mm	30~40	40~45	45~55	55~60	60~65	65~75

6. 焊丝根数和间距

随着每根焊丝所占金属厚度的增加，焊缝宽度略有减小，焊接熔池的深度则显著减小。一般来说，对于厚度小于 130mm 的焊件，可以利用一根摆动的焊丝；对于厚度为 >130 ~ 300mm 的焊件，可以用两根摆动焊丝焊接。每增加一根摆动的焊丝，焊件厚度相应可增大约 150mm。这适用于丝极电渣焊和熔嘴电渣焊。如果焊丝不摆动，每根焊丝可焊接的厚度约为 65mm。

可按下列经验公式确定焊丝间距，即

$$B = \frac{\delta + 10}{n}$$

式中 B——焊丝间距（mm）；

δ——焊件厚度（mm）；

n——焊丝根数。

7. 接头间隙

为了获得足够的渣池尺寸、良好的熔渣环流效果，以及在熔嘴电渣焊中为安放熔嘴及其绝缘层所需的间隙，要求有一个最低限度的接头间隙。增大接头间隙不会影响焊接熔池深度，但却会增大焊缝宽度，并因此增大形状系数。过大的接头间隙需要大量的填充金属，这可能是不经济的，而且接头间隙过大可能导致边缘未焊合。接头间隙一般为 20~40mm，这取决于母材厚度、焊丝根数，以及是否做焊丝摆动。

各种电渣焊的焊接参数见表 7-5~表 7-7。

表 7-5　直缝丝极电渣焊的焊接参数

焊件材料牌号	焊件厚度/mm	焊丝数目/根	装配间隙/mm	焊接电流/A	焊接电压/V	焊接速度/(m/h)	送丝速度/(m/h)	渣池深度/mm
Q235、Q355、20	50	1	30	520~550	43~47	≈1.5	270~290	60~65
	70	1	30	650~680	49~51	≈1.5	360~380	60~70
	100	1	33	710~740	50~54	≈1	400~420	60~70
	120	1	33	770~800	52~56	≈1	440~460	60~70
25、20MnMo、20MnSi、20MnV	50	1	30	350~360	42~44	≈0.8	150~160	45~55
	70	1	30	370~390	44~48	≈0.8	170~180	45~55
	100	1	33	500~520	50~54	≈0.7	260~270	60~65
	120	1	33	560~570	52~56	≈0.7	300~310	60~70
	370	3	36	560~570	50~56	≈0.6	300~310	60~70
	400	3	36	600~620	52~58	≈0.6	330~340	60~70
	430	3	38	650~660	52~58	≈0.6	360~370	60~70
	450	3	38	680~700	52~58	≈0.6	380~390	60~70
35	50	1	30	320~340	40~44	≈0.7	130~140	40~45
	70	1	30	390~410	42~46	≈0.7	180~190	45~55
	100	1	33	460~470	50~54	≈0.6	230~240	55~60
	120	1	33	520~530	52~56	≈0.6	270~280	60~65
	370	3	36	470~490	50~54	≈0.5	240~250	55~60
	100	3	36	520~530	50~55	≈0.5	270~280	60~65
	430	3	38	560~570	50~55	≈0.5	300~310	60~70
	450	3	38	590~600	50~55	≈0.5	320~330	60~70
45	50	1	30	240~280	38~42	≈0.5	90~110	40~45
	70	1	30	320~340	42~46	≈0.5	130~140	40~45
	100	1	33	360~380	48~52	≈0.4	160~180	45~50
	120	1	33	410~430	50~54	≈0.4	190~210	50~60
	370	3	36	360~380	50~54	≈0.3	160~180	45~55
	400	3	36	400~420	50~54	≈0.3	190~210	55~60
	430	3	38	450~460	50~55	≈0.3	220~240	50~60
	450	3	38	470~490	50~55	≈0.3	240~260	60~65

注：焊丝直径为3mm，接头形式为对接接头。

表 7-6 环缝丝极电渣焊的焊接参数

焊件材料牌号	焊件外圆直径/mm	焊件厚度/mm	焊丝数目/根	装配间隙/mm	焊接电流/A	焊接电压/V	焊接速度/(m/h)	送丝速度/(m/h)	渣池深度/mm
25	600	80	1	33	400~420	42~46	≈0.8	190~200	45~55
		120	1	33	470~490	50~54	≈0.7	240~250	55~60
	1200	80	1	33	420~430	42~46	≈0.8	200~210	55~60
		120	1	33	520~530	50~54	≈0.7	270~280	60~65
		160	2	34	410~420	46~50	≈0.7	190~200	45~55
		200	2	34	450~460	46~52	≈0.7	220~230	55~60
		240	2	35	470~490	50~54	≈0.7	240~250	55~60
	2000	300	3	35	450~460	46~52	≈0.7	220~230	55~60
		340	3	36	490~500	50~54	≈0.7	250~260	60~65
		380	3	36	520~530	52~56	≈0.6	270~280	60~65
		420	3	36	550~560	52~56	≈0.6	290~300	60~65
35	600	50	1	30	300~320	38~42	≈0.7	120~130	40~45
		100	1	33	420~430	46~52	≈0.6	200~210	55~60
		120	1	33	450~460	50~54	≈0.6	220~230	55~60
	1200	80	1	33	390~410	44~48	≈0.6	180~190	45~55
		120	1	33	460~470	50~54	≈0.6	230~240	55~60
		160	2	34	350~360	48~52	≈0.6	150~160	45~55
		240	2	35	450~460	50~54	≈0.6	220~230	55~60
		300	3	35	380~390	46~52	≈0.6	170~180	45~55
	2000	200	2	35	390~400	48~54	≈0.6	180~190	45~55
		240	2	35	420~430	50~54	≈0.6	200~210	55~60
		280	3	35	380~390	46~52	≈0.6	170~180	45~55
		380	3	36	450~460	52~56	≈0.5	220~230	45~55
		400	3	36	460~470	52~56	≈0.5	230~240	55~60
		450	3	38	520~530	52~56	≈0.5	270~280	60~65
45	600	60	1	30	260~280	38~40	≈0.5	100~110	40~45
		100	1	33	320~340	46~52	≈0.4	135~145	40~45
	1200	80	1	33	320~340	42~46	≈0.5	130~140	40~45
		200	1	34	320~340	46~52	≈0.4	135~145	40~45
		240	2	35	350~360	50~54	≈0.4	155~165	45~55
	2000	340	3	35	350~360	52~56	≈0.4	150~160	45~55
		380	3	36	360~380	52~56	≈0.3	160~170	45~55
		420	3	36	390~400	52~56	≈0.3	180~190	45~55
		450	3	38	410~420	52~56	≈0.3	190~200	45~55

注：焊丝直径为3mm。

表 7-7 熔嘴电渣焊的焊接参数

结构形式	焊件材料牌号	接头形式	焊件厚度/mm	熔嘴数目/个	装配间隙/mm	焊接电压/V	焊接速度/(m/h)	送丝速度/(m/h)	渣池深度/mm
非刚性固定结构	Q235A、Q355、20	对接接头	80	1	30	40~44	≈1	110~120	40~45
			100	1	32	40~44	≈1	150~160	45~55
			120	1	32	42~46	≈1	180~190	45~55
		T形接头	80	1	32	44~48	≈0.8	100~110	40~45
			100	1	34	44~48	≈0.8	130~140	40~45
			120	1	34	46~52	≈0.8	160~170	45~55
	25、20MnMo、20MnSi	对接接头	80	1	30	38~42	≈0.6	70~80	30~40
			100	1	32	38~42	≈0.6	90~100	30~40
			120	1	32	40~44	≈0.6	100~110	40~45
			180	1	32	46~52	≈0.5	120~130	40~45
			200	1	32	46~54	≈0.5	150~160	45~55
		T形接头	80	1	32	42~46	≈0.5	60~70	30~40
			100	1	34	44~50	≈0.5	70~80	30~40
			120	1	34	44~50	≈0.5	80~90	30~40
	35	对接接头	80	1	30	38~42	≈0.5	50~60	30~40
			100	1	32	40~44	≈0.5	65~70	30~40
			120	1	32	40~44	≈0.5	75~80	30~40
			200	1	32	46~50	≈0.4	110~120	40~45
		T形接头	80	1	32	44~48	≈0.5	50~60	30~40
			100	1	34	46~50	≈0.4	65~75	30~40
			120	1	34	46~52	≈0.4	75~80	30~40
刚性固定结构	Q235A、16MnMo、20MnSi	对接接头	80	1	30	38~42	≈0.6	65~75	30~40
			100	1	32	40~44	≈0.6	75~80	30~40
			120	1	32	40~44	≈0.5	90~95	30~40
			150	1	32	44~50	≈0.4	90~100	30~40
		T形接头	80	1	32	42~46	≈0.5	60~65	30~40
			100	1	34	44~50	≈0.5	70~75	30~40
			120	1	34	44~50	≈0.4	80~85	30~40
大截面结构	35、20MnMn、20MnSi	对接接头	400	3	32	38~42	≈0.4	65~70	30~40
			600	4	34	38~42	≈0.3	70~75	30~40
			800	6	34	38~42	≈0.3	65~70	30~40
			1000	6	34	38~44	≈0.3	75~80	30~40

注：焊丝直径为3mm，熔嘴板厚度为10mm，熔嘴管尺寸为φ10mm×2mm。

7.1.6 电渣焊的焊接工艺流程

1. 接头准备加工

电渣焊的主要优点之一是接头准备加工比较简单。它基本上是I形坡口接头，因此只需将每面坡口加工成直边即可，这可以用热切割、机械加工等方法来完成。如果采用水冷滑块，坡口两侧的面板表面必须适当磨光，以避免漏渣和卡住冷却滑块。

接头处应没有任何的油污、轧制氧化皮或水分，这对任一焊接方法都是一样的。但是，电渣焊的接头不需要像其他焊接方法要求得那样清洁。氧气切割表面不应有黏附的熔渣，但表面轻微氧化是无害的。

在焊接开始之前应注意保护接头。包覆在冷却滑块周围的带有水分的材料，即通常所谓的"泥"将会引起气孔。焊接材料在焊接之前应完全是干燥的；同样，水冷滑块的渗漏可能会引起气孔或焊缝表面缺陷。

2. 接头装配

开始焊接之前，应使接头具有符合要求的对中度和间隙，应使用刚性夹具或跨接头的定位板，如图 7-10 所示。定位板通常是一种桥形板，沿接头焊到每个部件上，这样便可使之在焊接过程中保持对中，如图 7-11 所示。定位板通常设计成留有空档的可跨接固定位置的Ⅱ形板。在焊接完成后，将定位板拆除。

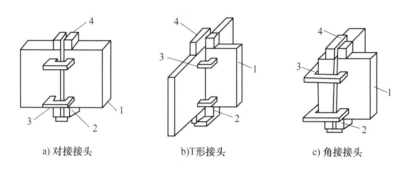

a) 对接接头　　　　　b)T形接头　　　　　c) 角接接头

图 7-10　对接接头、T 形接头和角接接头的装配

1—焊件　2—起焊槽　3—定位板　4—引出板

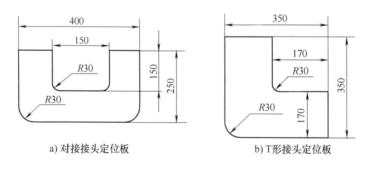

a) 对接接头定位板　　　　　b)T形接头定位板

图 7-11　定位板

对于熔嘴电渣焊，允许接头有错边。对错边大的母材，可采用易于装配的特殊滑块进行焊接，或者在滑块和焊件之间填塞难熔材料或钢带（钢带必须与母材金属的成分相近）。

按经验可确定不同接头适合的间隙，见表 7-8。随着接头向上焊接，由于焊缝收缩使两焊件逐渐靠近。鉴于这种收缩，一般接头顶部的间隙比底部应大 3～6mm。影响收缩裕量的因素包括母材类型、接头厚度和接头长度等。

如果接头间隙大于常规的焊丝根数所容许的能力，可以用焊丝摆动来补偿过大的接头间隙。当接头间隙过小时，接头填充可能太快而引起裂纹或侧壁未焊合。由于焊缝收缩也能使小的接头间隙并拢而中断导电嘴的横向摆动。

表 7-8　不同厚度焊件的装配间隙　　　　　　　　　　　　（单位：mm）

焊件厚度	50~80	80~120	120~200	200~400	400~1000	>1000
对接接头装配间隙	28~30	30~32	31~33	32~34	34~36	36~38
T形接头装配间隙	30~32	32~34	33~35	34~36	36~38	38~40

3. 焊件的倾斜度

焊接接头的轴线应处于垂直或接近垂直的位置。偏离垂直位置的角度可达 10°。当偏斜角度更大时，加大了焊接的难度，易产生夹渣和边缘未焊合。在熔嘴电渣焊中，导电嘴的对中是一个必须考虑的问题。对焊剂环或涂焊剂的导电嘴，需要用弹簧将导电嘴夹在接头中间。

4. 焊件的接地

因为电渣焊所采用的电流较大，良好的接地（焊件地线）是非常重要的。通常情况下，对于每根焊丝有两根 40mm² 的焊接电缆就足够了。最好将接焊件的电缆直接接在引导槽的下方，即焊丝的下方。在这种位置下，可最大限度地减小焊件中的强磁场对熔池的影响。不推荐使用接地弹簧夹钳，因为其有过热倾向。

5. 引弧板、引出板和起焊板

在要求接头全长度全焊透的场合，需使用引弧板和引出板。引弧板通常被看作起焊板，装在接头的底部。联合使用引弧板和起焊板开始焊接过程。一般来说，引弧板和起焊板组成了一个可在其中起动焊接的凹槽。凹槽表面与母材表面齐平。可以采用铜模，在这种情况下通常水冷。不在铜模上直接引弧，通常在铜模的底部放一小块或两小块母材，并在其上引弧。

引出板的成分也应与母材金属相同或相近。可以采用铜板，但必须用水冷却。引出板的厚度应该与母材相同，并且在接头端部可靠地与母材的两块钢板相接。在超出母材钢板上部的引出板中间形成凹坑而结束焊接。

6. 焊丝的位置

焊丝的位置决定了产生最大热量的部位。焊丝通常应处于接头的中心，但如果焊丝向一侧偏移，则可向相反方向移动导电嘴以抵消这一偏移。在焊接直角接头、T形接头或任何角焊缝接头时，焊丝可能要进行偏移以形成所要求的焊缝金属几何形状。

7. 焊接的开始和结束

一般的起焊方法是在焊丝和起焊板之间引弧，可以用两种方法进行：①将钢球放在焊丝和起焊板之间并接通电源；②焊丝带电向起焊板送进。后一种方法要求焊丝端有一尖顶。电弧一旦引燃，便缓慢添加焊剂直到电弧熄灭。目前这种方法在电渣焊中使用较广。

特别重要的是，焊接过程中不能中断焊接作业。在焊接开始之前应检查设备，并准备足够的焊丝和焊剂，不能因补充焊丝而中止焊接。焊接设备必须能连续工作，直到焊接完成。

当焊缝达到引出板时，必须遵循填满弧坑的工艺进行停焊，否则可能产生弧坑裂纹。通常，当熔渣达到引出板顶部并填满弧坑时逐渐降低送丝速度，焊接电流也同时减小。当送丝停止时，切断电源，然后沿焊件的顶边和底边平齐地将两端的引板和焊缝金属割掉。

简单的敲渣锤可用于清渣，但风铲的清渣效率更高。渣也会黏附在铜滑块上，如果采用铜模也会黏附在铜模壁上，在清渣操作中需要戴上护目镜。

8. 焊缝形式

电渣焊的基本接头形式是I形对接接头，也可用于生产其他的接头形式，如直角接头、T形接头和端边接头等，还可用于电渣焊焊接过渡接头、角焊缝、十字形接头、堆焊及塞焊。电渣焊接头形式与尺寸见表7-9。除对接接头、直角接头和T形接头，其余形式的接头需要设计专用的挡块。

表 7-9　电渣焊接头形式与尺寸

接头形式	图形（标注方式）	图形（详图）	接头尺寸/mm
常用接头 · 对接接头			δ: 50~60 / 60~120 / 120~400 / >400 b: 14 / 26 / 28 / 30 B: 28 / 30 / 32 / 34 e: 2±0.5 θ: 45°
常用接头 · T形接头			δ: 50~60 / 60~120 / 120~200 / 200~400 / >400 b: 24 / 26 / 28 / 28 / 30 B: 28 / 30 / 32 / 32 / 34 δ₀: ≥60 / ≥δ / ≥120 / ≥150 / ≥200 R: 5 α: 15°
常用接头 · 角接接头			δ: 50~60 / 60~120 / 120~200 / 200~400 / >400 b: 24 / 26 / 28 / 28 / 30 B: 28 / 30 / 32 / 32 / 34 δ_0: ≥60 / ≥δ / ≥120 / ≥150 / ≥200 e: 2±0.5 θ: 45° R: 5 α: 15°
特殊接头 · 叠接接头			同对接接头
特殊接头 · 斜角接头			同T形接头，β>45°
特殊接头 · 双T形接头		固定式水冷成形板 	两块立板应先叠接，然后焊T形接头

7.1.7　电渣焊的焊缝质量

采用正确的焊接条件完成的电渣焊焊缝具有较高的质量，且无有害的缺陷。但任何焊接方法在焊接过程中都可能出现异常情况，从而在焊缝中引起各种缺陷。电渣焊常见的缺陷、可能的原因及预防措施见表 7-10。

表 7-10　电渣焊常见的缺陷、可能的原因及预防措施

缺陷名称	特　　征	产生原因	预防措施
热裂纹	1) 热裂纹一般不伸展到焊缝表面，外观检查不能发现，多数分布在焊缝中心，呈直线状或放射状，也有的分布在等轴晶区和柱晶区交界处的 　热裂纹表面多呈氧化色彩，有的裂纹中有熔渣 2) 裂纹产生于焊接结束处或中间突然停止焊接处	1) 焊丝送进速度过快造成熔池过深是产生热裂纹的主要原因 2) 母材金属中的 S、P 等杂质元素含量过高 3) 焊丝选用不当 4) 引出结束部分的裂纹主要是由于焊接结束时焊接送丝速度没有逐步降低	1) 降低焊丝送进速度 2) 降低母材金属中 S、P 等杂质元素含量 3) 选用抗热裂纹性能好的焊丝 4) 金属件冒口应远离焊接面 5) 焊接结束前应逐步降低焊丝送进速度
冷裂纹	冷裂纹多存在于母材或热影响区，也有的由热影响区或母材向焊缝中延伸，冷裂纹在焊接结构表面即可发现，开裂时有响声，裂纹表面有金属光泽	由于焊接应力过大，金属较脆，因而沿着焊接接头处的应力集中处开裂（缺陷处） 1) 复杂结构，焊缝很多，没有进行中间热处理 2) 高碳钢、合金钢焊后没及时进行热处理 3) 焊接结构设计不合理，焊缝密集，或者焊缝在板的中间中止 4) 焊缝有未焊透、未熔合缺陷，又没及时清理 5) 焊接过程中断，咬边没及时补焊	1) 设计时，结构上要避免密集焊缝及在板中间停焊 2) 对焊缝很多的复杂结构，焊接一部分焊缝后应进行中间去应力热处理 3) 高碳钢、合金钢焊后应及时进炉，有的要采取焊前预热，焊后保温措施 4) 焊缝上缺陷要及时清理，停焊处的咬边要趁热挖补 5) 当室温低于 0℃ 时，电渣焊后要尽快进炉，并采取保温措施
未焊透	焊接过程中母材没有熔化并与焊缝之间形成一定的缝隙，内部有熔渣。未焊透在焊缝表面即可发现	1) 电弧电压过低 2) 焊丝送进速度太慢或太快 3) 渣池太深 4) 过程不稳定 5) 焊丝或熔嘴距水冷成形滑块太远，或者在装配间隙中位置不正确	1) 选择适当的焊接参数 2) 保持稳定的电渣过程 3) 调整焊丝或熔嘴，使其距水冷成形滑块距离及在焊缝中位置符合工艺要求
未焊合	焊接过程中母材已熔化，但焊缝金属与母材没有焊合，中间有片状夹渣。未焊合一般在焊缝表面即可发现，但也有不延伸至焊缝表面的	1) 电弧电压过高，送丝速度过慢 2) 渣池过深 3) 电渣过程不稳定 4) 熔剂熔点过高	1) 选择适当的焊接参数 2) 保持电渣过程稳定 3) 选择适当的熔剂

（续）

缺陷名称	特　征	产 生 原 因	预 防 措 施
气孔	氢气孔在焊缝断面上呈圆形,在纵断面上沿焊缝中心线方向生长,多集中于焊缝局部地区	主要是水分进入渣池 1)水冷成形滑块漏水 2)耐火泥进入渣池 3)熔剂潮湿	1)焊前仔细检查水冷成形滑块 2)熔剂应烘干
气孔	一氧化碳气孔在焊缝横截面上呈密集的蛹形,在纵截面上沿柱晶方向生长,一般整条焊缝都有	1)采用无硅焊丝焊接沸腾钢或硅含量低的钢 2)大量氧化铁进入渣池	1)焊接沸腾钢时采用含硅焊丝 2)焊件焊接面应仔细清除氧化皮,焊接材料应去锈
夹渣	常存在于电渣焊缝中或熔合线上,常呈圆形,焊缝中有熔渣	1)电渣过程不稳定 2)熔剂熔点过高 3)对熔嘴电渣焊,当采用玻璃丝棉绝缘时,绝缘块进入渣池数量过多	1)保持稳定电渣过程 2)选择适当熔剂 3)不采用玻璃丝棉的绝缘方式

7.1.8　电渣焊的应用

1. 钢结构

电渣焊在钢结构的焊接中得到了广泛的应用。电渣焊具有很多独特的优点,如焊缝金属熔敷效率高、焊接缺陷产生倾向小及自动焊等,这些优点使其成为一种较理想的焊接方法。对于具有大断面和较复杂外形的焊件来说,为满足设计和使用条件的要求,电渣焊是一种低成本的焊接方法。但是,如果在焊接过程中由于某种原因致使焊接过程中断,必须认真检查再引弧区域是否存在缺陷。根据用途认为不合格的区域,必须用另一种适用的焊接方法修补。

电渣焊在结构中的一种常用实例是不等厚度翼缘之间过渡接头的焊接,这是一种对接接头。由于采用了专为这种接头形式设计的铜冷却滑块,不等弧度的焊接就不成问题了。

在钢结构中,电渣焊另一常用的实例是箱形柱和宽翼缘中加强肋的焊接。在所有的情况下,加强肋焊缝是 T 形接头。

2. 机器制造

在机器制造领域中,大型水压机和机床是用大厚板制造的,经常要求采用厚度大于钢厂单件生产的钢板。可采用电渣焊将两块或更多块钢板拼接在一起,以满足这一要求。

电渣焊在机器制造中的其他应用实例,包括转炉、齿轮坯、电动机机座、水压机框架、涡轮机卡箍、收缩环、破碎机机体及压路机轮缘,这些部件都是用板材成形并沿纵缝焊接而成的。

3. 压力容器

石油、化工、船舶及动力工业用的压力容器以各种形状和规格制成,壁厚从小于 13mm 到大于 400mm。现行的制造方法是将板材滚轧成容器的壳体并焊接纵缝。在大型容器或厚壁容器中,壳体可用两块或更多块弧形板制造,并用几条纵缝焊接。

压力容器结构中使用的钢一般是用热轧工艺制成的,或者经过热处理。因此,当采用像电渣焊这样高的热输入焊接这些工件时,焊接热影响区不能得到满意的力学性能。为了改善力学性能,焊件应进行必要的热处理。

支管与厚壁容器的连接、起重吊耳与容器的连接及大直径容器外壳的周向堆焊,也已经采用了电渣焊。

4. 铸件

电渣焊经常用于铸件的生产。铸造和电渣焊的冶金特性是相似的,两者对焊后热处理的反应也相似。目前,许多大型的难以铸造的部件都是铸成几个小的质量高的部件,然后用电渣焊方法组焊而成的,这样不仅成本有所降低,质量通常也得到提高。与母材金属相配的焊缝金属具有均匀的组织,因此也具有颜色相近、可加工性及其他所需要的性能。

7.1.9 其他电渣焊方法

随着丝极电渣焊和熔嘴电渣焊的开发,及其在生产中大规模的推广和应用,又衍生出了一些新的电渣焊方法。

1. 电渣压焊

钢筋电渣压焊是将两钢筋安放成竖向对接形式,利用焊接电流通过两钢筋间隙,在焊剂层下形成电弧过程和电渣过程,产生电弧热和电阻热熔化钢筋,加压完成的一种压焊方法。焊接过程包括 4 个阶段,即引弧、电弧、电渣和顶压。钢筋电渣压焊的原理和设备照片如图7-12 所示,钢筋电渣压焊的焊接效果如图 7-13 所示。

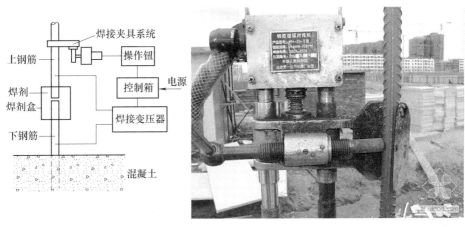

a) 原理　　　　　　　　　　b) 设备照片

图 7-12　钢筋电渣压焊的原理及设备照片

钢筋电渣压焊主要用于建筑行业钢筋的现场焊接,该技术大幅度地提高了钢筋的焊接效率。有关该方法的设备、焊剂及工艺请参考机械工业出版社 2015年出版的《焊接手册》。

2. 局部连续正火的电渣焊

普通电渣焊焊缝金属和近缝区在高温（1000℃以上）停留的时间较长,易引起晶粒粗大,产生过热组织,造成焊接接头冲击韧性降低,一般焊后可以进行正火或回火热处理。炉内正火或回火热处理对于大型焊件来说是比较困难的,国外有机构开发了局部连续正火的电渣焊,用于厚度大于 60mm 结构的焊接,如

图 7-13　钢筋电渣压焊的焊接效果

图 7-14 所示。在电渣焊机头下方一定的距离处安装了正火加热装置，该装置随着滑块向上移动，将冷却后的焊缝（温度$<Ar_1$）在短时间内加热到正火温度（$>Ac_3$），这样可以减少焊后热处理工序。

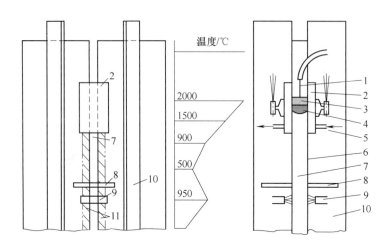

图 7-14　局部连续正火电渣焊
1—焊丝　2—滑块　3—渣池　4—熔池　5—水冷　6—渣层　7—焊缝　8—距离调节板
9—后热枪　10—侧板　11—热处理区域

7.2　气电立焊

7.2.1　气电立焊的基本原理

1. 定义和概述

气电立焊（EGW）是熔化极气体保护电弧焊和药芯焊丝电弧焊两种方法的融合，利用水冷滑块挡住熔融的焊缝金属，以实现立焊位置的焊接，可外加气体或混合气体提供辅助保护，也可不加。气电立焊在机械系统方面与电渣焊相似。气电立焊是由电渣焊方法发展而来的。气电立焊是一种机械焊接方法，并且一旦开始焊接就连续焊到结束，焊接过程平静，飞溅很少。通常，焊接以单程完成。

2. 基本原理

实心的或药芯的熔化极焊丝向下送入由母材坡口面和两个水冷滑块组成的凹槽中。电弧在焊丝和接头底部的起焊板之间引燃。

电弧的热量熔化了坡口表面并同时送给焊丝。熔化的焊丝和母材金属不断地汇流到电弧下方的熔池中，并凝固成焊缝金属。在厚壁焊件中为均匀地分布热量和熔敷焊缝金属，焊丝可沿接头整个厚度方向做横向摆动。随着焊接空间的逐渐填充，一块或两块水冷滑块随焊接机头向上移动。虽然焊缝的轴线和行走方向是垂直的，但实际上仍是平焊位置。

3. 工艺方法

实心焊丝气电立焊的原理如图 7-15 所示。通常向焊接接头只送进一根焊丝，在厚壁焊件中有时也使用两根焊丝。焊丝通过焊枪送给，焊枪也成为导丝管或导电嘴。气体通常是

CO_2 或 $Ar+CO_2$ 混合气体，以保护焊缝金属不受空气污染。这与普通的熔化极气体保护电弧焊方法相似。实心焊丝气电立焊可用于焊接厚度为 $10\sim 100mm$ 的焊件，焊件的厚度通常为 $13\sim 75mm$。常用的焊丝直径有 $1.6mm$、$2.0mm$ 和 $2.4mm$。

药芯焊丝气电立焊的工作原理和特性与实心焊丝气电立焊一样，只是焊接熔池的顶部会形成一薄层熔渣。根据各类焊丝的要求采用相应的气体保护。可以使用自保护型药芯焊丝完成气电立焊，这时可不用外加气体保护。

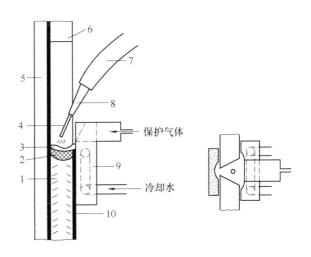

图 7-15 实心焊丝气电立焊的原理
1—凝固金属 2—熔池 3—熔渣 4—实心焊丝
5—垫板 6—焊件 7—焊枪 8—导电嘴
9—铜滑块 10—渣壳

7.2.2 气电立焊设备

气电立焊的主要机械设备与传统的电渣焊相似。当要求保护气体时，基本的差别是要在电弧和焊接熔池上覆盖保护气体，其他方面没有什么不同。

实质上，气电立焊的装置是由直流电源、送丝机构、焊枪、摆动机构、水冷滑块组成。当采用保护气体时，还有输入保护气体的器件。在典型的气电立焊装置中，主要的部件除了电源，组成一体的焊接机头在焊接过程中垂直向上移动。水冷滑块的横向加压、焊枪的摆动、送丝及垂直移动等的控制装置与电渣焊的相似。当使用实心焊丝或某些药芯焊丝进行气电立焊时，要求有保护气体的流量控制器。

1. 直流电源

气电立焊用电源通常采用直流反接（焊丝接正极），可采用恒压源或恒流源。当采用恒压源时，垂直行走可用手工控制或利用一种机构来控制，如用光电管通过检测上升的焊接熔池高度来控制；当采用恒流源时，可以通过改变电弧电压来控制垂直行走。当电弧电压降到设定值以下时，行走机构自动起动，并且一直向上移动到恢复设定电压位置。在焊接开始阶段和焊接过程中，有时也可采用手工控制。

电源必须稳定地输出所要求的电流，能无中断地焊接数米长的焊缝。通常，气电立焊用电源在 100% 负载持续率的额定电流输出为 $750\sim 1000A$。

2. 送丝机构

作为垂直移动的焊接机头组成部分的送丝机构是推丝式的，与熔化极气体保护电弧焊或自保护药芯焊丝电弧焊所用的送丝机构相同。这种机构必须能以高速度送给焊丝。送丝机构常装有起焊速度控制器，随着起始电压变为预设的电弧电压，送丝速度自动加快。

在送丝系统的焊丝盘和送丝轮之间可安装矫丝机构。通过该机构可消除焊丝的任何抛射型弯曲，因为在气电立焊中，焊丝伸出长度为 38mm 或更长，伸出焊丝须是直的。

3. 焊枪

气电立焊的焊枪与熔化极气体保护电弧焊或药芯焊丝电弧焊焊枪的功能相同，主要差别在于与母材之间的接头间隙相平行方向的尺寸有一定限制。焊枪喷嘴必须能装到这种窄间隙内。当气电立焊焊机垂直向上爬行时，焊枪（或至少是其一部分）是在间隙内的熔池正上方运动的，必须有足够的间隙，以便其能在两个冷却滑块之间做横向摆动。为了适应 17mm 最小的间隙，焊枪的宽度常限制在 10mm。当焊接较厚的母材时，若采用较宽的接头间隙，则可采用较大的焊枪。大号焊枪用水冷或加厚的绝缘套隔绝焊接熔池的热量。

4. 摆动机构

电弧的热量必须均匀地作用于整个焊接接头上。对于厚度为 32～102mm 的母材，焊枪是在焊接熔池的上方做横向摆动，以均匀地熔敷金属并保证钝边的两侧熔合。摆动机构和控制器沿接头横向行走速度固定不变，而在每端的停留时间可调。焊接厚度小于 32mm 的母材时

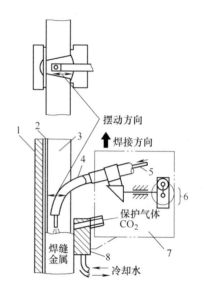

图 7-16　气电立焊焊枪摆动机构

1—铜垫板　2—胶带　3—母材　4—焊枪
5—焊丝　6—摆动控制器　7—小车　8—铜滑块

通常不需要横向摆动，但当焊接较薄的母材时，为了控制母材的熔透深度，有时也需要横向摆动。气电立焊焊枪的摆动机构如图 7-16 所示。

5. 水冷滑块

与电渣焊一样，为了保持接头中的熔融焊缝金属而使用水冷滑块。随焊接过程的进行，通常有两个水冷滑块向上方移动。在某些焊件的焊接中，可用固定的焊接垫板代替一个滑块。

为了防止熔化金属与铜滑块相焊，也为了使焊缝加快凝固，滑块用水冷却。铜滑块可以做成凹形，以便在焊件的每侧形成适当的焊缝余高。

6. 气罩

对于气电立焊，可靠的电弧保护是很重要的。不能只靠焊枪喷嘴给送保护气体，可将"气罩"装在冷却滑块上，以对焊丝、焊接电弧及焊接熔池提供辅助保护。气体从气罩中通过喷口直接喷出，其气流的位置和大小应能均匀覆盖电弧和焊接熔池。

7. 控制器

与所有的自动焊接系统一样，为了获得最佳功能，需要采用电气控制器。除了垂直行走控制和焊枪摆动控制，熔化极气体保护电弧焊、药芯焊丝电弧焊和电渣焊所用的控制器基本上均是适用的。行走机构，如电动机驱动的升降机或轨道机架，通常还要监控焊缝水平面的电传感器，以提高或降低行走速度，保持规定的焊丝伸出长度。

8. 焊丝盘

在大多数商用气电立焊焊机中，在焊机的尾部通常装有焊丝盘。焊丝盘应保证连续地给送焊丝。焊丝盘应使送丝机构以最小的载荷给送焊丝，这样就不会发生打结或中断。焊丝盘必须具有足以单程完成整条焊缝的容量。

常用的焊丝直径为 1.6～3.2mm。送丝机构必须适应所要求的焊丝直径，并且能够以所

要求的熔敷速度来送给焊丝。

7.2.3　气电立焊的材料

1. 适用范围

气电立焊主要用于碳素钢和合金钢的焊接，但也适用于焊接奥氏体不锈钢及其他金属和合金。传统电渣焊的接头形式基本适合气电立焊。

2. 焊接材料

（1）焊丝　气电立焊既可用实心焊丝，也可用药芯焊丝。常用实心焊丝的直径为 1.6mm、2.0mm 和 2.4mm，药芯焊丝的常用直径为 1.6~3.2mm。焊丝的选用原则与普通 GMAW 相同，主要根据母材及其厚度确定。

在气电立焊药芯焊丝的药粉填料中，造渣剂比率低于标准药芯焊丝。这种焊丝能在冷却滑块或挡板之间形成一层薄的熔渣，使焊缝表面光滑。

（2）保护气体　对于药芯焊丝气电立焊，通常采用二氧化碳作为保护气体。推荐的气体流量范围为 14~66L/min。对于钢的实心焊丝气电立焊，通常采用 80%Ar+20%CO_2（体积分数）的混合气体，用药芯焊丝焊时也可采用这种混合气体。

某些药芯焊丝是自保护型的，这类焊丝在电弧热作用下可产生一种浓密的保护气体，从而保护填充金属和熔融焊缝金属，这种保护方法类似于自保护的药芯焊丝电弧焊。

7.2.4　气电立焊的一般用途

气电立焊用于连接必须在垂直位置焊接或可放在垂直位置焊接的厚板，焊接通常以单程完成。此方法的实用性取决于母材的厚度和接头的长度。此方法具有平焊位置焊接的优点，但必须有足够数量的焊缝。这样，在夹具上和特殊焊接设备上的投资才是合算的。

对大型的结构件，如船舶壳体、桥梁、沉箱、贮罐、海上钻采设备、高层建筑结构的某些部件等，用气电立焊方法制造可能是有利的。已采用气电立焊方法对接焊焊接了大直径管道和筒式压力容器的纵缝。

待焊接头越长，这种方法的效率越高。对于大型贮罐垂直接头的现场焊接，气电立焊方法解决了手工焊操作周期长和成本高的问题。采用自保护药芯焊丝特别有利，因为不需要笨重的保护气体器具。气电立焊适合于 X 形坡口的双程焊接，但需要特殊形状的滑块。

7.2.5　气电立焊的焊接工艺

图 7-17 所示为两钢板气电立焊装配示例。与电渣焊相同，气电立焊是采用 I 形接头完成的，典型间隙为 16~19mm。待焊板材放在垂直位置，组装间隙约为 17mm。只在接头的一面焊上定位板。板材应尽可能

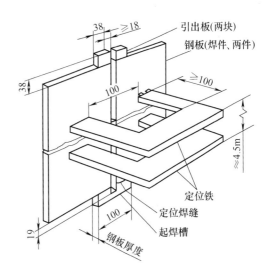

图 7-17　两钢板气电立焊装配方案示例

接近垂直位置。

当板厚大于 25mm 时，一般使用起焊槽和引出板；对厚度小于 25mm 的板材，只需用起焊槽而不用引出板。起焊槽的深度和引出板的高度有 13mm 足够了，随着板厚增加可适当增加。

多数气电立焊是使用两个随焊接机头垂直移动的水冷滑块完成的。在某些应用中，在焊接机头对面的接头侧面上使用固定的铜挡板或钢垫条（板）代替滑块可能是有利的。

可用类似于熔化极气体保护焊的方法引燃焊接电弧。电弧引燃后，在焊接过程中由操作者进行适当的调节，以控制焊接过程。

采用气电立焊可焊制与电渣焊相同的接头形式。通常，适用于传统电渣焊的接头形式也适用于气电立焊。气电立焊用的接头构造及其装配如图 7-18 所示。

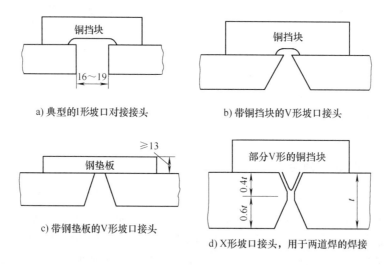

a) 典型的I形坡口对接接头　　　　　　b) 带铜挡块的V形坡口接头

c) 带钢垫板的V形坡口接头

d) X形坡口接头，用于两道焊的焊接

图 7-18　气电立焊用的接头构造及其装配

7.2.6　气电立焊的焊接参数

在普通电弧焊方法中，焊缝熔深与焊丝轴线成同一方向，而且熔深随焊接电流的升高而增大，但在气电立焊中，熔化的母材深度（接头侧面）与焊丝轴线成直角。

在气电立焊中，提高焊接电流或送丝速度，焊缝宽度减小。提高电弧电压会增大熔深和焊缝宽度。电弧电压按工艺方法、焊丝直径和母材厚度可由 30V 变为 55V。

当焊接电流升高时，送丝速度、熔敷速度和接头的填充速度（行走速度）也将加快。对于给定的焊接条件，过高的焊接电流和送丝速度可能会引起焊缝宽度或焊件熔深的急剧减小。

在气电立焊中，焊丝伸出长度约为 40mm；对于自保护气电立焊，焊丝伸出长度为 60~75mm。如同传统的 GMAW 一样，这么长的伸出长度因为电阻热的作用，也提高了焊丝的熔化速度。

厚度大于 30mm 的母材一般要摆动焊接。应使导电嘴在距每一冷却滑块约 10mm 处停留，摆动速度一般为 7~8mm/s。为了使焊缝表面完全熔合，在每一摆动行程的终端要有一段时间的停留。为了抵消水冷滑块的激冷作用，停留时间应为 1~3s。

表 7-11 所列为用图 7-17 所示装配方案进行气电立焊的焊接参数。

表 7-11　用图 7-17 所示装配方案进行气电立焊的焊接参数

板厚/mm	坡口	焊接电流/A	电弧电压/V	焊接速度/(cm/min)	焊接热输入/(kJ/cm)	摆动		保护气体流量/(L/mm)
						频率/(次/min)	宽度/mm	
12.7		340	36~38	14.5	53.1	—	—	25~30
16		380	38~40	15.0	63.2	50~100	0~4	
25		420	40~42	12.0	88.2	50~100	8~12	
32		420	40~42	9.5	108.2	50~100	15~20	
25		340	37~39	14.5	54.9	50~100	0~2	
		340	37~39	15.5	51.3	50~100	0~2	
36		400	40~42	14.0	72.0	50~100	2~6	
		400	40~42	15.0	67.2	50~100	2~6	

7.2.7　气电立焊的焊缝质量

气电立焊基本上是一种 GMAW 方法或药芯焊丝电弧焊方法。在这两种方法焊接的焊缝中发现的所有缺陷，也可能在气电立焊焊缝中出现，但前者某些缺陷（如未焊合）的形成原因可能与气电立焊不同。

在正常焊接条件下进行气电立焊，可形成质量高而无缺陷的焊缝，而不正常的焊接条件可能导致形成有缺陷的焊缝。常见的缺陷有夹渣、气孔和裂纹。

1. 夹渣

在气电立焊焊缝中可能出现夹渣。气电立焊是一种单道焊方法，这样不必进行焊道间清渣。焊缝金属凝固速度比较缓慢，有足够时间使任何熔渣浮到熔融焊缝金属表面。若焊丝摆动，当电弧靠近某一滑块时，在另一块滑块附近就可能发生局部凝固；当电弧返回时，如果熔渣未被再次熔化，就会夹在焊缝金属中。

2. 气孔

药芯焊丝的药芯中含有脱氧剂和脱氮组分，兼有造气和造渣组分，通常能形成致密的无气孔组分，但对正常的保护气体覆盖层稍有干扰便可能产生气孔。

气电立焊焊缝中产生气孔的其他原因，可能有抽风过大、冷却滑块漏水、药芯焊丝中的药粉不足、焊丝或保护气体污染，以及在焊接开始时有空气侵入等。

气电立焊焊缝中的气孔通常在焊缝边缘附近起源，顺着焊缝金属凝固路径朝着中心线扩展。不能用肉眼检查方法发现气电立焊焊缝中的气孔，除非在割掉起焊板和引出板时露出焊缝内部才能发现。

3. 裂纹

在正常焊接条件下，气电立焊焊缝中不会出现裂纹。因为焊缝金属的加热和冷却比较慢，大大地减小了在焊缝中产生冷裂纹的危险。热影响区也具有高的抗冷裂纹的性能。

如果产生裂纹，通常是热裂纹。裂纹是在凝固过程中或刚凝固后形成的，这些裂纹大多是在焊缝的中心部分。

消除焊缝裂纹最有效的办法是改善焊缝的凝固形式。这可以通过适当改变焊接参数，如提高电弧电压、降低电流和行走速度等修正焊接熔池形状实现；加大母材间的接头间隙有助于消除裂纹。如果裂纹是由钢中的高碳或高硫引起的，则应减小母材金属的熔深，以使焊态金属中母材金属的稀释量降到最小。此外，焊接高硫钢时应使用锰含量高的焊丝。

参 考 文 献

［1］ 美国焊接学会. 焊接手册：第 2 卷：焊接方法 ［M］. 黄静文，译. 北京：机械工业出版社，1988.

［2］ 王文其. 焊接新技术新工艺实用指导手册 ［M］. 哈尔滨：黑龙江文化电子音像出版社，2007.

［3］ 陈祝年. 焊接工程师手册 ［M］. 2 版. 北京：机械工业出版社，2010.

［4］ 中国机械工程学会焊接学会. 焊接手册：第 1 卷 ［M］. 3 版 修订本. 北京：机械工业出版社，2015.

［5］ 姜焕中. 电弧焊及电渣焊 ［M］. 2 版. 北京：机械工业出版社，1988.